高等教育**公共基础课**规划教材

DAXUE WULI JICHU GAILUN

大学物理基础概论

■主　编　张　楠　陶纯匡

■副主编　赵战兴　张翠玲　叶丽娟

■参　编　张婷婷　唐　佳

重庆大学出版社

内容提要

本书在编写风格上力求做到科学性、知识性和趣味性的统一。以案例和物理现象引出最基本物理学原理、定理和定律，以培养学生的科学素质和兴趣为主导思想，以案例、问题聚焦、知识拓展来激发学生的兴趣，来引导学生共同讨论进而提高科学素质。本书涉及力学、电磁学、振动和波、光学、核物理、天体物理、狭义相对论和量子物理基础等。每章包括引入、基本内容、知识拓展、阅读材料和思考与练习题。

本书可作为应用型本科高校理工科专业、文科类专业和职业技术院校的学生学习教材，还可作为普通科普爱好者的参考用书。

图书在版编目(CIP)数据

大学物理基础概论/张楠，陶纯匡主编. —重庆：重庆大学出版社，2017.2
ISBN 978-7-5689-0383-7

Ⅰ.①大… Ⅱ.①张… ②陶… Ⅲ.①物理学—高等学校—教材 Ⅳ.①O4

中国版本图书馆 CIP 数据核字(2017)第 012264 号

大学物理基础概论

主 编 张 楠 陶纯匡
副主编 赵战兴 张翠玲 叶丽娟
策划编辑：曾显跃
责任编辑：文 鹏 姜 凤 版式设计：曾显跃
责任校对：邹 忌 责任印制：赵 晟

*

重庆大学出版社出版发行
出版人：易树平
社址：重庆市沙坪坝区大学城西路 21 号
邮编：401331
电话：(023)88617190 88617185(中小学)
传真：(023)88617186 88617166
网址：http://www.cqup.com.cn
邮箱：fxk@cqup.com.cn (营销中心)
全国新华书店经销
重庆升光电力印务有限公司印刷

*

开本：787mm×1092mm 1/16 印张：13.25 字数：314千
2017 年 1 月第 1 版 2017年 1 月第 1 次印刷
印数：1—3 000
ISBN 978-7-5689-0383-7 定价：28.00 元

前言

物理学是自然科学的基础学科，也是孕育新科学、新技术的摇篮。物理学在自己的发展历程中，无时无刻不在吸取丰富的哲学新思想，从而使自己具有旺盛的生命力和披荆斩棘的力量。在物理学遇到困难，遇到挑战时，是物理学家们发挥哲学思想和创新思维才驱散了“晴朗天空的几朵乌云”，使物理学的天空重现晴朗。除此之外，科学的发展、技术的革新无不与物理学的进步息息相关。看：上九天揽月、“嫦娥”飞天；下五洋捉鳖、“蛟龙”入海；大至浩渺太空黑洞、小到中子核子对撞，处处闪烁着物理规律的华光。正因如此，高等教育的殿堂里才有大学物理学的地位，学生们才有机会接受大学物理学的哺育。

大学物理学是高等学校理工科各专业学生一门重要的通识性必修公共基础课。大学物理课程所传授的基本概念、基本理论和基本方法以及推动物理学发展的哲学思想精髓是构成大学生科学素养的重要组成部分，是所有科技工作者和工程技术人员所必备的良好的科学素养之一。大学物理课程为培养学生树立科学的世界观和方法论，增强学生分析问题和解决问题的能力，培育学生的创新精神和创新意识，养成科学的观察和思维能力，具有不可替代的重要作用。

进入21世纪，我国高等教育改革的步伐加快，高等教育大众化是高等教育改革的最重要的一步。应用型本科高校、民办普通高校和职业技术学院异军突起，已成为我国高等教育的一支重要的生力军。其中，应用型本科高校和高等职业技术教育培养的是我国未来的应用型人才，是企业未来的工程师。应该承认，应用型本科高校和职业技术学院的学生和普通本科高校、特别是重点高校的学生在知识结构和认知水平上有较大差异。既然是应用型人才，我们就不能沿用普通本科高校的模式去培养他们，应当换一种思维，换一种培养方法使这些应用型人才茁壮成长，在他们今后的工作中焕发出熠熠的华光。

本着以上精神，我们拒绝编写沿袭传统、系统而全面的大学物理教材来挫伤他们的兴趣和自信心，以学生为本，充分考虑他们的认知水平和今后的工作性质，以集科学性、知识性和趣味性于一炉的物理教材来提高他们的兴趣与科学素质。鉴于此，我们编写了这本《大学物理基础概论》。

本书的特色：

第一，本书以培养学生的科学素质和兴趣为主导思想，而不是以完整性和物理学史诗般的美来编写。

第二，本书以案例和物理现象引出最基本物理学原理、定理和定律。

第三，本书不是以大量的习题来巩固学生的知识、提高学生的能力，而是以案例、问题聚焦、知识拓展来激发他们的兴趣，来引导他们共同讨论进而提高科学素质。

第四，本书在编写风格上力求做到科学性、知识性和趣味性的统一。

本书共10章，其中第1章由唐佳编写，第2章、第5章由张楠编写，第3章、第4章、第6章由陶纯匡编写，第7章、第8章由叶丽娟编写，第9章、第10章由张翠玲编写，附录部分由赵战兴编写，全书的思考题与练习题由张婷婷编写。本书由张楠制订编写大纲，并完成书稿的修改和统稿工作。

本书编写过程中，由于水平有限，书中难免有不妥和谬误之处，望读者指正，海涵！

编　者

2016年12月

目录

第 1 章

物理学中的模型、单位和量纲

本章主要介绍物理学在研究物体的运动情况时需要选择的参考系，描述物体运动到具体位置的坐标系。参照系选取的不同，物体的运动情况也不一定相同，不同的坐标系在描述物体具体位置的形式不同，实质上是一样的。

物理学在研究物体的运动情况时需要将具体物体理想化。即理想化模型方法是科学研究中常用的一种重要方法。

物理学的研究是既定性又定量的研究，物理量是有量纲和单位的。

1.1 参考系、坐标系

1.1.1 参考系

自然界所有物体都在不停地运动着，没有绝对静止的物体（这称为运动的**绝对性**）。

在观察一个物体的运动情况时，总是需要选择一个参照的对象，并假定它是静止不动的。而选择的参照对象不同，对物体运动情况的描述也就不同。这称为运动描述的**相对性**。这一用于描述物体的运动而被假定为静止不动的参照对象就称为**参考系**。参考系的选取具有任意性。在描述物体运动时，必须先指明参考系。一般情况下，当研究地面附近物体运动时，通常选择地球作为参考系。

【问题聚焦】 笔直的公路边站着一个人，他看见小车和小车里的司机一道正向前狂奔，而小车里的司机则看见公路边的人和树正急速往后退。试问他俩谁的描述是正确的？他俩的描述都是正确的，只不过他俩选择的参照系各不相同。公路边的人选择了大地为参照系而司机则选择了小车为参照系。

1.1.2 坐标系

为定量描述物体的运动，仅有参考系是不够的，还必须建立具体的坐标系，它是固定在参考系下的一种抽象的数学框架，并按规定方法选取有次序的一组数据，这个数学框架称为**坐标系**。坐标系的种类有很多，例如，自然坐标系、直角坐标系、平面极坐标系、柱坐标系和球面坐标系等,最常见的是直角坐标系和自然坐标系。而选取何种坐标系,要视具体问题而定,以方便为原则。

【历史资料】 目前,全球卫星定位系统(GPS)采用的坐标系是 WGS-84 坐标系。该坐标系坐标原点在地球的质心,坐标系的 Z 轴指向国际时间局(BIH)1984.0 定义的协议地极(CTP)方向,X 轴指向协议子午面和赤道的交点,也被称为 1984 年世界大地坐标系。

1.2 物理学中的理想化模型

理想化模型方法是物理学研究问题的方法之一。

物体的大小、形状不同,运动情况又各不相同。例如,地球在绕太阳公转的同时,还绕自身的轴转动(自转),如图 1.1(a)所示;手榴弹在飞行过程中,在绕自身固定轴转动的同时,整体又在作一个抛物线运动,如图 1.1(b)所示。

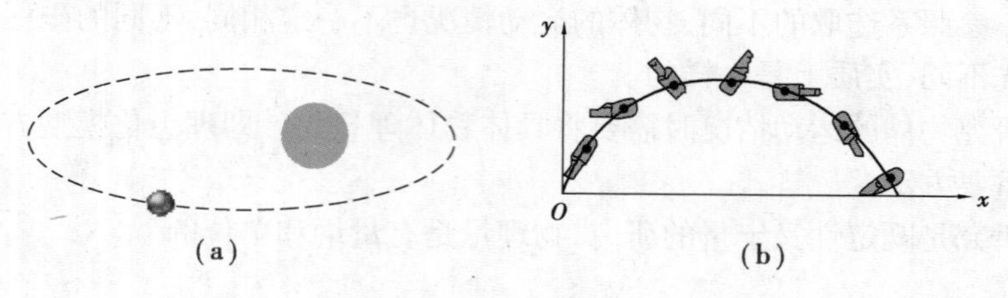

图 1.1 质点

物体的大小和形状对运动有影响,但是,如果在某些运动问题中这种影响可以忽略不计,就可以把物体抽象成一个只有质量的几何点,这样的点称为**质点**。虽然采用这种方法对物体运动的描述是近似的,但是,由于它抓住了主要因素(物体的质量),忽略了次要因素(物体的大小和形状),因此用该方法能简单快速地得出结果,然后对该近似结果进行修正。这就是科学研究和工程技术中常用的一种重要方法——理想化模型方法。例如,刚体、谐振子、理想气体、点电荷、黑体等都是为研究问题方便而抽象出来的理想化模型。

需要注意的是,一个物体能否被看成质点不仅仅由物体的大小来决定,而是要视研究问题的情况而定。例如,当研究地球绕太阳公转时,由于地球到太阳的平均距离约为地球半径的 10^4 倍,地球上各点相对太阳的运动可以认为是相同的,因此可以把地球看成是质点。然而在研究地球自转时,就不能再把它看成质点了。

有时即使所研究的物体不能被抽象成一个质点,仍可把整个物体看成由许多质点组成,以研究每一个质点的运动为基础,仍可得出整个物体的运动规律。因此,研究质点的运动是研究物体运动问题的基础。

以上讨论的是质点(点质量)模型。简谐振子、点电荷、点光源、黑体等都是为研究问题方便而抽象出来的理想化模型,在后续章节中将陆续介绍。

【历史资料】 在物理学领域里,人们为研究问题方便而抽象出来的理想化模型有很多,如点质量、点电荷、点光源等高度集中的量。仅有理想化物理模型还不够,还需要数学模型(数学函数)来表示它们。20 世纪 60 年代,英国物理学家狄拉克为表示高度集中的量(如点质量、点电荷、点光源),首先提出这个数学模型用 $\delta(x)$ 函数来表示,并定义为:当 $x=0,\delta(x)=$

∞；当 $x\neq0,\delta(x)=0$。很显然 $\delta(x)$ 函数的这一定义完全与传统的连续函数格格不入。于是，数学界对狄拉克此举提出非议，认为不正规，不严肃。但固体物理、量子力学的发展，激光的出现等事实证明狄拉克是正确的。几十年过去了，现在数学家们在自己的论文里也频繁地使用着 δ 函数，并称为狄拉克 δ 函数。这个故事告诉我们，创新是推动科学发展的源泉。

【问题聚焦】　目前，在物理学问题的近似研究方法中，一种新颖的方法受到普遍关注和欢迎，即定性和半定量方法，在这种方法中，近似模型的选取是解决问题的关键。你能否尝试在你遇到的实际问题中，抽象出解决问题的近似模型？

1.3　物理学中的单位和量纲

在历史上，各种物理量的单位制有很多，这给科学研究以及人们的生产和生活带来很多不便。1984 年 2 月 27 日，国务院发布了《中华人民共和国法定计量单位》，实施了以国际单位制(即 SI 制)为基础的法定计量单位，如无特殊说明，本书一律采用这种法定的单位制。

1.3.1　基本单位和导出单位

基本量：一组最少的能够用于表示其他量的物理量称为基本量，相应的单位就称为基本单位。国际单位制中共有 7 个基本量。

导出量：由基本量通过定义或定理、定律导出的物理量称为导出量，相应的单位称为导出单位。

1.3.2　物理学的基本单位

国际单位制规定长度、质量、时间、电流、热力学温度、物质的量、发光强度 7 个物理量为基本量，相应的基本单位对应为米(m)、千克(kg)、秒(s)、安[培](A)、开[尔文](K)、摩[尔](mol)、坎[德拉](cd)。

(1)米

1983 年国际计量大会规定“米是光在 1/299 792 458 s 时间内在真空中所传播的距离”。新的米定义有重大科学意义，从此光速 c 成了一个精确数值。把长度单位统一到时间上，就可以利用高度精确的时间计量，从而大大提高了长度计量的精确度。

(2)千克

质量的标准有以下两种：

1)标准千克

如图 1.2 所示，1889 年在国际计量大会上批准一个用铂铱合金制成的高和直径均为 39 mm的圆柱体作为国际千克的标准原器，因为铂铱合金具有膨胀率低，不易氧化等特点。现在，该原器仍然保存在巴黎的国际计量局，其他国家均为该原器的精确复制品。

2)原子质量单位

规定碳-12 原子的质量恰好是 12 个统一的原子质量单位(国际符号为 u)，$1\ \mathrm{u}=1.660\ 540\ 2\times10^{-27}\ \mathrm{kg}$。

（3）秒

1967 年，国际计量大会开始采用基于铯原子钟确定的标准时间作为国际标准：1 s 规定为铯-133 原子所发射的光的 9 192 631 770个周期所持续的时间。

图 1.2　国际千克的标准原器

（4）安［培］

1967 年，国际计量大会规定在真空中，截面积可忽略的两根相距为 1 m 的无限长平行圆直导线内通以等量恒定电流时，若导线间相互作用力在每米长度上为 2×10^{-7} N 时，每根导线中的电流为 1 A。

（5）开［尔文］

1948 年，国际计量大会规定水的三相点的热力学温度为1/273.16 K。

（6）摩尔

1967 年，国际计量大会规定 1 mol 是一系统的物质的量，该系统所包含的基本单元（原子、分子、离子、电子及其他粒子，或者这些粒子的特定组合）数目与 0.012 kg 的碳-12 原子数目相等。

（7）坎［德拉］

1971 年，国际计量大会规定 1 cd 是光源在给定方向上的发光强度，该光源发出频率为 540×10^{12} Hz 的单色辐射，且在此方向上的辐射强度为 1/683 W/sr（sr 为立体角球面度）。

1.3.3　量纲

忽略数字因素和矢量特性，所有的物理量均可用以上 7 个基本量来表示。如果给出基本量符号（量纲），则其他量可用这些量纲的幂次指数表示。

例如，速度的量纲$[v]$，加速度的量纲$[a]$为

$$[v]=\frac{[r]}{[t]}=\mathrm{LT}^{-1},\quad [a]=\frac{[v]}{[t]}=\mathrm{LT}^{-2}$$

而力的量纲为$[F]=[m][a]=\mathrm{LMT}^{-2}$。

由此可见，量纲无数字和矢量信息，只表示一种换算关系。还必须指出的是，可用量纲判断法来粗略地判断一个等式正确与否：等号两端量纲必须相等，相等的量纲才可以进行叠加。了解这一点，对检验复杂的科学计算或推演是否正确尤为方便与重要，这也是物理学常用的又一种研究方法。

思考题

1. 什么情况下你可将物体视为质点？从“质点模型”你能获得一种研讨问题的什么方法？

2. 一只停在树上的小鸟以 30 km/s 的速度相对于遥远的太阳运动。当鸟儿落到地面上，它是否继续以 30 km/s 的速度运动，还是这个速度变为零？

3. 坐标系和参考系有什么区别和联系？

4. 描述物体的运动为什么要建立坐标系？

5. 在 16 世纪人们简直不敢相信地球是运动的，他们思维中缺少了什么概念？

练习题

1. 参考系的选择是任意的，不同的参考系，对同一物体运动情况的描述是不同的，这称为运动描述的______________。

2. 把物体当作质点的条件：(1)______________可以当作质点；(2)______________，可把物体当作质点，因为此时物体的大小和形状均可以忽略不计。

3. 国际单位制规定______________、______________、______________、______________、______________、______________和______________7 个物理量为基本量。

4. 请说明平面极坐标系、自然坐标系、直角坐标系、柱坐标系和球面坐标系等都是怎么表示的？

第2章

焕发青春的力学及在现代技术中的应用

翻阅古今中外大量的基础物理教材，无论是初等的还是高等的，正文几乎都是从力学开始的，这不是偶然的巧合，而是有其深刻道理的。力学是研究物质机械运动的学科。所谓机械运动，就是物体相对位置随时间的变动，它是物质运动中最普遍、最简单也是最基本的运动形式。由于一切物理运动无论其复杂程度如何，总是和某种位置移动相联系，因此，力学是全部物理学的重要基础，学习物理学必须首先学好力学。正如美国伯克利教程《力学》中所讲述的："一个学生如果清楚地理解了力学中所阐述的基本物理内容，即使他还不能在复杂情况下运用自如，他也已经克服了学习物理学的大部分的真正困难了。"

力学的发展已有几百年的历史，目前已形成了许多独立的分支。本章主要介绍的是运动学和17世纪以来以牛顿运动定律、万有引力定律及守恒定律为基础的经典动力学，也称牛顿力学，主要研究低速宏观物体在惯性系中的运动规律。

为了使学生能够对上述理论的精神有所领悟，书中列举了丰富的物理学史料和案例，例如，火箭发射升空、小鸟撞坏了飞机、蹦极运动、汽车安全气囊、黑洞的成因与效应、弹弓效应等。

2.1 运动学基础

2.1.1 位置矢量(位矢)

描述物体的运动，首先要选定一个参考系。如图2.1所示，O是参考系中的一给定点，质点所在点P的方位就可以用有向线段$\overrightarrow{OP}$来表示，记为$\boldsymbol{r}$，称为质点相对给定点O的位置矢量(简称"位矢")。位矢的大小等于O、P两点间的距离，记为$|\boldsymbol{r}|$。当质点运动时，位置矢量$\boldsymbol{r}$随时间t变化，即

$$\boldsymbol{r} = \boldsymbol{r}(t) \tag{2.1}$$

此式称为质点的运动学方程。一旦给出该运动方程的具体形式，那么，将获得质点运动的全部信息，包括质点的位置、位置的变化、运动的快慢以及运动快慢的变化。

2.1.2　位移矢量(位移)

如图2.2所示,t_1 时刻,质点处于 P 点位置。经过 Δt 时间间隔,t_2 时刻,质点处于 Q 点位置。质点的位置矢量由 $\boldsymbol{r}_1$ 变为 $\boldsymbol{r}_2$。其大小和方向均发生了变化,从起点 P 指向终点 Q 的有向线段 $\overrightarrow{PQ}$ 可用来表示这种变化,记为 $\Delta\boldsymbol{r}$,称为质点在 Δt 时间间隔内发生的位移矢量(简称"位移")。

$$\Delta\boldsymbol{r} = \boldsymbol{r}(t_1 + \Delta t) - \boldsymbol{r}(t_1) = \boldsymbol{r}_2 - \boldsymbol{r}_1 \tag{2.2}$$

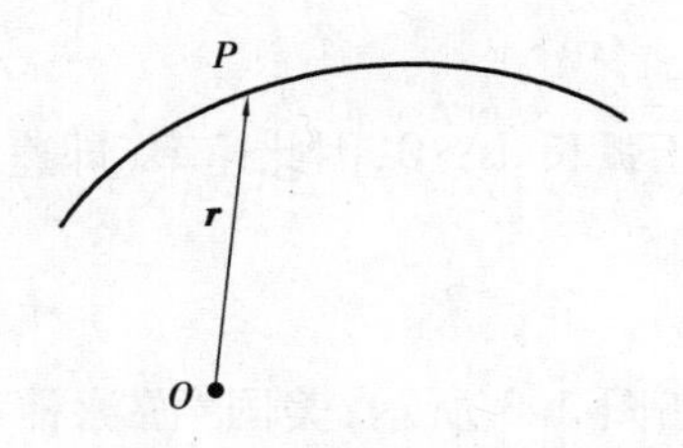

图2.1　位置矢量

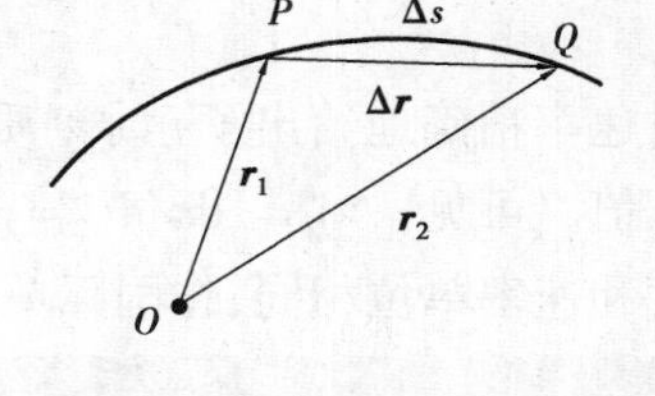

图2.2　位移矢量

注意:位移 $\Delta\boldsymbol{r}$ 和路程 Δs 是两个完全不同的概念。由图2.2可知,二者大小并不相等。路程 Δs 是标量,等于实际路径的总长度。位移 $\Delta\boldsymbol{r}$ 是矢量,是由起点指向终点的有向线段。当时间间隔 $\Delta t \to 0$ 时,二者大小相等,即 $|\mathrm{d}\boldsymbol{r}| = \mathrm{d}s$。另外,注意区分 $|\Delta\boldsymbol{r}|$ 和 $|\Delta r|$。$|\Delta\boldsymbol{r}| = |\boldsymbol{r}_2 - \boldsymbol{r}_1|$ 称为位矢增量(位移)的大小;$\Delta \mathrm{r} = |\boldsymbol{r}_2| - |\boldsymbol{r}_1|$ 称为位矢大小的增量,二者不相等,即使 $\Delta t \to 0$,仍有 $|\mathrm{d}\boldsymbol{r}| \neq \mathrm{d}r$。

位置矢量和位移单位相同,在国际单位中均为米(m)。

2.1.3　速度　速率

速度和速率都是反映质点运动快慢的物理量,但二者之间存在明显的差异。速度是矢量,有大小,有方向;速率是标量,是指速度的大小而不考虑方向。

(1)速度

质点运动的速度是描述质点运动快慢的物理量,定义为单位时间间隔内质点所发生的位移。

1)平均速度

$$\bar{\boldsymbol{v}} = \frac{\Delta\boldsymbol{r}}{\Delta t} \tag{2.3}$$

其大小 $\bar{v} = |\Delta\boldsymbol{r}|/\Delta t$,方向与 $\Delta\boldsymbol{r}$ 方向一致。平均速度只能粗略地反映质点在某一时间间隔 Δt 内整体运动的快慢和运动方向,并不能反映质点在某一时刻详细的运动情况。

2)瞬时速度

$$\boldsymbol{v} = \lim_{\Delta t \to 0} \frac{\Delta\boldsymbol{r}}{\Delta t} = \frac{\mathrm{d}\boldsymbol{r}}{\mathrm{d}t} \tag{2.4}$$

当时间间隔趋于零时,平均速度的极限称为该时刻瞬时速度,也等于位置矢量对时间的一阶导数,方向沿该点运动轨迹的切线方向。与平均速度不同,瞬时速度精确地给出了 t 时刻质点运动的快慢程度(速度的大小 $|\boldsymbol{v}|$)以及运动的方向。

(2)速率

1)平均速率

如果质点在 Δt 时间间隔内所经历的路程(弧长)为 Δs,且不考虑质点运动的方向因素,可

以定义在这段时间间隔内质点的平均速率为

$$\bar{v} = \frac{\Delta s}{\Delta t} \tag{2.5a}$$

平均速率只能粗略地反映出质点在某一时间间隔内整体运动的快慢程度。

2)瞬时速率

当时间间隔趋于零时,平均速率的极限就称为 t 时刻的瞬时速率,即

$$v = \lim_{\Delta t \to 0} \frac{\Delta s}{\Delta t} = \frac{\mathrm{d}s}{\mathrm{d}t} \tag{2.5b}$$

瞬时速率精确地给出了 t 时刻质点运动的快慢。由于弧长 $\mathrm{d}s > 0$,因此速率(即速度)的大小总是正值。可见,$|\boldsymbol{v}| = |\mathrm{d}\boldsymbol{r}/\mathrm{d}t| = \mathrm{d}s/\mathrm{d}t$,即 $|\boldsymbol{v}| = v$。

速度和速率单位相同,在国际单位制中为米/秒(m/s)。

图 2.3　菲尔普斯

【问题 1】　如图 2.3 所示,美国"游泳神童"菲尔普斯在北京奥运会上以 1 分 54 秒 23 的成绩打破自己保持的世界纪录,获得 200 m 混合泳比赛金牌。在这一过程中,他的平均速度 $\bar{\boldsymbol{v}}$ 和平均速率 $\bar{v}$ 有什么区别?(标准泳道长度为 50 m)

【问题 2】　与第二名运动员相比,这一过程中他们的平均速度是否有差别?

2.1.4　加速度

速度随时间变化的快慢和方向用加速度来表示。单位时间间隔内速度的变化称为加速度。

(1)平均加速度

如图 2.4 所示,t 时刻质点速度为 $\boldsymbol{v}_1$,$t + \Delta t$ 时刻质点速度为 $\boldsymbol{v}_2$,在此时间间隔内的平均加速度定义为

$$\bar{\boldsymbol{a}} = \frac{\Delta \boldsymbol{v}}{\Delta t} \tag{2.6}$$

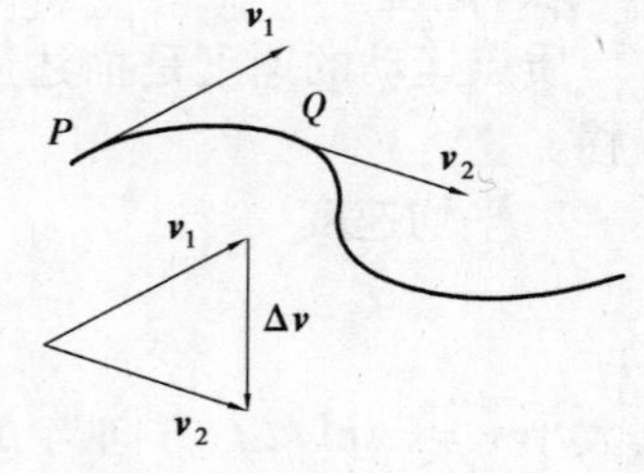

图 2.4　加速度

与平均速度类似,平均加速度只能粗略地反映 Δt 这段时间间隔内速度的变化情况。

(2)瞬时加速度

与上述讨论类似,瞬时加速度(通常也称加速度)的定义为

$$\boldsymbol{a} = \lim_{\Delta t \to 0} \frac{\Delta \boldsymbol{v}}{\Delta t} = \frac{\mathrm{d}\boldsymbol{v}}{\mathrm{d}t} = \frac{\mathrm{d}^2 \boldsymbol{r}}{\mathrm{d}t^2} \tag{2.7}$$

直线运动除外,加速度和速度不在同一方向上,而是与速度变化方向一致,所以加速度的方向总是指向曲线凹陷的一侧。加速度单位为米/秒²($\mathrm{m/s^2}$)。

【注意】 本节中所给出的各种描述物体运动以及运动状态变化的物理量定义式(速率除外)均是矢量式形式。在物理学中,很多的定理、定义和公式都由矢量式形式给出,与坐标系的选取无关,其特点是形式简洁,物理意义鲜明突出,便于分析讨论。也正是因为其没有选取具体的坐标系,所以,一般不能直接用于量化计算。具体的计算超过了我们的能力,因此不再介绍。

【案例2.1】 求人在路灯下行走时,人影头顶的移动速度和身影增长的速度。如图2.5所示,设路灯高 h,人高 l,人行走的速度 v_0。

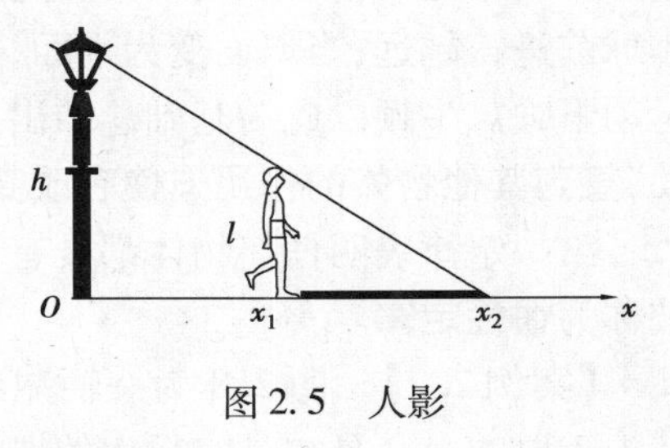

图2.5　人影

分析求解:由几何关系可以看出 $\dfrac{l}{h}=\dfrac{x_2-x_1}{x_2}$,

$$x_2 l = hx_2 - hx_1,\quad x_2=\frac{h}{h-l}x_1$$

注:x_2-x_1 相当于以人所在点为坐标原点时,人头影子的坐标。

头部影子速度

$$v_1=\frac{\mathrm{d}x_2}{\mathrm{d}t}=\frac{h}{h-l}\frac{\mathrm{d}x_1}{\mathrm{d}t}=\frac{h}{h-l}v_0$$

头部影子增长的速度

$$v_2=\frac{\mathrm{d}(x_2-x_1)}{\mathrm{d}t}=\frac{\mathrm{d}x_2}{\mathrm{d}t}-\frac{\mathrm{d}x_1}{\mathrm{d}t}=\frac{h}{h-l}v_0-v_0=\frac{l}{h-l}v_0$$

也可理解为头的影子速度与人行走速度的差。可见,人头影子的速度比人走的速度要快!

2.2　动力学基础、牛顿运动定律及其应用

【历史资料】 牛顿(Isaac Newton,1642—1727),如图2.6所示,出生于伽利略(Galileo Galilei,1564—1643)过世的同一年。他承前启后,将开普勒(Johannes Kepler,1571—1630)和伽利略的研究融合在一起。18岁进入剑桥大学学习,在大学高年级就完成了棱镜色散实验。1665年获学士学位,1668年获硕士学位,1672年入选英国皇家学会。1687年将自己长达20年的研究成果总结为一本名为《自然哲学的数学原理》(*Philosophiae Naturalis Principia Mathematica*)的书籍出版,首次公布了他所创立的三大运动定律,这也被称为是经典力学的基础理论。1703年当选皇家学会会长,并连任5届。1704年名著《光学》(*OPTICS*)出版。1727年3月20日牛顿病逝,终年85岁。

图2.6　牛顿

【问题聚焦】 物体作自由落体运动时,为什么要向下作加速运动?地球为什么会绕着太阳作圆周运动?300多年前牛顿已经在思索这样的问题:是什么力量导致了物体作这样的运动呢?这是为什么?

2.2.1 牛顿第一定律

在牛顿之前，按照希腊哲学家亚里士多德(Aristotle，公元前384—公元前322)的说法，物体的自然状态是静止的，而物体要想运动，则必须有外力给他施加作用。17世纪意大利物理学家伽利略完成了著名的斜面加速度实验：如图2.7所示，在倾角相同的条件下，斜面越光滑，小球前进得越远；当斜面变为平面，并且想象平面绝对光滑时，小球将以恒定不变的速度永远运动下去。牛顿以此为基础总结出了第一条运动定律：**任何物体都将保持静止或匀速直线运动，直到其他物体的作用迫使它改变这种状态为止**。

第一定律表明任何物体都具有惯性，惯性是一切物体的固有属性，因此，牛顿第一定律又被称为**惯性定律**。

【案例2.2】 图2.8为一辆冲出铁轨的火车。它冲出铁轨导致事故，原因可能有很多，但其中重要的一点是它具有很大的惯性，所以短时间的制动不足以改变其运动状态。

物体要想改变目前的运动状态必须要受到其他物体的作用，这种作用就是力。所以力是物体间的相互作用。一个物体完全不受力和所受到的力矢量和为零，这是两种完全不同的概念，但是它们令物体所产生的运动效果是相同的。其实，在自然界中完全不受力的物体是不存在的，因此牛顿第一定律不能直接用实验来验证。正因如此，牛顿第一定律可以理解为是建立在想象基础上的理想定律。

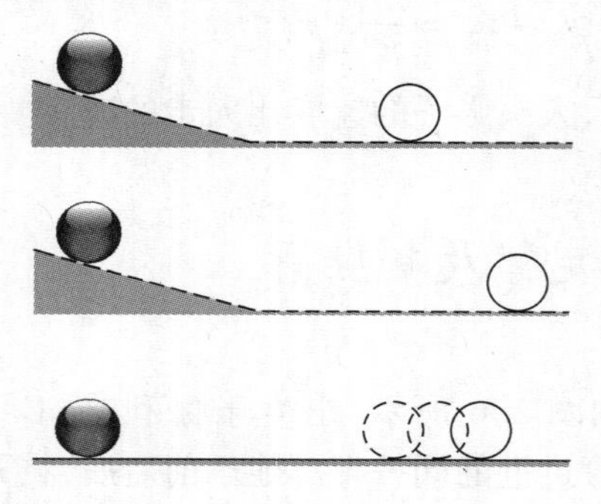

图2.7 斜面加速度实验

图2.8 冲出铁轨的火车

第一定律也定义了一种特殊的参考系。我们已经知道，要描述一个物体的运动必须要明确相对于某个参考系而言。如果在一个参考系中，物体不受任何外力作用或者所受到的外力矢量和为零时，物体相对这个参考系保持静止或匀速直线运动状态，这种参考系就称为**惯性系**。同样，如果另一个参考系相对惯性系保持静止或匀速直线运动，这也是一个惯性系。而如果参考系相对于一个惯性系作变速运动，这个参考系则称为**非惯性系**。可见，严格的惯性系是不存在的。平时讨论问题时，可以将地球近似地看成是一个惯性系。这一近似的合理性，将在本章最后的问题讨论中加以说明。

2.2.2 牛顿第二定律

如果说牛顿第一定律给出了力的概念，那么，牛顿通过第二定律给出了作用力与物体运动状态变化的定量关系。

物体动量对时间的变化率等于物体所受到的合外力，即

$$\boldsymbol{F} = \frac{\mathrm{d}\boldsymbol{P}}{\mathrm{d}t} = \frac{\mathrm{d}(m\boldsymbol{v})}{\mathrm{d}t} \tag{2.8}$$

这是牛顿第二定律最原始的表述形式。这里的“动量”定义为 $\boldsymbol{P}=m\boldsymbol{v}$（牛顿称其为运动量），由于考虑了物体的惯性，因此它比速度更能全面地反映物体的运动状态。动量 $\boldsymbol{P}$ 的方向与速度 $\boldsymbol{v}$ 的方向一致。动量的单位为（千克·米）/秒（(kg·m)/s）。

当物体的运动速度远小于光速 c，即 $v \ll c$ 时，m 为常量。式(2.8)还可表示为

$$\boldsymbol{F} = m\frac{\mathrm{d}\boldsymbol{v}}{\mathrm{d}t} = m\boldsymbol{a} \tag{2.9}$$

式(2.9)告诉我们，经典力学中的质量是不变量，或者说，在经典力学框架下，所选取的研究客体的质量一定是确定量。相比之下，式(2.8)更具普遍意义，而式(2.9)只有在宏观低速情形下才适用。

牛顿第二定律是牛顿力学的核心，有非常广泛的应用。经典力学中很多定理和规律都与牛顿第二定律密不可分。

牛顿第二定律给出了力的量化定义，在普遍情况下，作用于质点上的力的大小等于质点动量的变化率，其方向与动量变化的方向相同。当物体速度远远小于光速时，作用在物体上的力的大小与物体的质量及在该力作用下物体所具有的加速度均成正比（在国际单位制中，比例系数等于1），力的方向与加速度的方向相同。

在理解和应用牛顿第二定律时要注意以下问题：

①牛顿第二定律是矢量式，只有在具体坐标系下才可进行数量化运算。它在不同的坐标系下可以写成各种不同的分量形式，例如在直角坐标系中：

$$\boldsymbol{F} = F_x\boldsymbol{i} + F_y\boldsymbol{j} + F_z\boldsymbol{k}$$

其中，F_x、F_y、F_z分别表示物体在相应坐标轴方向上的合外力，均是代数量。

$$\begin{cases} F_x = ma_x \\ F_y = ma_y \\ F_z = ma_z \end{cases} \tag{2.10}$$

在某一方向上的合外力只与该方向上的加速度分量有关，表明力的某一方向分量只能改变物体在该运动方向的运动状态。

②如果一个质点受到多个力的作用，$\boldsymbol{F}$ 应理解为多个力的合力。

③该定律只适用于质点。如果物体不能被视为质点，而是由多个质点组成的质点系统（质点系），由于力具有可叠加性，上述表示在形式上依然成立。

④该定律具有瞬时性。某一时刻物体所具有的加速度和质量的乘积等于这一时刻物体所受到的合外力。并且如果物体的质量越大，物体所获得的加速度就越小，越不容易改变运动状态。因此，牛顿第二定律也给出了物体惯性大小的量度，这里的质量又称为**惯性质量**。

⑤与牛顿第一定律一样，牛顿第二定律也只适用于惯性系。

2.2.3　牛顿第三定律

通过日常观察我们会发现，当一个物体给另一个物体施加作用力时，前者同时也会受到后者施加给它的作用力。牛顿将这一规律总结为第三定律：**两物体相互作用时，它们施加给对方的作用力总是大小相等并沿着同一直线的相反方向。**

我们将这两个力分别称为作用力 $\boldsymbol{F}$ 和反作用力 $\boldsymbol{F}'$，即

$$\boldsymbol{F} = -\boldsymbol{F}' \tag{2.11}$$

虽然作用力和反作用力大小相等而方向相反，但是它们不能相互抵消，因为这两个力分别作用在两个不同的物体上，但它们一定是性质相同的力。

2.2.4 牛顿三定律的理论地位及其相互关系

牛顿第一定律是基础，给出了一个特殊参考系——惯性系、惯性以及力的概念。在此基础上，牛顿第二定律则进一步指出力与惯性质量和加速度之间关系的数量化量度。与此同时，也给出了物体惯性大小的数量化量度，即不同物体受到同样力的作用，质量小的运动状态更容易改变（加速度更大），它是三个定律的核心，也是研究经典动力学问题的基础。第三定律则进一步回答了力的本质，即物体间的作用具有相互性，互以对方为存在的前提；具有同时性，他们同时存在同时消失；具有同样性，作用力和反作用力一定是同一性质的力。

【历史资料】 以牛顿力学为代表的经典力学的成熟，伽利略、开普勒功不可没。伽利略关于落体实验，驳斥了亚里士多德的说法：重物快，轻物慢。不妨作下面的想象性实验：先设想将它们捆起来，慢的物体拖曳快的物体，快的物体同时拖曳慢的物体，速度应介于两个物体单独下落的速度之间；而将二者捆起来后总质量变大了，又会得到混合物体的速度更大，两个结论相互矛盾。爱因斯坦（Albert Einstein，1879—1955）就曾说：“伽利略的发现以及他所用的科学推理方法是人类思想史上最伟大的成就之一，他提出的理想实验方法在近代科学研究中，起着非常重要的作用，不愧被人们称为近代科学之父。”

牛顿借鉴了前人的成果，又成功地结合了归纳法和演绎法，从一般到特殊，再从特殊到一般，总结出三大运动定律，这便是科学的研究方法。

【案例 2.3】 如图 2.9 所示，火箭是怎么飞上天的呢？

在航空航天领域里，火箭就是牛顿第三定律应用的杰出代表。由牛顿第三定律，即作用力与反作用力定律，火箭燃气向后喷出使火箭受到向前的反作用力的作用，火箭正是靠着燃料推力产生的反作用力而冲上云霄的。火箭飞行的另一重要依据就是动量守恒定律（本书 2.3.1 小节中介绍）。燃气喷发时作反冲运动，作用力很大，作用时间短，从而使火箭获得很大的速度，进而飞入太空。

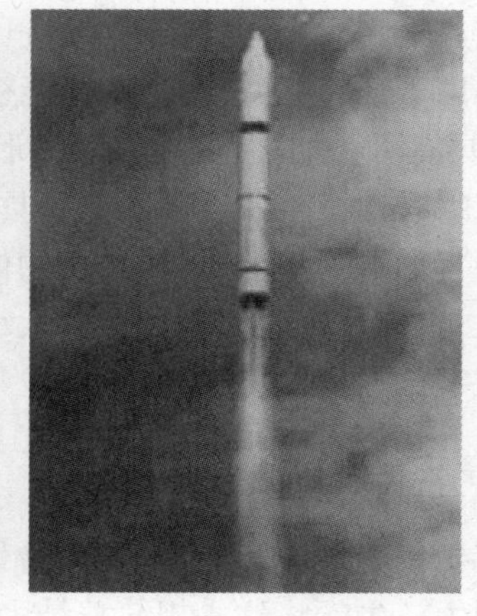

图 2.9 火箭

【知识拓展】

火箭知识和中国长征火箭

(1)历史

俄国人齐奥尔科夫斯基是现代火箭理论的奠基人。他生于1857年,从小自学,40岁左右开始研究火箭。1903年他发表了著名论文《乘火箭飞船探索宇宙》。他最早从科学的角度论述了人能够在宇宙空间工作和生活。他的理论完整、系统,至今在任何一本讲述火箭理论的书中都会讲到他提出的理论及公式,俄国人称他为“火箭之父”。

1912年,埃斯诺·佩尔特发表了关于火箭理论和星际施行的演讲。他独立导出了齐奥尔科夫斯基火箭推进公式,计算出了往返月球和其他行星所需基本能量,提出了使用原子能进行火箭喷射驱动。

1920年,罗伯特·戈达德出版了《A Method of Reaching Extreme Altitudes》,这是在齐奥尔科夫斯基之后第一本认真讨论使用火箭在太空中施行的著作。同时戈达德还对液体火箭进行了深入的研究,详见表2.1。

表2.1　戈达德的成就

时　间	人　物	事　件
1920年	戈达德(美)	开始试制液体火箭
1926年	戈达德(美)	成功发射了世界上第一枚液体火箭

(2)原理

见前面案例的论述,这里不再赘述。

(3)结构

简单的火箭包括一个高细的圆柱体,由相对较薄的金属制造而成。在这个圆柱内存放着火箭发动机的燃料和补给燃料罐,而为火箭提供推进力的发动机则放在圆柱的底部。发动机的底部看起来像一个钟形的喷管,发动机通过燃料输送系统可把原始的火箭燃料注入喷管顶部的燃烧室。在圆柱体的上部装有一个中空的流线型圆锥体,锥体的底座接在圆柱体上,锥尖朝上,这个圆锥体被称为有效载荷整流罩(简称“整流罩”)。图2.10为长征三号丙火箭结构示意图。

(4)分类

火箭根据能源的不同分为化学火箭、核火箭和电火箭等。化学火箭又分为固体火箭、液体火箭和混合推进剂火箭。此外,火箭还可以按有无控制、用途、级数、射程和其他原则分类。火箭的分类方法虽然很多,但工作原理和组成部分基本相同。

(5)火箭的推进

固体火箭的推进剂为固体,这种推进剂又称为“火药”,火药铸成块状,排放在箭体内,占了大部分空间(见图2.11)。固体火箭结构简单,制作方便,装入火药后可长期存放,随时可以点火;点燃后燃烧时间短,燃烧的激烈程度无法控制,发射时震动大,因此,它不适于发射载人的飞行器,多用于军事方面,如导弹。

液体火箭的推进剂为液态(见图2.12)。燃料和氧化剂的组合情况很多,如酒精和液态氧、煤油和液态氧、液态氢和液态氧等。液体火箭燃烧时间长,便于控制推进剂的输送,可以使

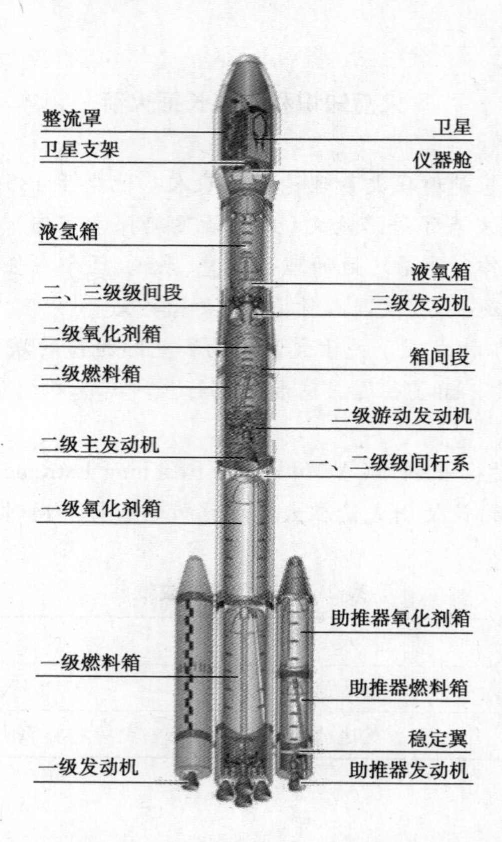

图 2.10　长征三号丙火箭的结构

火箭停火、重新点燃等，从而控制火箭的飞行速度，操纵较方便。液体火箭的燃料不易储藏，成本很高。它是进行宇宙航行的主要交通工具。

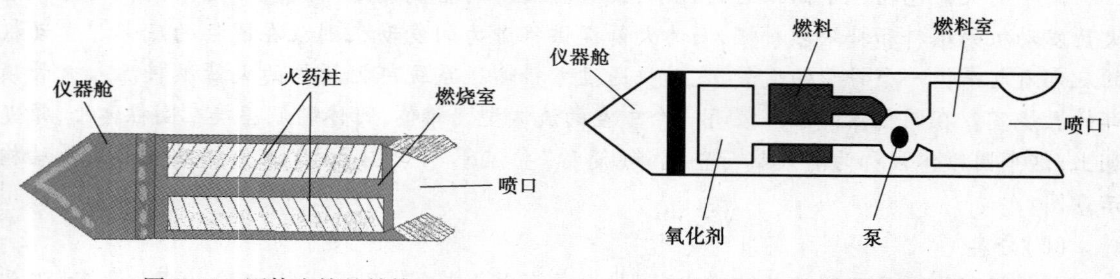

图 2.11　固体火箭的结构　　图 2.12　液体火箭的结构

(6)火箭提速

齐奥尔科夫斯基曾经提出了一个公式：

$$V = \mu \ln \frac{M_0}{M_k}$$

这里，V 是发动机停火时火箭的速度，μ 是喷气的速度，M_0 是火箭起飞时的总质量，M_k 是发动机停火时(即推进剂燃尽后)剩余部分的质量，ln 是自然对数符号。

由齐奥尔科夫斯基的公式可知，火箭飞行速度 μ 和 M_0/M_k 的自然对数成正比，即喷气速度越大，所携带的推进剂越多，火箭最后能达到的速度也就越大。因此，考虑寻找超高能燃料提高喷气速度或提高质量比 M_0/M_k。事实上，目前尚未研制出用以提速的高能燃料；而若想提高质量比,就要在不改变推进剂质量的前提下减轻壳体质量,这样也是行不通的。于是,人们想出了给火箭"接力"的办法,如图2.13所示。

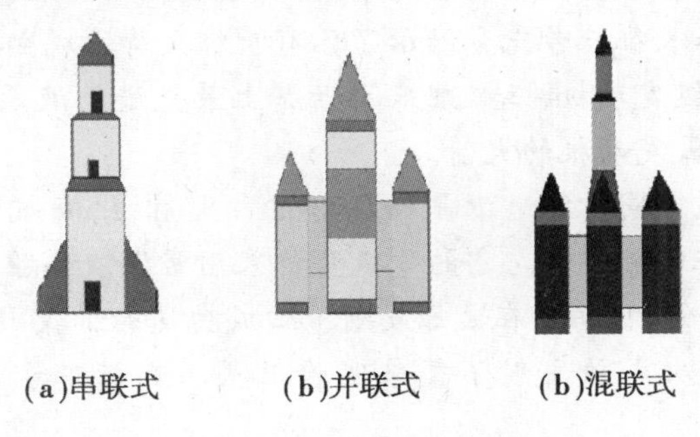

(a)串联式　(b)并联式　(b)混联式

图2.13　火箭"接力"的3种形式

(7)火箭飞行的过程

火箭飞行的过程如图2.14所示。

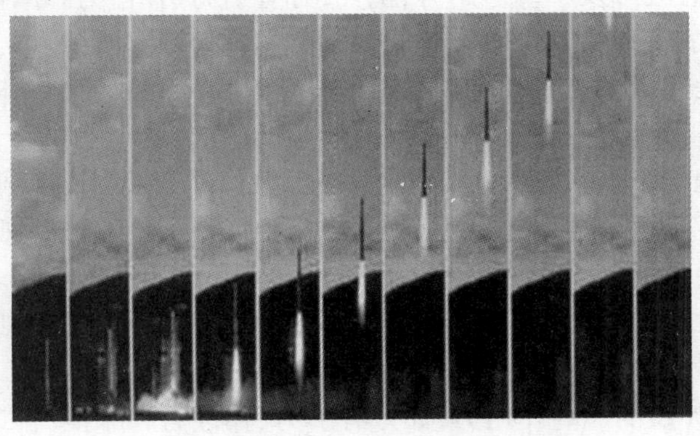

图2.14　火箭飞行的过程

(8)中国的火箭——长征火箭

长征一号是为发射我国第一颗人造地球卫星东方红一号而研制的三级运载火箭。它的一、二级火箭采用当时的成熟技术,并为发射卫星作了适应性的修改,第三级是新研制的以固体燃料为推进剂的上层级。1967年11月,决定由中国运载火箭技术研究院负责研制。1968年初,完成了火箭的总体设计之后又用了两年左右的时间完成了各种大型的地面试验。1970年4月24日,长征一号火箭首次发射,将中国第一颗人造地球卫星东方红一号顺利送入轨道,发射取得圆满成功。1971年3月3日,长征一号火箭第二次发射,把实践一号科学试验卫星准确送入轨道,又一次取得圆满成功。长征一号的研制成功,揭开了我国航天活动的序幕。

长征二号在长征一号成功飞行之后,中国运载火箭技术研究院又成功研制了我国的第一个大型液体运载火箭长征二号。长征二号火箭共两级,推进剂采用四氧化二氮/偏二甲肼,低轨道的运载能力为1 800 kg。1974年11月5日,长征二号火箭首次发射。但由于一根控制信号导线折断,火箭在起飞20 s以后姿态失稳,火箭自毁。一年以后,长征二号火箭第二次发射,火箭工作正常,卫星准确入轨,发射取得圆满成功。这也是我国发射的第一颗返回式卫星。后来,在1976年12月7日以及1978年1月26日,长征二号火箭又进行了两次发射,均获得成功。长征二号共进行了4次发射,除了第一次发射失败以外,其余3次均获得圆满成功。长征二号的成功,使我国成为世界上继美国和苏联之后第三个掌握卫星返回技术和航天遥感技术的国家。

长征三号是在长征二号的基础上发展起来的三级火箭，可以把 1 600 kg 的有效载荷直接送入地球同步转移轨道。长征三号充分继承了已有长征火箭的成熟技术，它的一、二级发动机采用长征二号丙的一、二级发动机，三级则采用世界上最先进的液氢/液氧发动机。长征三号是我国首次使用液氢/液氧发动机的火箭。

长征四号作为发射地球同步轨道卫星的备份方案火箭，上海航天局自 1979 年起用了 10 年的时间研制成功了长征四号火箭。它的 3 级全都采用常温液体推进剂(四氧化二氮与偏二甲肼)。1988 年 9 月 7 日，长征四号在太原发射中心成功发射了我国的第一颗试验气象卫星；两年之后，长征四号又一次成功发射了气象实验卫星。长征四号火箭共发射两次，均取得成功。

2.2.5 物理学中的几种基本作用力

经典力学问题中总会涉及一些作用力，例如，万有引力、弹性力和摩擦力。从广义角度看，当今科学把自然界中的各种相互作用力分成了 4 类：

①**万有引力**：是长程(无限远)作用力，存在于任何物体间，如果把相距 10^{-15} m 的强子间强相互作用强度作为一个单位，那么，万有引力的相对作用强度为 10^{-38}。

②**电磁力**：是长程(无限远)作用力，存在于带电物体间，相对作用强度为 10^{-2}。

③**强相互作用力**：是短程作用力，作用范围小于 10^{-15} m，存在于微观粒子间的结合力，作用强度为 1。

④**弱相互作用力**：是短程作用力，作用范围小于 10^{-19} m，存在于微观粒子的衰变过程中，相对作用强度为 10^{-13}。

经典力学问题中涉及的一些作用力，如万有引力、弹性力和摩擦力，现介绍如下：

(1)**万有引力**

开普勒三定律的发现，强烈暗示了太阳与行星之间存在着随距离增大而减小的力。另外，伽利略断定，地面上的物体加速下落是由于地球引力所致。牛顿最早认识到，月球之所以能绕着地球作圆周运动，它所受的作用力与苹果落地所受的作用力本质上是同一种。他指出：“在宇宙中所有物体间都存在这样的力，使得物体间能够相互吸引，这种力就叫作引力。”牛顿利用第二和第三定律并结合开普勒行星运动第三定律，推导出了万有引力公式，即

$$F = G\frac{m_1 m_2}{r^2} \tag{2.12}$$

其中，$G=6.674\ 2\times10^{-11}\ \mathrm{N\cdot(m^2/kg^2)}$，称为万有引力常量，它与光速 c、普朗克常量 h 并称为自然界中三大普适常量。此处 m 称为引力质量，在量值上与惯性质量相等。

如果忽略地球自转的因素，在地面附近物体受到的重力近似等于地球所提供的万有引力，$mg\approx G\frac{mm_{地}}{R^2}$，$g\approx G\frac{m_{地}}{R^2}\approx 9.8\ \mathrm{m/s}$。

【问题聚焦】 牛顿万有引力定律的发现过程以及所采用的思想方法，对你的自然观形成和发展有何启示？

(2)**弹性力**

物体受力变形，企图恢复原状而产生的作用力，称为弹性力。平时所讲的压力、支持力、张

力都属这种情况。从根本上讲,弹性力属于电磁相互作用的宏观表现。

(3)**摩擦力**

接触物体间有相对运动或相对运动趋势时产生的阻碍相对运动或相对运动趋势的力,称为摩擦力,属电磁力范畴。摩擦力又分静摩擦力和滑动摩擦力两种。当物体间有相对运动趋势但是并没有发生相对运动时,物体间的摩擦力称为静摩擦力。

静摩擦力与物体的受力情况有关。一般情况下,物体的静摩擦力在零到最大静摩擦力$f_{\max}$之间,随外力变化而变化。而对于最大静摩擦力则有

$$f_{\max} = \mu_s N \tag{2.13a}$$

式中　μ_s——静摩擦因数;

N——物体受到的正压力。

物体间发生相对运动时,二者间的摩擦力为滑动摩擦力,即

$$f = \mu_k N \tag{2.13b}$$

式中　μ_k——滑动摩擦因数,它与接触面的材料、粗糙程度、干湿程度和温度等均有关。而与表面的接触面积无关,一般情况下,滑动摩擦系数要小于静摩擦因数,它们均小于1。在计算过程中往往认为二者近似相等。

2.3　力学中的守恒定律及应用

【案例2.4】　2010年4月16日江南某机场,南空航空兵某团在进行跨昼夜飞行训练时,战机遭遇群鸟撞击。机组人员沉着处理,协同默契,将损失降到最小。图2.15为战机舱内拍摄的驾驶位置被飞鸟撞击所形成的损伤。

图2.15　被飞鸟撞后的机舱

小小的飞鸟怎么会对飞机有这么大的破坏作用呢?如果从功和能的角度去解释,相撞时小鸟对飞机的作用力几乎不能使飞机发生位移,做功近似等于零。那么如何用物理规律解释这一相互作用过程呢?

2.3.1 冲量、动量定理、动量守恒定律

(1)冲量——力对时间的积累

1)恒力的冲量

一物体在 $t_0 \sim t$ 时间间隔内,受恒力 $\boldsymbol{F}$ 作用,在该时间间隔内,力 $\boldsymbol{F}$ 的冲量定义为

$$\boldsymbol{I} = \boldsymbol{F}(t - t_0) = \boldsymbol{F}\Delta t \tag{2.14}$$

2)变力的冲量

如果物体受力 $\boldsymbol{F}$ 的大小和方向都随时间或空间变化,可以取足够短的时间间隔 $\mathrm{d}t$,在此间隔内,力 $\boldsymbol{F}$ 的大小和方向均来不及变化,认为是恒力。这样,可借助式(2.14)将其冲量写出:$\mathrm{d}\boldsymbol{I} = \boldsymbol{F}\mathrm{d}t$,$\mathrm{d}\boldsymbol{I}$ 称为力 $\boldsymbol{F}$ 在该时间间隔内的元冲量。如果该力是连续变化的,在 $t_1 \sim t_2$ 有限时间间隔内,物体受到的总冲量就可以写为

$$\boldsymbol{I} = \int_{t_1}^{t_2} \boldsymbol{F}\mathrm{d}t = \int_{t_1}^{t_2} \boldsymbol{F}(t)\,\mathrm{d}t \tag{2.15}$$

上述这种以恒代变方法是处理一切变量连续累加问题的基本方法和手段,$\boldsymbol{F}$ 既可代表一个力,也可代表多个力的合力。

3)冲量的直角坐标表示

在直角坐标系中,$\boldsymbol{F} = F_x\boldsymbol{i} + F_x\boldsymbol{j} + F_x\boldsymbol{k}$,相应的,冲量在3个坐标轴方向的分量就可以写成

$$I_x = \int_{t_1}^{t_2} F_x\mathrm{d}t; \quad I_y = \int_{t_1}^{t_2} F_y\mathrm{d}t; \quad I_z = \int_{t_1}^{t_2} F_z\mathrm{d}t$$

冲量是过程量(表示力对时间的积累),冲量是矢量,其方向与力的方向相同。冲量的单位为牛·米(N·m)。

(2)质点的动量定理

牛顿第二定律原始表述形式反映了力的瞬时作用效果,即 $\boldsymbol{F} = \dfrac{\mathrm{d}(m\boldsymbol{v})}{\mathrm{d}t}$,如果我们进一步深入考察力对时间的积累,只需将上式两端同时乘以 $\mathrm{d}t$,并作积分,就可得到质点动量定理的积分形式,即

$$\boldsymbol{I} = \int_{t_1}^{t_2} \boldsymbol{F}\mathrm{d}t = m\boldsymbol{v} - m\boldsymbol{v}_0 = \boldsymbol{P} - \boldsymbol{P}_0 \tag{2.16a}$$

质点动量定理:**质点受到合外力的冲量,等于质点动量的增量**。

在直角坐标系下,动量定理的分量式表示为

$$\begin{cases} I_x = mv_x - mv_{0x} \\ I_y = mv_y - mv_{0y} \\ I_z = mv_z - mv_{0z} \end{cases} \tag{2.16b}$$

可见,**某一方向上的冲量只改变该方向的动量,而不影响其他方向的运动状态**。由动量定理可知,在动量改变量相同的情况下,作用时间越短,作用力就越大,小鸟撞坏飞机就是如此。反之,要想减小作用力,必须延长作用时间。

【案例2.5】 图2.16是汽车内的安全气囊示意图。安全气囊的作用就是为了使得汽车在发生严重碰撞的情况下,延长人体与车体的相互作用时间,从而达到减小相互作用力的效果,减小由于撞击而对人体造成的伤害。

【案例2.6】 另外跳伞员从高空着陆时,正确动作是顺势屈膝,同样是为了延长人体与地

面的相互作用时间，从而减小地面给人体的作用力。

图2.16　汽车安全气囊

【案例2.7】　如何才能不降低火炮的机动性能又提高火炮的射程呢？

增大初速并以最佳角度发射炮弹，这是增大火炮射程常用的方法。要增大弹丸初速，可由动量定理来考虑。动量定理指出：$\boldsymbol{F}\cdot\Delta t=\boldsymbol{P}_2-\boldsymbol{P}_1=\Delta(m\boldsymbol{v})$，即物体所受合外力的冲量等于物体在这段时间内动量的增量。由此可以看出，要想提高弹丸的初速，有以下途径：增大推力、延长推力对弹丸的作用时间，减轻弹丸的质量。

增大推力即增大膛压，可通过增加发射药量或采用高能发射药，使火药气体的平均压力增大，这样推动弹丸前进的作用力自然也就增大了，从而得以提高射程。当然，增大膛压会引起的物理现象也是必须考虑的。例如加重了对炮管的烧蚀、加速疲劳及断裂等。

延长推力对弹丸的作用时间，则弹丸动量变化大，所获得的速度也大，弹丸是依靠发射药燃烧时产生的高温高压燃气的推力而加速运动的，加长火炮的身管，便能延长发射药燃气对弹丸的推动过程，提高火药气体能量的利用率。美国曾作过试验，把原来109型火炮的3.7 m长的身管加长到6.4 m后发射同样的老式弹丸，射程由原来的14.6 km增加到22 km，提高了51%。目前，榴弹炮、加农炮的身管长度已发展到口径的45倍（苏M46加农炮的身管长度为口径的55倍）。

然而，如果无限制地加长身管，势必要增加身管乃至全炮各部件的尺寸和强度，这不仅使得制造成本加大，而且火炮的机动性能也要降低。从动量定理可知，当弹丸所受合外力的冲量一定时，弹丸质量越小，其速度变化的数值越大。然而弹丸太小，杀伤力必定也减小。这是需要我们权衡利弊、综合考虑的。

（3）**质点系的动量定理**

1）质点系统的内力与外力

两个或两个以上质点组成的系统称为质点系或质点组。与一个质点不同，当以质点系为研究对象时，力有内力和外力之分。质点系中，所有质点受到的来自系统以外的力统称**系统外力**，而质点系内部，各质点间的相互作用力称为**系统内力**。

2）质点系的动量定理

多个质点组成的质点系动量定理可写成一般形式，即

$$\int_{t_1}^{t_2}\boldsymbol{F}\mathrm{d}t=\boldsymbol{P}-\boldsymbol{P}_0 \tag{2.17}$$

定理表明：**质点系受到的合外力冲量，等于该质点系总动量的增量。**

在直角坐标系中，其分量式与质点动量定理分量式形式相同。几点说明：

①由推导过程不难看出，内力可以改变质点系内各质点的动量，而对系统总动量的改变无贡献。

②和牛顿第一、二定律一样，动量定理只适用于惯性参考系。

③在处理具体问题时，一定要建立具体坐标系，利用动量定理分量式进行量化运算。

(4)**动量守恒定律**

由式(2.17)可知,如果系统所受合外力为零,系统动量的增量也为零,系统总动量保持不变,即

$$\sum_i m_i \boldsymbol{v}_i = \text{常矢量} \tag{2.18}$$

动量守恒定律:**系统所受合外力为零,系统动量将保持不变**。需要指出的是:

①守恒是指整个系统而非某个质点。

②系统初、末态动量均针对事先选定的某一惯性系。

③系统外力不为零,但较内力比很小,动量近似守恒。

④系统外力不为零,但某一方向外力为零,如 $F_x = 0$, $\sum_i m_i v_{ix} =$ 常量,即该方向动量保持不变。

⑤动量守恒定律比牛顿第二定律适用范围更广,它是自然界三大基本守恒定律之一。近代的各种科学研究均表明,在自然界,大到宇宙天体,小到质子、中子等微观粒子间的相互作用都遵守动量守恒定律。

【问题聚焦】 针对⑤所说,你可否通过自己的想象得出同样结论?即将系统缩小或扩大,乃至扩大到整个宇宙,那么,在此情况下,所有力都将成为系统内力,而系统内力不改变系统总动量,这样,一个自然的结论应是什么?

2.3.2 功和动能定理

【案例 2.8】 如何衡量力对空间的有效积累?

如图 2.17 所示,在举重比赛中,运动员需将杠铃举起,保持正确姿势持续一段时间才算成功。人提水桶在水平面上平稳行走,发生一段位移,如此种种。虽然都有力持续作用于物体,但物体的运动状态却没有发生变化,如何体现力对空间的有效积累效果?

图 2.17 举重比赛

(1)**功和功率**

1)恒力做功

如图 2.18 所示,在物体从 a 点运动至 b 点的过程中,受到恒力 $\boldsymbol{F}$ 的作用,发生的位移为 $\Delta\boldsymbol{r}$,在此过程中,力所做的功定义为

$$A = \boldsymbol{F} \cdot \Delta\boldsymbol{r} = |\boldsymbol{F}| \cos\theta |\Delta\boldsymbol{r}| \tag{2.19}$$

式(2.19)可理解为:功等于力在位移方向的投影与位移大小的乘积,也可等效表述为位移在力方向上的投影与力大小的乘积。可见,只有力和位移在对方方向上投影不为零时,力才做功。所以,这里提出的举起杠铃后持续一段时间以及提水行走一段距离的两个问题中,力都没有做功,因为在力的方向上都没有发生有效位移。这样,就不难理解生活中的"做工"与物理学中的"做功"区别了。

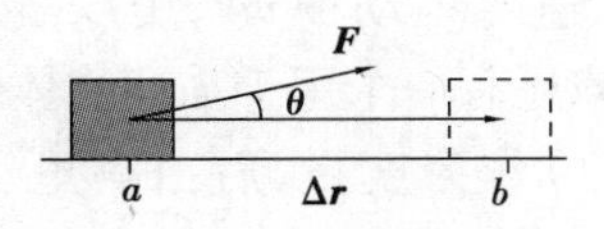

图2.18　恒力做功

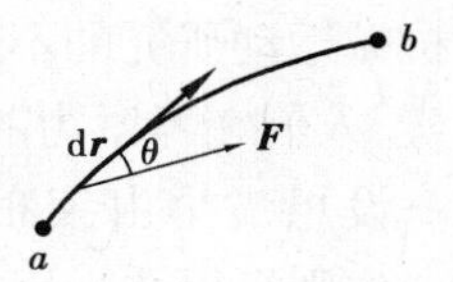

图2.19　变力做功

2)变力做功

质点在运动过程中,受变力 $\boldsymbol{F}$ 作用(大小和方向均随时间改变),如图2.19所示。在无限短的时间内发生微小位移 $\mathrm{d}\boldsymbol{r}$,这样,可以认为力 $\boldsymbol{F}$ 的大小和方向均来不及变化,认为是"恒力"。在此过程中,力 $\boldsymbol{F}$ 所做的元功可借助恒力做功的定义给出,即

$$\mathrm{d}A = \boldsymbol{F} \cdot \mathrm{d}\boldsymbol{r} \tag{2.20}$$

质点由 a 点运动到 b 点的过程中,这些元功之和就等于总功,对连续量而言,以积分取代求和,即

$$A = \int_a^b \boldsymbol{F} \cdot \mathrm{d}\boldsymbol{r} \tag{2.21}$$

3)合力做功

在(2.20)式中,如果力 $\boldsymbol{F}$ 是多个力的合力,即 $\boldsymbol{F} = \boldsymbol{F}_1 + \boldsymbol{F}_2 + \cdots \boldsymbol{F}_n$,做功为

$$A = \int_a^b \boldsymbol{F} \cdot \mathrm{d}\boldsymbol{r} = \int_a^b (\boldsymbol{F}_1 + \boldsymbol{F}_2 + \cdots \boldsymbol{F}_n) \cdot \mathrm{d}\boldsymbol{r} = \int_a^b \boldsymbol{F}_1 \cdot \mathrm{d}\boldsymbol{r} + \int_a^b \boldsymbol{F}_2 \cdot \mathrm{d}\boldsymbol{r} + \cdots \int_a^b \boldsymbol{F}_n \cdot \mathrm{d}\boldsymbol{r}$$

即

$$\int_a^b \left(\sum_{i=1}^n \boldsymbol{F}_i \right) \cdot \mathrm{d}\boldsymbol{r} = \sum_{i=1}^n A_i \tag{2.22}$$

这样,合力做功与各分力做功的代数和等价。而对功求代数和要比对力求矢量和要方便许多。对于功的具体计算方法读者可参阅相关参考书,这里不再赘述。

4)功率(做功效率)

①平均功率:反映的是力做功的平均效率,定义为单位时间内力所做的功,即

$$\overline{P} = \frac{\Delta A}{\Delta t} \tag{2.23}$$

②瞬时功率:平均功率只能反映力做功的平均效率,如果将时间间隔取的足够小,那么,平均功率的极限就可以准确地反映 t 时刻力做功的真实效率

$$P = \lim_{\Delta t \to 0} \frac{\Delta A}{\Delta t} = \frac{\mathrm{d}A}{\mathrm{d}t}$$

根据 $\frac{\mathrm{d}A}{\mathrm{d}t} = \frac{\boldsymbol{F} \cdot \mathrm{d}\boldsymbol{r}}{\mathrm{d}t} = \boldsymbol{F} \cdot \frac{\mathrm{d}\boldsymbol{r}}{\mathrm{d}t} = \boldsymbol{F} \cdot \boldsymbol{v}$,则功率可表示为

$$P = \boldsymbol{F} \cdot \boldsymbol{v} \tag{2.24}$$

功是标量,有大小和正负之分,从式(2.19)可以看出,当 $\theta < \frac{\pi}{2}$ 时,$A > 0$;$\theta > \frac{\pi}{2}$,$A < 0$;$\theta =$

$\frac{\pi}{2}$, $A=0$；功是过程量，是力对空间的积累；功是相对量，与参照系选取有关。功的单位为焦[耳](J)，1 J = 1 N · m。功率单位为瓦[特](W)，1 W = 1 J/s。

(2)质点的动能定理

1)动能

随着对机械运动研究的不断深入，先后引入了位移 $\boldsymbol{r}$、速度 $\boldsymbol{v}$、动量 $m\boldsymbol{v}$，用以描述物体的运动状态。其实，人们在考察力的空间积累效果时发现，应该还有一个用于描述物体运动状态的物理量。这一设想最早由莱布尼兹提出，他用 mv^2（活力）作为度量，后由科里奥利改正为 $mv^2/2$，而笛卡尔则提出统一用 $m\boldsymbol{v}$ 加以度量。两人为此有长达 50 年的争论。后来恩格斯提出："两种量度是从不同角度来量度运动的，都需要。"现在，从牛顿第二定律表述不难得出，必须存在 1/2 这个系数。定义 $E_k = mv^2/2$ 为物体的动能，它是物体机械运动状态的一种量度，它是状态量、相对量和标量。

2)质点的动能定理

力对时间的积累直接导致质点动量的改变。那么，力对空间的积累效果如何？依据牛顿第二定律

$$F = ma = m\frac{\mathrm{d}v}{\mathrm{d}t} = m\frac{\mathrm{d}v}{\mathrm{d}s}\frac{\mathrm{d}s}{\mathrm{d}t} = mv\frac{\mathrm{d}v}{\mathrm{d}s}$$

两端同乘 ds，并积分得

$$A = E_k - E_{k0} = \frac{1}{2}mv^2 - \frac{1}{2}mv_0^2 \tag{2.25}$$

质点的动能定理：**合外力对质点所做的功，等于质点动能的增量**。

由质点的动能定理不难看出，功是动能变化的量度，而动能反映了物体做功本领的大小。它是继位矢、速度、动量之后，又一个反映物体运动状态的物理量。功与动能在本质上虽然不同，但可以转换，这样，可通过计算动能的增量来等价衡量做功的多少，使计算大大简化。

(3)质点系的动能定理

对于多个质点组成的质点系统，将每个质点逐一运用动能定理并求和，考虑系统外力和系统内力做功，以 $A_{外}$ 和 $A_{内}$ 分别表示在这一过程中系统外力和内力做功、以 E_k 和 E_{k0} 分别表示系统末态和初态总动能，将式(2.25)推广后可得

$$A_{外} + A_{内} = E_k - E_{k0} \tag{2.26}$$

质点系的动能定理：**质点系外力与质点系内力做功的代数和等于质点系总动能的增量**。注意：虽然内力的持续作用不能改变系统的总动量，但却可以改变系统的总动能。

(4)系统内力做功特点

以两个质点组成的系统为例，$\boldsymbol{f}_{12}$、$\boldsymbol{f}_{21}$ 分别是两个质点的相互作用内力，$\boldsymbol{r}_1$、$\boldsymbol{r}_2$ 分别是两个质点相对某一参考系中原点 O 的位矢，如图 2.20 所示。这一对内力所做的元功为

$$\mathrm{d}A = \boldsymbol{f}_{12} \cdot \mathrm{d}\boldsymbol{r}_1 + \boldsymbol{f}_{21} \cdot \mathrm{d}\boldsymbol{r}_2$$

考虑 $\boldsymbol{f}_{21} = -\boldsymbol{f}_{12}$，上式可改写成

$$\mathrm{d}A = \boldsymbol{f}_{21} \cdot (\mathrm{d}\boldsymbol{r}_2 - \mathrm{d}\boldsymbol{r}_1) = \boldsymbol{f}_{21} \cdot \mathrm{d}(\boldsymbol{r}_2 - \boldsymbol{r}_1) = \boldsymbol{f}_{21} \cdot \mathrm{d}\boldsymbol{r}_{21}$$

其中 d$\boldsymbol{r}_{21}$、$\boldsymbol{f}_{21}$ 分别是第二个质点相对第一个质点位矢和第二个质点受到来自第一个质点的作用力。从推导过程不难看出，一对内力做功等效于一个力做功，只是将参考点由 O 点转移至

另一质点所在位置。若 m_1 与 m_2 相对位置不变,则一对内力做功一定为零。可见:**一对内力做功,只与其中一个质点受力与这个质点相对另一质点发生的相对位移有关,与参考系选取无关。**

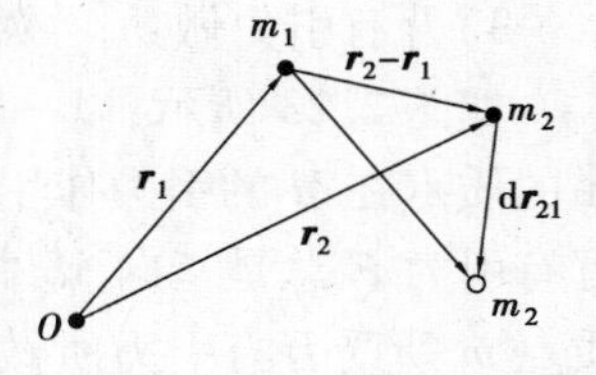

图 2.20　系统内力做功

【问题聚焦】　在利用质点系动能定理处理人滑雪橇等问题时,虽然选择地球和人组成的系统作为研究对象,但在求功时为什么只求雪面对雪橇产生的摩擦力做功,而不计雪橇对雪面的摩擦力所做的功?

2.3.3　保守力和势能

系统内力做功与参考系选取无关,这是内力做功的普遍特点。除此之外,有些系统内力做功还与物体所经过的路径无关,而只与物体所在的始末位置有关,通常将具有这种性质的力称为**保守力**。例如,已经熟知的重力、弹力、万有引力和在本书5.1.1小节中将要介绍的静电场力都是保守力。

(1)保守力做功的特点

1)重力做功

如图2.21所示,一质量为 m 的物体由 a 点经任意路径运动到 b 点,在此过程中,重力做功可直接由恒力做功定义直接求出

$$A = m\boldsymbol{g} \cdot \Delta\boldsymbol{r} = mg\cos\theta\,|\Delta\boldsymbol{r}| = mgh = mgy_a - mgy_b \tag{2.27a}$$

也可以用功的坐标表示得到同样结果

$$A = \int_{x_a}^{x_b} F_x \mathrm{d}x + \int_{y_a}^{y_b} F_y \mathrm{d}y = \int_{y_a}^{y_b} (-mg)\mathrm{d}y = -mg(y_b - y_a) = mgy_a - mgy_b \tag{2.27b}$$

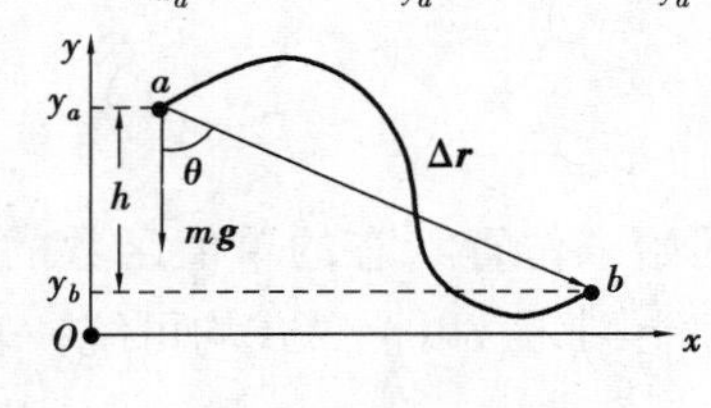

图 2.21　重力做功

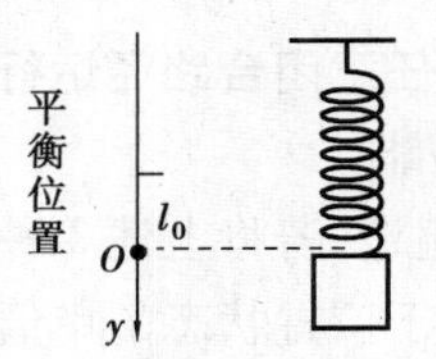

图 2.22　弹力做功

2)弹力做功

如图2.22所示,如果取力的平衡点为坐标原点,由胡克定律可知,物体在任意位置所受弹力

$$F_y = -k(y + l_0)$$

l_0 为弹簧自然伸长量。弹簧经任意路径由 a 至 b,弹力所做的功为

$$A = \int_{y_a}^{y_b} F_y \mathrm{d}y = \frac{1}{2}ky_a^2 - \frac{1}{2}ky_b^2 - kl_0(y_b - y_a) \tag{2.28a}$$

如果选弹簧原长位置为坐标原点,$F_y = -ky$,则

$$A = \int_{y_a}^{y_b} (-ky)\mathrm{d}y = \frac{1}{2}ky_a^2 - \frac{1}{2}ky_b^{\ 2} \tag{2.28b}$$

比较式(2.28a)和式(2.28b)不难看出,选择弹簧自然伸长处为坐标原点,弹力做功结果更简单。

3）万有引力做功

如图 2.23 所示，以一质量为 M 的质点所在处为参考点（相当于该质点静止），另一质量为 m 的质点在 M 的引力作用下沿路径 L 由 a 点运动至 b 点。不论 m 运动至何处，其所受到 M 的万有引力 $\boldsymbol{F}$ 总是指向 M，并以该点为原点建立直角坐标系，利用功的直角坐标表示可以求出质点 m 所受万有引力所做的功。具体方法如下：质量为 m 的质点所受到的万有引力可写为

$$\boldsymbol{F}_m = -G\frac{Mm}{r^2}\boldsymbol{r}_0 \text{ 或 } \boldsymbol{F}_m = -G\frac{Mm}{r^3}\boldsymbol{r}$$

在这一过程中，引力所做的功为

$$A = \int_a^b \boldsymbol{F}_m \cdot \mathrm{d}\boldsymbol{r} = \int_a^b \left(-G\frac{Mm}{r^2}\boldsymbol{r}_0\right)\cdot \mathrm{d}\boldsymbol{r} = -G\int_a^b \frac{Mm}{r^2}|\boldsymbol{r}_0||\mathrm{d}\boldsymbol{r}|\cos\theta$$

而 $|\mathrm{d}\boldsymbol{r}|\cos\theta = \mathrm{d}r$ 是位矢大小的增量，故

$$A = -GMm\int_{r_a}^{r_b} r^{-2}\mathrm{d}r = -GMm\left(\frac{1}{r_a} - \frac{1}{r_b}\right)$$

即

$$A_{ab} = \left(-G\frac{Mm}{r_a}\right) - \left(-G\frac{Mm}{r_b}\right) \qquad (2.29)$$

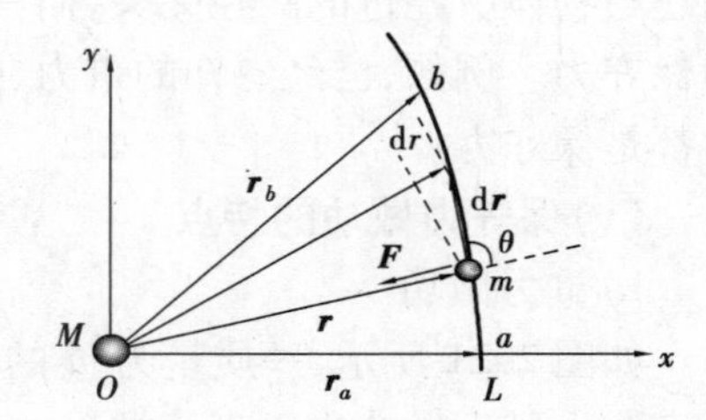

图 2.23　万有引力做功

结论：如果一个力所做的功与质点所经过的路径无关，而只与质点所在的始末位置有关。重力、弹性力、万有引力包括以后要接触的静电场力做功都具有这样的特点，因此，它们都是保守力。对于保守力做功的这一特点，还可等效表述为

$$\oint_l \boldsymbol{F}_{\text{保}} \cdot \mathrm{d}\boldsymbol{r} = 0 \qquad (2.30)$$

或者说，**沿任意闭合路径运行一周，保守力做功等于零。**

（2）**势能**

更普遍地，若将上述 3 种保守力做功的结果统一用始末位置状态的单值函数的差值来表示，这一关于位置状态的单值函数称为系统在该点的势能，那么，以上 3 式均可统一表示为

$$\int_a^b \boldsymbol{F}_{\text{保}} \cdot \mathrm{d}\boldsymbol{r} = E_{\mathrm{pa}} - E_{\mathrm{pb}} \qquad (2.31)$$

顺便指出，凡是保守力，都是指某一相应系统内力而言，例如，重力属于质点和地球所组成的系统内力。

图 2.24　水力发电站

式(2.31)指出:**保守内力做功,等于相应势能的减少(或势能增量的负值)**。即,如果保守内力做正功,必将以消耗系统的势能为代价。势能的多寡直接反映了相应保守力做功的多少。图2.24是利用水的重力势能进行发电的水力发电站。

2.3.4 机械能守恒定律

(1)质点系的功能原理

在质点系中,内力可以分为保守内力和非保守内力。以 $A_{内}$ 表示所有内力做的总功,根据式(2.31),保守内力做功等于该系统势能增量的负值,再以 $A_{内非}$ 表示系统非保守内力做功,得

$$A_{内} = A_{内非} + E_{p0} - E_{p}$$

代入式(2.26),得

$$A_{外} + A_{内} = A_{外} + A_{内非} + E_{p0} - E_{p} = E_{k} - E_{k0}$$

将质点系某一状态的动能与势能总和统称为这一状态的机械能 E,整理后,得

$$A_{外} + A_{内非} = (E_{k} + E_{p}) - (E_{k0} + E_{p0}) = E - E_{0} \tag{2.32}$$

质点系的功能原理:**系统外力与系统非保守内力做功代数和等于系统机械能的增量**。

(2)机械能守恒定律

由式(2.32)不难看出,**当外力与非保守内力做功代数和为零时,系统机械能保持不变**。这一结论称为机械能守恒定律。

$$E = E_{0} \tag{2.33a}$$

$$E_{k} + E_{p} = E_{k0} + E_{p0} \tag{2.33b}$$

$$E_{k} - E_{k0} = E_{p0} - E_{p} \tag{2.33c}$$

从式(2.33c)可知,在这种情况下动能的增加量等于势能的减少量,或者说系统内部动能和势能相互转化,而机械能总量始终保持不变。而能量的转化正是通过保守内力做功来实现的。更广义地讲,一种能量的增加或减少的同时,必然伴随着等值的其他形式能量的减少或增加,能量不能消失,也不能创造,只能从一种形式转化成另一种形式,这就是能量转换与守恒定律。

【案例2.9】 如图2.25所示,在蹦极运动中,如果考虑空气的阻力和绳子的摩擦力做功,那么机械能不守恒。同样也正是因为这些力做功,才使得人初始所具有的势能被逐渐释放,经过几次的弹起落下之后便会停止,否则人所具有的机械能会不停的由重力势能转化为动能再由动能转化为重力势能,人便会不停地弹起落下,再弹起再落下,不能停下来。所以在这个过程中人的机械不能守恒。但是如果将绳子、空气等均考虑在内,人所减小的机械能通过摩擦生热变成了绳子和空气的内能,因此总的能量仍然是守恒的。可见能量守恒相比机械能守恒来说更广泛,是自然界的普遍规律之一。

图2.25 蹦极

2.3.5 宇宙速度

【历史资料】 1687 年,牛顿在其著作《自然哲学的数学原理》中指出抛体运动的轨迹与抛体的初速度有关。这是人类第一次给出了发射人造卫星的理论依据。直到 1957 年,苏联才第一次成功地将世界上第一颗人造地球卫星送入预定轨道,使得理论成为现实,如图 2.26 所示。

图 2.26 第一颗人造卫星

(1)卫星——第一宇宙速度

卫星绕近地轨道运行所需的最小发射速度称为第一宇宙速度。设无限远处为势能零点,卫星在地面发射时,机械能为

$$E_1 = \frac{1}{2}mv_0^2 + \left(-G\frac{Mm}{R}\right)$$

到达轨道后机械能变为

$$E_2 = \frac{1}{2}mv^2 + \left(-G\frac{Mm}{r}\right)$$

绕地球作圆周运动

$$G\frac{Mm}{r^2} = m\frac{v^2}{r}$$

联立求解得

$$v_0 = \sqrt{\frac{2GM}{R} - G\frac{M}{r}} \tag{2.34}$$

轨道半径越大,所需发射速度越大,当卫星作近地轨道运行时,即 $r \approx R$,此时,第一宇宙速度

$$v_1 = \sqrt{\frac{MG}{R}} = \sqrt{\frac{MG}{R^2}R} = \sqrt{gR} = 7.9 \times 10^3 \text{ m/s} \tag{2.35}$$

发射速度 v_0 与卫星环绕速度 v 相同,且不必考虑卫星的发射方向。

(2)行星——第二宇宙速度

脱离地球绕太阳运行所需的卫星最小发射速度称为第二宇宙速度。忽略阻力,以地球为参照系,脱离地球引力,相当于 $r = \infty$,卫星势能为零,而且消耗了全部动能,即

$$\frac{1}{2}mv^2 - G\frac{Mm}{R} = 0$$

$$v_2 = \sqrt{2gR} = 11.2 \times 10^3 \text{ m/s} \tag{2.36}$$

第二宇宙速度大约等于第一宇宙速度的$\sqrt{2}$倍。

(3)**飞出太阳系——第三宇宙速度**

脱离太阳系所需的最小发射速度称为第三宇宙速度。首先作近似处理,不考虑其他星体引力;脱离地球引力之前只受地球引力,脱离太阳引力前只受太阳引力。

其次,在地球引力范围内

$$\frac{1}{2}mv_3^2 - G\frac{M_E m}{R_E} = \frac{1}{2}mv_E'^2$$

其中 v_E'是相对于地球的速度。

最后,以太阳为参考,卫星脱离地球引力后,与地球在同一轨道绕太阳飞行,卫星与太阳距离近似地球与太阳的距离,并可以利用多余动能$\frac{1}{2}mv_E'^2$脱离太阳系。设卫星相对太阳的速度v_s,与脱离地球引力类似

$$\frac{1}{2}mv_s'^2 - G\frac{M_s m}{R_s} = 0$$

地球绕太阳公转需满足

$$G\frac{M_E M_s}{R_s^2} = M_E\frac{v_{Es}^2}{R_s} \tag{2.37}$$

由于卫星和地球沿同一方向运动,由于相对运动 $v_s' = v_{Es} + v_E'$。

$M_s = 1.99 \times 10^{30}$ kg,$R_s = 1.50 \times 10^{11}$ m 代入之前的方程中,可求出 $v_E' = 12.3 \times 10^3$ m/s。

最终解得

$$v_s = 16.6 \times 10^3 \text{ m/s} \tag{2.38}$$

【案例2.10】　碰撞中能量交换与动量交换:碰撞问题是常见的一种运动形式,高能物理及物质结构分析中经常用到。通过碰撞能量和动量实现交换,从而使其重新获得分布。碰撞运动分为一维对心碰撞、二维碰撞和多维碰撞。在碰撞的瞬间,系统内物体间有很大的相互作用内力,物体所受的来自系统之外的力(如摩擦力、空气的阻力等)与这种内力相比可以忽略不计,所以在碰撞过程中认为外力近似等于零,故系统动量守恒。最理想的碰撞过程在动量守恒的同时能量也守恒,即物体通过碰撞相互交换能量。而一般情况下,我们认为碰撞过程能量都有所损失。可以通过引入恢复系数来衡量碰撞理想与否:

$$e = \frac{v_2 - v_1}{v_{10} - v_{20}}$$

式中　$v_2 - v_1$——物体碰撞后的分离速度;

$v_{10} - v_{20}$——物体碰撞前的追击速度。

如果恢复系数等于1,则表明碰撞为最理想的情况,能量完全恢复,两个相互碰撞的物体交换各自的能量。而如果恢复系数等于零,则表明碰撞过程能量损失最大。

【案例2.11】　弹弓效应:如果不考虑其他因素的影响,当航天飞行器逐渐飞近一颗较大质量的天体时,由于天体作用给飞行器的万有引力,航天飞行器的轨道动能会增加,如图2.27所示。而因为总能量是守恒的,所以可认为在这个过程中它们交换了轨道能量。如果航天飞行器得到了更多的轨道能量,那么天体的轨道能量就会相应减少。而且,轨道周期长度和轨道

能量成正比,因此航天飞行器的轨道能量增强时,它的轨道周期也会随之延长,就像用弹弓把航天飞行器抛向了一个更大的轨道运行一样,这就是弹弓效应。由于天体质量很大,所以跟其他的作用相比,弹弓效应对大质量天体能量的改变可以忽略不计。这一过程也可以看成是一种非接触性碰撞。飞行器可以利用弹弓效应来解决只依靠自身所携带的燃料不足以支持到达指定位置的问题。

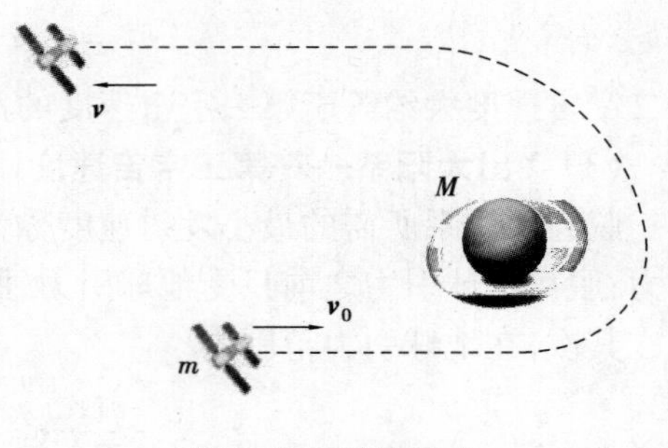

图 2.27　弹弓效应

【案例 2.12】　黑洞:黑洞最早是由印度物理学家钱德拉塞卡(S. Chandrasekhar)提出的。黑洞是一种引力极强的天体,就连光也不能逃脱。当一定质量的恒星半径小到一定程度时,就连垂直表面发射的光都无法逃逸了,这时的恒星就变成了黑洞。就像宇宙中的无底洞,任何物质一旦掉进去,“似乎”就再不能逃出。由于黑洞中的光无法逃逸,所以我们无法直接观测到黑洞。然而,可通过测量它对周围天体的作用和影响来间接观测或推测到它的存在。例如,地球质量约为 5.98×10^{24} kg,如果地球成为黑洞,光也不能逃出其引力场,即动能小于势能:

$$\frac{mv^2}{2} < \frac{G(Mm)}{R}$$

代入真空中的光速 3×10^8 m/s,可计算得出地球的半径应为 8.86×10^{-3} m。也就是说,如果能将地球压缩到半径约为 9 mm 的小球时,那么它所具有的引力将会大到令光也不能逃出,变成一个“黑洞”,可以想象它的密度将有多大。

思考题

1. 知道什么就可以求出质点的运动方程?

2. 平均速度等于零,是否物体一定静止?

3. 平均速度与瞬时速度有什么区别? 平均速度的大小与平均速率有何区别? 在什么运动中它们的值相同?

4. 物体的速度为零或速度很小,可以使它有很大的加速度吗? 物体的速度很大,加速度可以为零吗?

5. 按照牛顿第三定律,作用力和反作用力大小相等方向相反,为什么拔河比赛却有输赢?

6. 试想牛顿三大定律的理论地位与相互联系?

7. 据说有一个贡献卓越的中国元帅,在别人向他谈及某帮派的阴谋时,大发雷霆,拍桌而起,结果使手指骨折了。从力学上讲为什么他受伤了?

8. 有个人想拽着自己的头发将自己提升到桌子上,他能办到吗? 为什么?

9. 摩擦力为什么属于电磁力范畴?

10. 根据冲量和动量的概念,说明为什么仪表盘用垫子固定在汽车上更加安全?

11. 系统是什么意思,它与动量守恒有什么关系?

12. 什么是保守力? 保守力做的功与势能之间是什么关系? 一质点只受保守力作用,沿闭合路径运动一周,其动能是否改变?

13. 一对作用力和反作用力的功之和是否为零?一个系统所受的合外力为零,内力为保守内力,这个系统的机械能、能量、动量三者中什么量守恒?

14. 火箭的推力是怎么产生的?怎么使卫星换轨道?

练习题

1. 一质点沿 x 轴运动,其速度与时间的关系为 $v=4+t^2$ m/s,当 $t=3$ s 时,质点位于 $x=9$ m处,则质点的运动方程为(　　)。

A. $x=4t+\frac{1}{3}t^2-12$　　B. $x=4t+\frac{1}{2}t^2$

C. $x=2t+3$　　D. $x=4t+\frac{1}{3}t^3+12$

2. 如习题2图所示,用水平力 F 把木块压在竖直的墙面上并保持静止。当 F 逐渐增大时,木块所受的摩擦力(　　)。

A. 不为零,但保持不变

B. 随 F 成正比地增大

C. 开始随 F 增大,达到某一最大值后,就保持不变

D. 无法确定

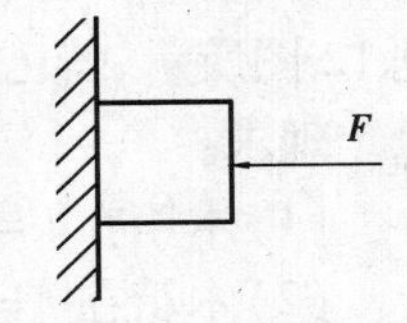

习题2图

3. 一个质点同时在几个力作用下的位移为 $\Delta\boldsymbol{r}=4\boldsymbol{i}-5\boldsymbol{j}+6\boldsymbol{k}$(SI),其中一个力为恒力 $\boldsymbol{F}=-3\boldsymbol{i}-5\boldsymbol{j}+9\boldsymbol{k}$(SI),则此力在该位移过程中所做的功为(　　)。

A. −67 J　　B. 17 J　　C. 67 J　　D. 91 J

4. 对于一个物体系来说,在下列(　　)情况下系统的机械能守恒。

A. 合外力为0　　B. 合外力不做功

C. 外力和非保守内力都不做功　　D. 外力和保守内力都不做功

5. 一质点在 y 轴上做加速运动,开始时 $y=y_0$,$v=v_0$。

(1)若加速度 $a=kt+c$,求任意时刻的速度和位置,其中 k、c 为常量;

(2)若加速度 $a=-kv$,求任意时刻的速度和位置;

(3)若加速度 $a=ky$,求任意时刻的速度。

6. 质点的运动方程为 $x=R\cos\omega t$,$y=R\sin\omega t$,$z=\frac{h}{2\pi}\omega t$,式中 R、h、w 为正的常量。求:

(1)质点运动的轨迹方程;

(2)质点的速度大小;

(3)质点的加速度大小。

7. 质点沿 x 轴正向运动,加速度 $a=-kv$,k 为常数。设从原点出发时速度为 v_0,求运动方程 $x=x(t)$。

8. 质量为 m 的子弹以速度 v_0 水平射入沙土中,设子弹所受阻力与速度反向,大小与速度成正比,比例系数为 k,忽略子弹的重力,求:

(1)子弹射入沙土后,速度随时间变化的函数式;

(2)子弹进入沙土的最大深度。

9. 一质量为 m 的质点,在半径为 R 的半球形容器中,由静止开始自边缘上的 A 点滑下,到达最低点 B 时,质点对容器的正压力数值为 N,求质点自 A 到 B 的过程中,摩擦力对质点所做的功。

10. 质量为 m,速度为 v 的小球,以入射角 α 斜向与墙壁相碰,又以原速率沿反射角 α 方向从墙壁弹回。设碰撞时间为 Δt,求墙壁受到的平均冲力。

11. 质量为 $M=2.0$ kg 的物体(不考虑体积),用一根长为 $l=10$ m 的细绳悬挂在天花板上。今有一质量为 $m=20$ g 的子弹以 $v_0=600$ m/s 的水平速度射穿物体。刚射出物体时子弹的速度大小为 $v=30$ m/s,设穿透时间极短。求:

(1)子弹刚穿出时,绳子中张力的大小;

(2)子弹在穿透过程中受到的冲量。

12. 一木箱质量 $m=10$ mg,放在地面上,在水平拉力 F 的作用下,由静止开始沿直线运动,其拉力随时间的变化关系如习题12图所示,若已知木箱于地面的动摩擦因数 $u=0.2$,请用动量定理求:

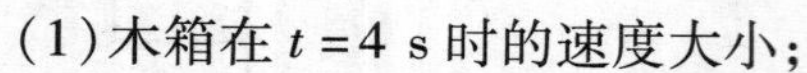

(1)木箱在 $t=4$ s 时的速度大小;

(2)木箱在 $t=7$ s 时的速度大小。

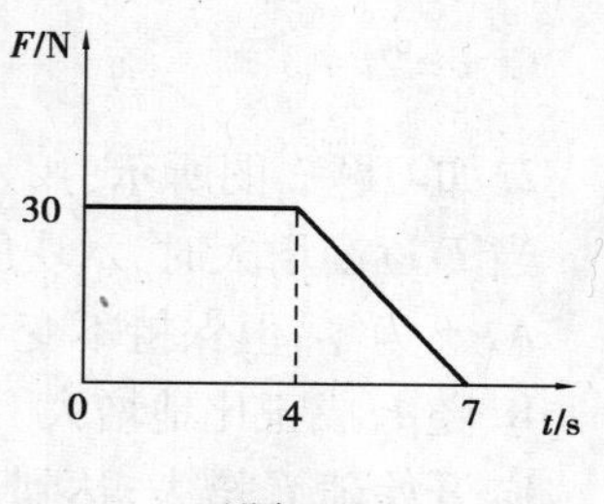

习题12图

13. 一沿 x 轴正方向的力,作用在 $m=3$ kg 的质点上,已知质点的运动学方程为 $x=3t-4t^2+t^3$,其中 x 以 m 为单位,t 以 s 为单位。求:

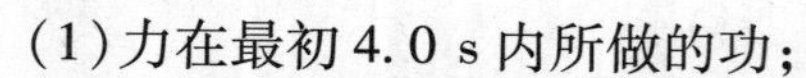

(1)力在最初 4.0 s 内所做的功;

(2)$t=1$ s 时,力的瞬时功率。

第3章 振动与波

本章主要介绍了物理学中的理想简谐运动、特征物理量及其能量,说明了几种常见的机械振动,指出了振动的广泛性和和谐性。同时还介绍了机械波、波的特征参量与波动方程、波的叠加原理与干涉现象;以一维弦振动为例分析了驻波及应用,还分析了物理学史料和案例,如1940年美国华盛顿州塔科马大桥为什么垮塌;美妙的泛音等。

3.1 机械振动

3.1.1 简谐运动及特征量

如图3.1所示,轻质弹簧的一端固定,另一端连接一个质量为 m 的物体,物体放在光滑的水平面上。当弹簧为原长时,物体所受合外力为零,称此位置为平衡位置,记为坐标原点 O。让物体发生位移之后释放,物体就会在平衡位置附近作往复运动,这种周期性运动就是简谐运动。很明显,弹簧振子是一个理想化模型。

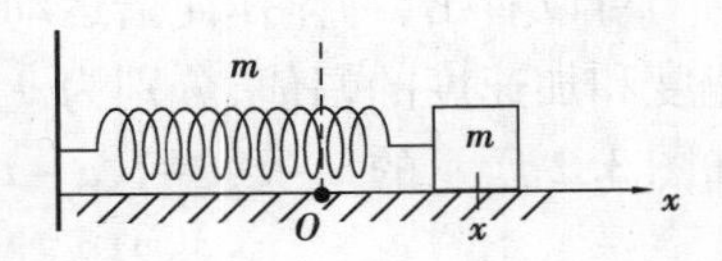

图3.1 简谐运动

(1)**简谐运动的特征**

1)动力学特征

取水平向右为坐标轴正方向,根据胡克定律,物体在任意位置所受到的合外力为

$$F = -kx \tag{3.1}$$

式中 k 称为弹簧的劲度系数,由弹簧自身的性质(如弹簧的材料、形状、大小等)决定,x 表示物体离开平衡位置的位移,也是物体所在点的坐标。负号表明弹性力方向与位移的方向相反,或者说,弹性力始终指向平衡位置的方向,由于力和位移满足线性关系,因此,将具有这种特点的力称为线性回复力。

2)运动学特征

根据牛顿第二定律,在只有弹性力的作用下,物体的动力学方程可写为

$$ma = -kx$$

将其整理并改写成

$$\frac{d^2x}{dt^2}+\frac{k}{m}x=0 \tag{3.2a}$$

对于给定的弹簧谐振子,劲度系数 k 和物体质量 m 都是常量,令 $\omega^2=k/m$,式(3.2a)变为

$$\frac{d^2x}{dt^2}+\omega^2x=0 \tag{3.2b}$$

这是二阶常系数线性齐次微分方程,它的解可以有以下 3 种形式

$$x=A\cos\omega t+B\sin\omega t$$

$$x=A\cos(\omega t+\varphi)$$

$$x=Ae^{i\omega t}+Be^{-i\omega t}$$

通常采用第二种,即

$$x=A\cos(\omega t+\varphi) \tag{3.3}$$

式中,A 和 φ 是待定的积分常量。式(3.3)称为简谐运动的运动学特征方程,从上述分析和推导过程看,式(3.1)、式(3.2)、式(3.3)完全是等价的,是判断某一运动是否是简谐运动的依据。

(2)简谐运动的速度和加速度

根据速度和加速度的定义,将式(3.3)分别对时间求一阶和二阶导数,便能得到物体运动的速度和加速度表达式

$$v=\frac{dx}{dt}=-A\omega\sin(\omega t+\varphi) \tag{3.4}$$

$$a=\frac{d^2x}{dt^2}=-A\omega^2\cos(\omega t+\varphi) \tag{3.5}$$

可以看出,物体作简谐运动时的速度和加速度也是随时间作周期性变化的,其最大值称为速度和加速度的幅值,分别为 $v_m=A\omega$ 和 $a_m=A\omega^2$。由式(3.3)、式(3.4)和式(3.5)可以作出如图 3.2 所示的 $x-t$、$v-t$、$a-t$ 图。

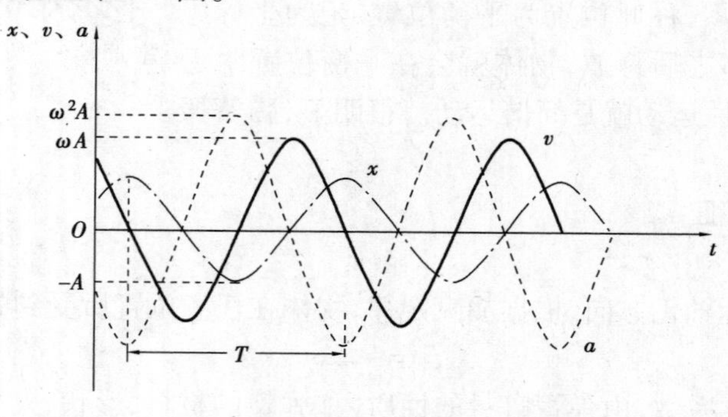

图 3.2　简谐运动的速度和加速度

(3)简谐运动的特征物理量

1)振幅

物体离开平衡位置最大位移的绝对值 A 称为简谐运动的**振幅**,单位为米(m),由物体运动的初始条件决定。

2）周期、频率、角频率

物体完成一次全振动所用的时间为一个**周期** T，单位为秒（s）。单位时间内所完成的全振动的次数为**频率** f，单位为赫［兹］（Hz）。由于余弦函数周期为 2π，应有

$$x = A\cos(\omega t+\varphi) = A\cos[\omega(t+T)+\varphi] = A\cos(\omega t+\varphi+2\pi)$$

对比可得

$$\omega T = 2\pi$$

或

$$\omega = \frac{2\pi}{T} = 2\pi f$$

很明显，ω 为 2π 秒内完成的全振动的次数，称为**角频率**（也称圆频率）。单位为弧度/秒（rad/s）。

T、f 和 ω 均由振动系统自身的性质决定，故又称为固有周期、固有频率和固有角频率。

3）相位和初相位

从式（3.3）、式（3.4）和式（3.5）可以看出，当振幅和角频率一定时，描述简谐运动的物理量均由 $\omega t+\varphi$ 来确定，称为**相位**。相位一旦给出，便可获得物体运动的全部信息。运动在时间上经过一个周期，对应地，相位变化为 2π，运动状态则开始重复。

在 $t=0$，即运动计时开始时刻，相位为 φ，称为**初相位**。关于初始时刻，完全由观察者来确定，选择不同时刻作为初始时刻，简谐运动就具有不同的初相位。

根据式（3.3）、式（3.4）和式（3.5），要想完整地描述一个简谐运动，必须知道振幅、角频率和初相位。我们称这3个量为描述简谐运动的三个特征量。

4）振幅和初相位的确定

设初始时刻，即 $t=0$ 时，物体的位移和速度分别为 x_0 和 v_0，代入式（3.3）和式（3.4），得

$$\begin{cases} x_0 = A\cos\varphi \\ v_0 = -A\omega\sin\varphi \end{cases}$$

可得

$$A = \sqrt{x_0^2+\left(\frac{v_0}{\omega}\right)^2} \tag{3.6}$$

再由 $x_0=A\cos\varphi$ 确定初相 φ 可能的取值范围，最后由 $v_0=-A\omega\sin\varphi$ 决定 φ 的具体取值。

【注意】　从上述求解过程不难看出，要想确定简谐运动的运动学方程，必须找到3个特征量“振幅”“初相位”和“角频率”。特别是“初相位”的概念，虽然比较抽象，但却是描述物体振动的一个非常关键的物理量。利用这种解析法求解简谐运动特征量稍显烦琐，下面来讨论一种新的描述简谐运动的等效方法。

（4）简谐运动的旋转矢量表示法

在研究简谐运动时，常采用一种比较直观的几何描述方法，称为**旋转矢量表示法**。该方法不仅在描述简谐运动和处理振动的合成问题时提供了简捷的手段，而且能使我们对简谐运动的3个特征量有更进一步的认识。

在直角坐标系 Oxy 中，以原点 O 为始端作一矢量 $\boldsymbol{A}$，让矢量 $\boldsymbol{A}$ 以角速度 ω 绕 O 点作逆时针方向的匀速转动，如图3.3所示。通常把矢量 $\boldsymbol{A}$ 称为旋转矢量。矢量 $\boldsymbol{A}$ 在旋转过程中，其端点 P 在 x 轴上的投影 M 将以 O 点为中心作往复振动。现在来考察投影 M 点的振动规律。

设在 $t=0$ 时，矢量 $\boldsymbol{A}$ 与 x 轴之间的夹角为 φ，经过时间 t，矢量 $\boldsymbol{A}$ 与 x 轴之间的夹角变为 $(\omega t+\varphi)$，则 M 点的运动方程为

$$x = A\cos(\omega t + \varphi) \tag{3.7}$$

可见,矢量 $\boldsymbol{A}$ 的端点 P 在 x 轴上的投影点 M 的运动是简谐运动。在旋转矢量图中,不难看出,矢量 $\boldsymbol{A}$ 的长度即为简谐运动的振幅为 A,矢量 $\boldsymbol{A}$ 的角速度即为振动的角频率 ω。在初始时刻 $(t=0)$,矢量 $\boldsymbol{A}$ 与 x 轴夹角 φ 为振动的初相位,t 时刻矢量 $\boldsymbol{A}$ 与 x 轴夹角 $(\omega t+\varphi)$ 为 t 时刻振动的相位。矢量 $\boldsymbol{A}$ 的某一特定位置对应于简谐运动系统的一个运动状态,它转动一周所需的时间就是简谐运动的周期 T,两个简谐运动的相位差就是两个旋转矢量之间的夹角。因此旋转矢量法把描述简谐运动的3个特征量以及其他一些物理量都非常直观地表示出来了。

【注意】 旋转矢量本身并不在作简谐振动,而是它的矢端在 x 轴上的投影点 M 在 x 轴上作简谐振动。

(5)简谐运动近似

简谐运动实际上是一种理想化的振动模式。实际中的振动问题并不像简谐运动,都是比较复杂的振动,其回复力与形变量之间不像简谐运动一样是线性的关系,其运动规律也不像简谐运动一样具有恒定的频率和周期。但是在某些情况下,我们并不要求十分精确地描述,因此实际问题中的振动可以近似看成简谐运动,具有简谐运动的特征。比如钟摆的运动,虽然严格来说这显然不是简谐运动,但是人们仍然采用钟摆的运动来计时,如图3.4所示。

如图3.5所示,用一根长度不变的细绳,一端固定,另一端系质量为 m 的重物。在铅直位置,重物静止(绳的质量可忽略)。将此位置视为坐标原点 O,给重物一个扰动,重物将会在铅直平面内绕原点 O 摆动,这样的系统称为单摆系统,重物称为摆锤,细绳称为摆线。设某一时刻单摆的角位移为 θ(取逆时针方向为角位移的正方向),重力在运动轨道的法向分力为

$$G_n = mg\cos\theta = T$$

重力在运动轨道的切向分力为

$$G_\tau = -mg\sin\theta$$

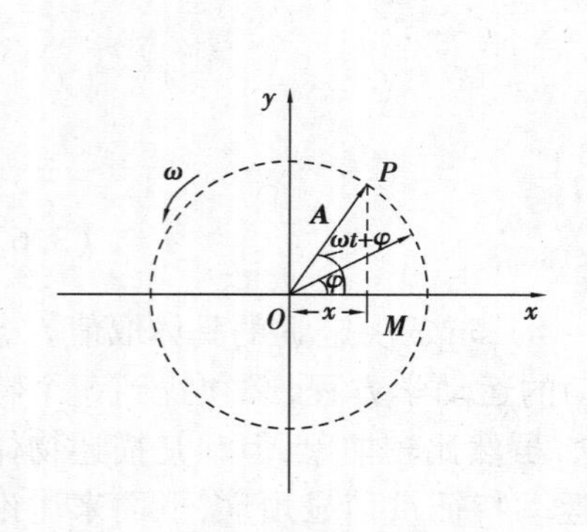

图3.3 旋转矢量表示法

图3.4 钟摆

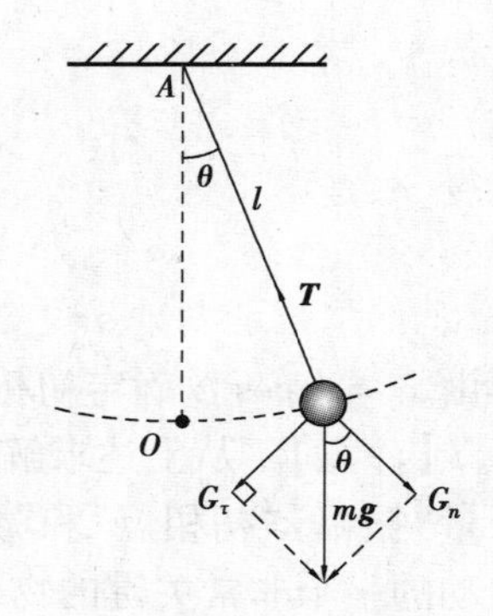

图3.5 单摆系统

切向运动方程为

$$-mg\sin\theta = ma = ml\frac{\mathrm{d}^2\theta}{\mathrm{d}t}$$

化简为

$$\frac{\mathrm{d}^2\theta}{\mathrm{d}t^2} + \frac{g}{l}\sin\theta = 0 \tag{3.8}$$

式中,负号表明重力切向分力的方向与角位移的方向刚好相反。

根据正弦函数的泰勒展开式

$$\sin\theta = \theta - \frac{\theta^3}{3!} + \frac{\theta^5}{5!} - \cdots$$

当角位移θ非常小的情况下，$\sin\theta\approx\theta$，有

$$\frac{d^2\theta}{dt^2}+\frac{g}{l}\theta=0$$

令$\omega^2=g/l$，得

$$\frac{d^2\theta}{dt^2}+\omega^2\theta=0 \tag{3.9}$$

微分方程的解

$$\theta=\theta_0\cos(\omega t+\varphi) \tag{3.10}$$

具有简谐运动的特征，也就是当单摆的角位移很小时可以看成是简谐运动，其周期为

$$T=\frac{2\pi}{\omega}=2\pi\sqrt{\frac{l}{g}} \tag{3.11}$$

可见单摆的运动周期与摆锤质量无关，只与摆线的长度和单摆所在位置的重力加速度有关，因此单摆可作为计时的工具，调整钟摆的长度就可以调整表的快慢。还可利用式(3.11)来测定该地点的重力加速度数值。

【历史资料】　傅科摆为了证明地球在自转，法国物理学家傅科(1819—1868)于1851年作了一次成功的摆动实验，傅科摆由此而得名。实验在法国巴黎的先贤祠(Panthéon——法国最著名的文化名人安葬地，见图3.6)进行。摆长67 m，摆锤重28 kg，悬挂点经过特殊设计使摩擦减少到最低限度。这种摆的惯性和动量很大，因而基本不受地球自转的影响而自行摆动，所以摆动时间很长。在实验中，从上往下看，摆动过程中摆动平面沿顺时针方向缓缓转动，摆动方向不断变化。实际上摆在摆动平面以外任何方向上并没有受到外力作用，按照惯性定律，摆动的空间方向不会改变，而这种摆动方向的变化，是由于观察者所在的地球沿着逆时针(自西向东)方向转动的结果，地球上的观察者看到的是一种相对运动现象，从而可以证明地球在自转。总之，在北半球时，摆动平面顺时针转动；在南半球时，摆动平面逆时针转动，而且纬度越高，转动速度越快；在赤道上的摆几乎不转动。

图3.6　傅科摆

(6)简谐运动的总能量

简谐运动是一种特殊的周期性机械运动，作简谐运动的物体具有机械能，即动能和势能。简谐运动的总能量就是作简谐运动这个系统的动能和势能之和。同样以弹簧振子为例进行研究，物体质量为m，弹簧的劲度系数为k。假设在t时刻，物体偏离平衡位置的位移为x，有

$$E_k=\frac{1}{2}mv^2=\frac{1}{2}mA^2\omega^2\sin^2(\omega t+\varphi) \tag{3.12}$$

$$E_p=\frac{1}{2}kx^2=\frac{1}{2}kA^2\cos^2(\omega t+\varphi) \tag{3.13a}$$

考虑到$\omega^2=k/m$，代入式(3.13a)，则系统的势能还可写成

$$E_p=\frac{1}{2}kx^2=\frac{1}{2}mA^2\omega^2\cos^2(\omega t+\varphi) \tag{3.13b}$$

系统总的机械能就等于动能和势能的和

$$E = E_k + E_p = \frac{1}{2}mA^2\omega^2 = \frac{1}{2}kA^2 \tag{3.14}$$

可以看出,在简谐运动过程中,系统的动能和势能都在随时间作周期性变化,但总和保持不变。这是因为系统内部的弹性力是保守力;而只有保守力做功是不影响机械能变化的,所以系统机械能守恒。

(7)**能量守恒与运动方程**

由于系统机械能守恒,有 $E = E_k + E_p =$ 常数,即

$$\frac{dE}{dt} = 0 \tag{3.15}$$

将动能和势能的表达式分别代入式(3.15),得

$$\frac{dE_k}{dt} + \frac{dE_p}{dt} = \frac{d\left(\frac{mv^2}{2}\right)}{dt} + \frac{d\left(\frac{kx^2}{2}\right)}{dt} = mv\frac{dv}{dt} + kx\frac{dx}{dt} = 0$$

其中$\frac{dv}{dt} = \frac{d^2x}{dt^2}$,$\frac{dx}{dt} = v$,代入得

$$kx + m\frac{d^2x}{dt^2} = 0 \tag{3.16}$$

求解微分方程(3.16),同样也可得到简谐运动的运动方程(3.3)。也就是说,如果存在一个机械能守恒系统,在任一状态下,将机械能对时间求一阶导数,如果满足式(3.16),即可认为该系统作简谐运动。当然,这并不意味着凡是机械能守恒的系统就是简谐运动系统。在近代物理学的研究中,正是根据能量的变化规律来研究粒子间的相互作用规律和粒子运动规律的。

3.1.2 阻尼振动和受迫振动

(1)**阻尼振动**

前面所讨论的作简谐运动的物体都是理想化情况,实际上振动的系统会因为受到外界阻力的作用,能量逐渐减弱。这样的振动称为**阻尼振动**。

假设振子在振动过程中除了受到弹性力之外,还受黏性阻力的作用,即

$$f = -\gamma v = -\gamma\frac{dx}{dt} \tag{3.17}$$

其中 γ 称为阻尼系数,则

$$m\frac{d^2x}{dt^2} = -\gamma\frac{dx}{dt} - kx \tag{3.18}$$

令 $\omega_0^2 = k/m$,$\beta = \gamma/2m$,得

$$\frac{d^2x}{dt^2} + 2\beta\frac{dx}{dt} + \omega_0^2x = 0 \tag{3.19}$$

式中 ω_0 为系统的固有角频率,β 为阻尼因子,由阻尼系数决定。根据阻尼因子的大小不同,对上式求解得不同的解。

1)弱阻尼

当 $\beta < \omega_0$ 时,式(3.19)的解为

$$x = A_0e^{-\beta t}\cos(\omega t + \varphi) \tag{3.20}$$

其中 $\omega=\sqrt{\omega_0^2-\beta^2}$ 为阻尼振动的角频率。阻尼振动的振幅为 $A_0e^{-\beta t}$，是一个随时间呈指数衰减的量。可见阻尼振动不是简谐运动，是一个振幅随时间减小的周期性运动。其运动周期

$$T=\frac{2\pi}{\omega}=\frac{2\pi}{\sqrt{\omega_0^2-\beta^2}} \tag{3.21}$$

2)临界阻尼和过阻尼

在弱阻尼状态下，振子的振幅减小，运动周期增加，但是振子仍然可以在平衡位置附近进行往复运动。而当 $\beta>\omega_0$ 时，振子只能缓慢地回到平衡位置，不再能完成一次往复运动，不再属于周期运动，这种情况称为过阻尼。在 $\beta=\omega_0$ 时，恰好为振子从周期运动向非周期运动转换的临界状态，称为临界阻尼。如图3.7所示为弱阻尼、临界阻尼和过阻尼3种情况的振动图线。

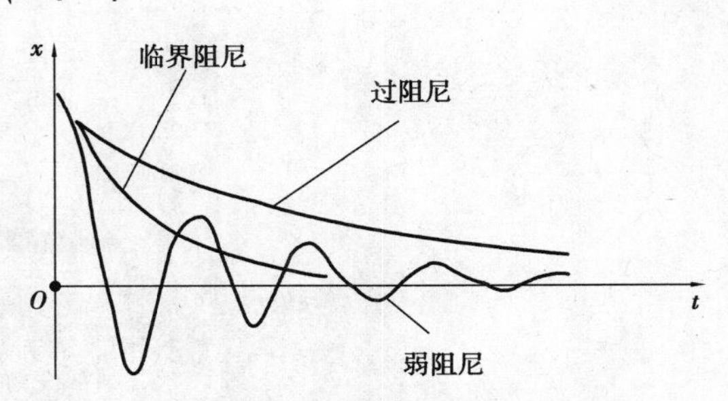

图3.7　弱阻尼、临界阻尼和过阻尼的振动图线

(2)**受迫振动**

实际生活中的振动问题都是阻尼振动，振动的能量会逐渐变小，最终振动停止。为了使振动能够持续进行，则必须要给振动系统输入能量，这种能量的输入通常是靠施加给系统一个周期性的驱动力来实现。这种在外界驱动力的作用下发生的振动称为**受迫振动**。

假设一个振子所受到的外力有弹性力 $-kx$、阻尼力 $-\gamma\frac{\mathrm{d}x}{\mathrm{d}t}$ 和驱动力 $F_0\cos\omega t$，根据牛顿第二定律，有

$$m\frac{\mathrm{d}^2x}{\mathrm{d}t^2}=-kx-\gamma\frac{\mathrm{d}x}{\mathrm{d}t}+F_0\cos\omega t \tag{3.22}$$

同样根据微分方程的求解方法，在阻尼较小的情况下，可得到式(3.22)的解，也就是受迫振动的运动方程

$$x=A_0e^{-\beta t}\cos(\omega t+\varphi')+A\cos(\omega t+\varphi) \tag{3.23}$$

式(3.23)第一项是阻尼振动，第二项是驱动力下的等幅振动。随着时间变化，阻尼振动将会衰减到可以忽略不计，此时受迫振动就只由驱动力来决定，运动方程只剩下第二项

$$x=A\cos(\omega t+\varphi) \tag{3.24}$$

还可计算出受迫振动稳定之后的振幅

$$A=\frac{F_0}{m\sqrt{(\omega_0^2-\omega^2)^2+4\beta^2\omega^2}} \tag{3.25}$$

可见在稳定状态下，受迫振动的振幅与驱动力的角频率有关。当驱动力角频率达到某一值时，受迫振动振幅最大，称为**共振**。可利用求极值的方法计算出共振的角频率，即

$$\frac{\partial A}{\partial\omega}=0 \tag{3.26}$$

解得

$$\omega_\tau=\sqrt{\omega_0^2-2\beta^2} \tag{3.27}$$

这种共振为位移共振，还可用同样的方法计算出速度共振的角频率。

【案例 3.1】 共振现象在生活中非常常见,例如无线电广播利用电磁波共振进行选台,利用原子核内部的核磁共振可以对人体内部器官进行研究和诊断。

1940 年 7 月 1 日,美国华盛顿州的塔科马悬索桥建成通车,4 个月后戏剧性地被微风摧毁,如图 3.8 所示。这正是由于风的频率正好达到了大桥位移共振频率。

图 3.8 塔科马悬索桥

3.2 机械波、波的叠加原理与干涉

3.2.1 机械波的一般概念

【问题聚焦】 我们居住的房间或是学习的教室,有的玻璃窗是用两层或三层玻璃中间抽成真空后封闭制成的。关紧窗子,你会发现阳光依然充足(当然会有一部分光能被玻璃吸收或反射),而窗外传来的声音或噪声强度却大大降低。光波和声波同样是波,为什么通过真空夹层的玻璃会有如此大的差异?

(1)机械波的形成

要想形成机械波,空间内必须有弹性介质,也就是组成这种介质的质点之间存在弹性力。如果一个质点受到外界的扰动,偏离平衡位置,那么它就会受到周围相邻质点的弹性力作用,将其拉回平衡位置,同时它也会给相邻质点一个弹性力,带动相邻质点偏离平衡位置。而这个质点在回到平衡位置时速度并不能减为零,所以仍将继续运动,这样,这个质点就会在平衡位置附近往复运动,与其相邻的质点也会在平衡位置附近往复运动。这种振动会在弹性介质内传播出去,形成波动。可见形成机械波必须满足两点:**一是存在机械振动的物体,就是振源,也称为波源,用以持续提供波动的能量。二是振源周围存在弹性介质,保证振源的振动可以传播下去**。本节开始提出的问题中,由于玻璃之间已被抽成真空或加热以降低玻璃夹层间空气密度,所以,作为机械波的声波大部分就无法传播,而光的传播不需要介质,所以大部分光线依然可以透射到房间中。

(2)波动的分类

按照介质中质点的振动方向和波动的传播方向的关系可以将波动分为两类,即横波(如绳波)和纵波(空气中的声波)。其他复杂形式的混合波(如水波和地震波),可分解成横波和纵波。

1)横波

质点的振动方向与波的传播方向相互垂直。例如绳波,如图3.9所示。将绳子一端固定,手握另一端上下抖动绳子,就可以看到手的一端绳子的振动沿着绳子进行传播,形成波峰和波谷。

2)纵波

质点的振动方向与波的传播方向相互平行。例如弹簧一端固定,手在另一端拉伸和压缩弹簧,可以看到振动沿弹簧传播,形成疏密相间的纵波,如图3.10所示。

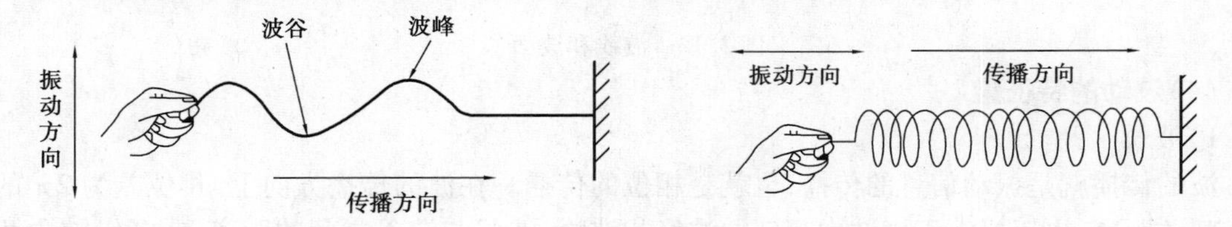

图3.9　横波　　图3.10　纵波

这两种波虽然具有不同的特性,但是可以看到它们在传播过程中均是质点的运动状态进行传播,而不是质点本身的传播。并且不同的弹性介质由于自身的性质不同,能够传播的波的种类也不相同。固态的弹性介质既有切变弹性①又有体变弹性②,如图3.11(a)所示,所以既可以传播横波又可以传播纵波。而液体或气体没有固定的形状,所以没有切变弹性,但是却存在体变弹性,如图3.11(b)所示,因此只能传播纵波。由于液体表面存在表面张力的缘故,所以在液体表面可以存在像水面波一样的波,这种波既有纵波成分也有横波成分,由于运动叠加,最后使得表面附近的液体分子所做的运动轨迹为椭圆,深度不同,椭圆形状也不同。地震波既有横波又有纵波,而对地表建筑物破坏性比较大的实际只是横波。

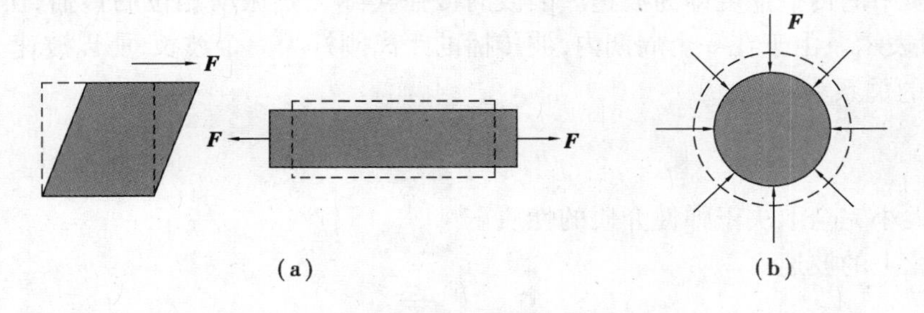

图3.11　物体的切变和体变弹性

(3)波线和波面

如图3.12所示,为了描述波在空间的传播情况,沿波的传播方向画一些有向射线,称为波射线(简称"**波线**")。而在波的传播过程中,将振动相位相同的质点所在的点连起来构成的曲面称为波振面(简称"**波面**")。波面有很多,某一时刻,最前方的波面称为**波前**。在各向同性

① 切变弹性:由两个距离很近,大小相等,方向相反的平行力作用于同一物体上所引起的形变(物体的各部分形状改变而体积不变)而产生的弹性。

② 体变弹性:物体受到外力后体积发生改变,而外力消失后体积又能恢复原来的形状而产生的弹性。

介质中,波线与波面始终是垂直的关系。按照波面的几何形状又可将波分为球面波、柱面波、平面波等。

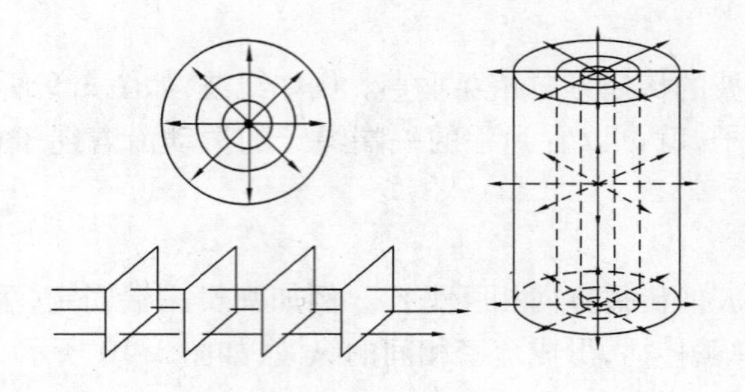

图 3.12　波线和波面

(4)**波动的特征量**

1)波长

波的传播就是振动信息的传播,也就是相位的传播。在波的传播方向上,相位差为 2π 的两点间的距离,也正好等于横波中相邻的波峰与波峰、波谷与波谷之间的距离,或者纵波中相邻波疏与波疏、波密与波密之间的距离。可见,波长能够反映波传播的空间周期性。波长用 λ 表示,单位为米(m)。

2)周期和频率

波的传播方向上,某质点完成一次完整的振动,波刚好传播出一个波长的距离,所用的时间为波的周期,这个周期也就是振源的振动周期。波的频率等于波在单位时间内所传播的完整的波长数目,波的周期和频率分别以 T 和 f 表示,频率与周期互为倒数,即

$$T = \frac{1}{f} \tag{3.28}$$

3)波速

波在介质中的传播速度即为波速。因波的传播实际上是振动相位的传播,所以波速又称为相速,用 u 表示。由于在一个周期内,波传播的距离刚好为一个波长,所以波速、波长和周期(频率)之间的关系为

$$u = \frac{\lambda}{T} = \lambda f \tag{3.29}$$

波速的大小完全取决于弹性介质的性质。

①绳或弦上的波速。

$$u = \sqrt{\frac{T}{\rho}} \tag{3.30}$$

式中　T——绳或弦上的张力;

ρ——单位长度绳或弦的质量。

②固体中的波速。

$$u = \sqrt{\frac{G}{\rho}}\text{(横波)} \tag{3.31}$$

$$u = \sqrt{\frac{Y}{\rho}}\text{(纵波)} \tag{3.32}$$

式中 G——固体的切变模量；

Y——固体的杨氏模量。

这里提及的切变模量和杨氏模量是反映材料形变与内应力关系的物理量，其单位为牛/米^2（N/m^2）。

③液体或气体中的波速。

$$u = \sqrt{\frac{B}{\rho}} \tag{3.33}$$

式中 B——弹性介质的体变模量，是反映材料形变与内应力关系的物理量，其单位为牛/米^2（N/m^2）。

3.2.2 平面简谐波

当波源作简谐振动时，波所经历的所有质点都按余弦（或正弦）规律振动，此时所形成的波称为简谐波。若波面为平面，则此简谐波称为平面简谐波。平面简谐波是最简单、最基本的波。

（1）平面简谐波的波动方程

设有一平面简谐波，在无吸收的、均匀的、无限大的介质中，沿着 Ox 轴正向传播，如图3.13所示。为不使符号混淆，将介质中各质点在波线上的平衡位置用 x 表示。设原点 O 处质点的运动方程为

$$y_0 = A\cos(\omega t + \varphi) \tag{3.34}$$

现考虑波线上离 O 点距离为 x 的 P 点处质点的振动情况。由于介质无吸收，因此，P 处质点应做与 O 处质点同方向、同频率、同振幅的简谐振动，只是相位比 O 处质点落后。

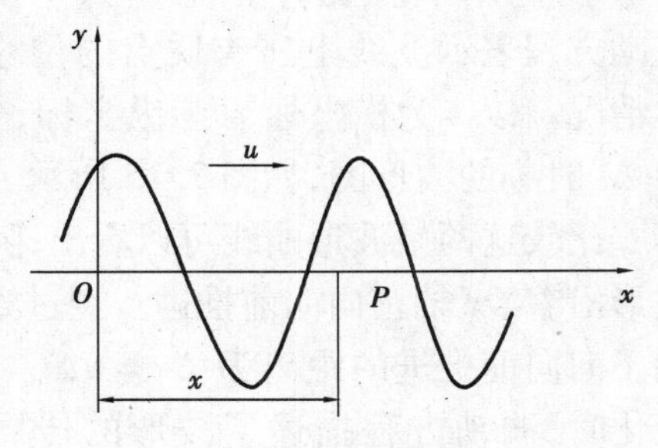

图3.13 平面简谐波

由于振动从 O 点传到 P 点所需的时间为 x/u，因此，P 处质点在 t 时刻的位移应与 O 处质点在 $(t - x/u)$ 时刻的位移相同。于是，P 处质点在 t 时刻的位移为

$$y = A\cos\left[\omega\left(t - \frac{x}{u}\right) + \varphi\right] \tag{3.35}$$

式(3.35)即为沿 x 轴正向传播的平面简谐波的波动方程（波函数）。

如果平面简谐波沿 x 轴负向传播，则 P 处质点的相位比 O 处质点超前。此时，波动方程变为

$$y = A\cos\left[\omega\left(t + \frac{x}{u}\right) + \varphi\right] \tag{3.36}$$

为了简便起见，可设 $\varphi = 0$，波动方程式(3.35)和式(3.36)也可以写为

$$y = A\cos\omega\left(t - \frac{x}{u}\right) = A\cos 2\pi\left(ft - \frac{x}{\lambda}\right) = A\cos 2\pi\left(\frac{t}{T} - \frac{x}{\lambda}\right) \tag{3.37}$$

$$y = A\cos\omega\left(t + \frac{x}{u}\right) = A\cos 2\pi\left(ft + \frac{x}{\lambda}\right) = A\cos 2\pi\left(\frac{t}{T} + \frac{x}{\lambda}\right) \tag{3.38}$$

（2）平面简谐波的物理意义

在波动方程中，质点的位移 y 是 x 和 t 的函数。为了正确理解波动方程，下面分3种情况

讨论其物理意义。

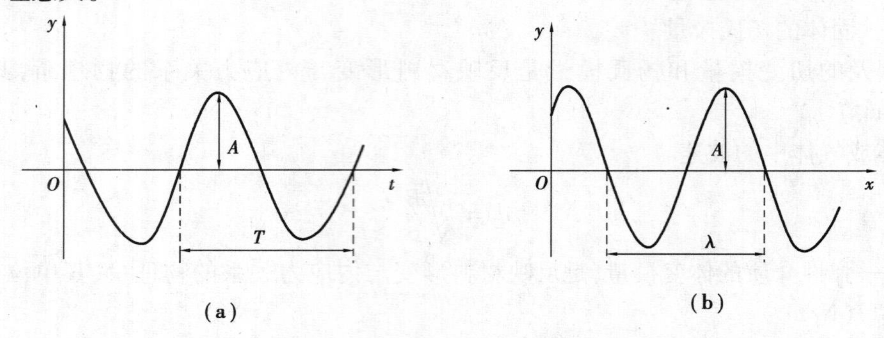

图 3.14　x 和 t 只有一个变化时的波形图

①x 一定时(设 $x=x_0$),位移 y 仅为时间 t 的函数。此时,波动方程表示 $x=x_0$ 处质点在不同时刻的位移,即给出了 $x=x_0$ 处质点的运动方程。如果以时间 t 为横坐标,位移 y 为纵坐标,则可得到一条 $y-t$ 振动曲线,如图 3.14(a)所示。振动曲线反映了波的时间周期性,其周期为 T。

②t 一定时(设 $t=t_0$),位移 y 仅为 x 的函数。此时,波动方程表示在 $t=t_0$ 时刻各质点位移 y 的分布情况。如果以 x 为横坐标,位移 y 为纵坐标,则可得到一条 $y-x$ 曲线,我们把 $y-x$ 曲线称为波形曲线(波形图),如图 3.14(b)所示。波形图反映了波的空间周期性,其周期为波长 λ。

③x 和 t 都变化时,位移 y 为 x 和 t 的函数。此时,波动方程表示波线上所有质点的位移随时间变化的整体情况。以 x 为横坐标,y 为纵坐标,分别作出 t 时刻和 $t+\Delta t$ 时刻的波形图,如图 3.15 所示。

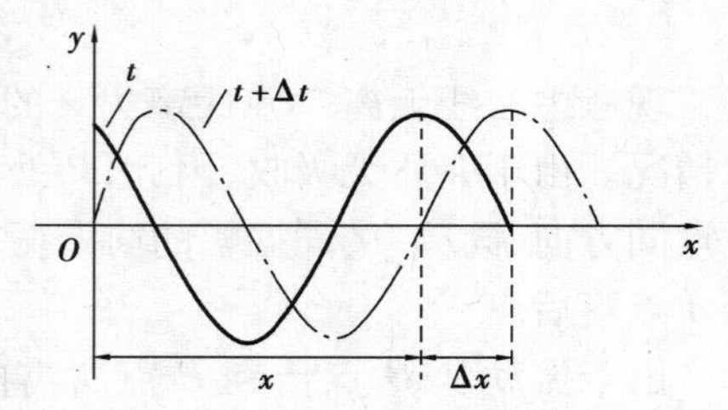

图 3.15　x 和 t 都变化时的波形图

比较这两条波形曲线可以看出,随着时间 t 的变化,波形沿着 Ox 轴正向向前推进。经过 Δt 时间,波形沿 Ox 轴正向向前推进的距离为 $\Delta x=u\Delta t$。所以,当 x 和 t 都变化时,波动方程描述了波形的传播。从这个意义上讲,平面简谐波通常又称为行波。

由波动方程还可看出,同一时刻,距离原点 O 分别为 x_1 和 x_2 的两质点的相位是不同的。根据式(3.37)可知,两质点的相位分别为

$$\varphi_1=2\pi\left(\frac{t}{T}-\frac{x_1}{\lambda}\right),\quad \varphi_2=2\pi\left(\frac{t}{T}-\frac{x_2}{\lambda}\right)$$

两质点的相位差为

$$\Delta\varphi=\varphi_1-\varphi_2=2\pi\left(\frac{t}{T}-\frac{x_1}{\lambda}\right)-2\pi\left(\frac{t}{T}-\frac{x_2}{\lambda}\right)=2\pi\frac{x_2-x_1}{\lambda}\tag{3.39}$$

式(3.39)中,$x_2-x_1=\Delta x$,称为**波程差**。故式(3.39)可写为

$$\Delta\varphi=\frac{2\pi}{\lambda}\Delta x\tag{3.40}$$

式(3.40)即为同一时刻波线上两点的相位差 $\Delta\varphi$ 与波程差 Δx 之间的关系式。

3.2.3　惠更斯原理

波在各向同性的介质中传播时,描述波的各种参量保持不变,如波面的形状、波的速度以及波的传播方向等。可是当波在传播过程中遇到障碍物或在不同介质中传播时,波的参量要发生变化,发生反射、衍射、干涉等波动特有的现象。1678 年,荷兰物理学家惠更斯提出了一种方法定性地解释了这些现象。

(1)惠更斯原理

图 3.16 为意大利 Fabrizio Logiurat 在其研究论文中用 Google Earth 所采集到的埃及亚历山大港的水波纹图样。可以看出,当水波在传播过程中遇到障碍物孔后,如果障碍物孔的尺寸与波长可比拟,那么穿过孔的波变为圆形,与原来波的形状无关。惠更斯指出:**介质中波传到的各点,都可以视为新的子波波源,其后的任意时刻,这些波的子波包络面就是新的波前。**

图 3.16　埃及亚历山大港的水波纹

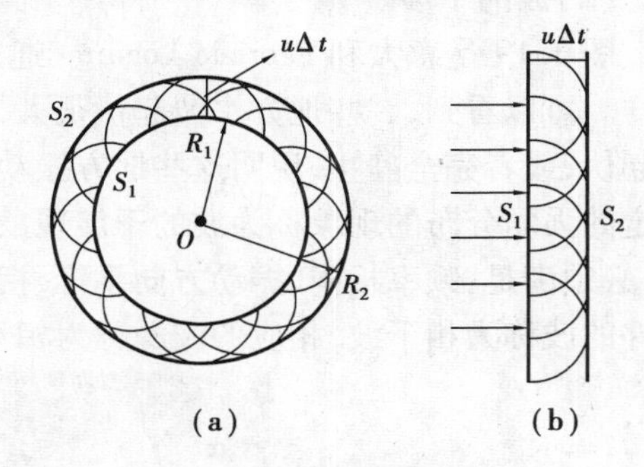

图 3.17　惠更斯原理

如图 3.17(a)所示,以 O 为振源的球面波在介质中传播,在 t 时刻波前是半径为 R_1 的球面 S_1。根据惠更斯原理,S_1 上各点均可看成是发射子波的波源,各自发出球面波,画出一系列以 $u\Delta t$ 为半径的半球面,则新的波前即为这些子波的包络面 S_2,显然 S_2 是以 O 为圆心,以 $R_2 = R_1 + u\Delta t$ 为半径的球面。如法炮制,可得平面波的波前,如图 3.17(b)所示。根据惠更斯原理,只有波在各向同性的均匀介质中传播时才能保持波面的几何形状不发生变化,传播方向不发生变化。

(2)惠更斯原理的应用

利用惠更斯原理可以定性地解释波的衍射现象。如图 3.18 所示,当波传播到障碍物 AB 的一条狭缝时,缝上各点均视为新的子波波源,发出球面波。在靠近狭缝边缘处,新子波的包络面不再是平面,发生弯曲,波改变了原来的传播方向,形成衍射现象。

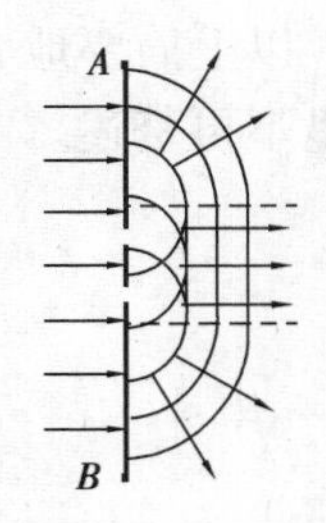

图 3.18　波的衍射

衍射现象是否明显与障碍物的尺寸与波长之比有关。如果障碍物尺寸与波长差不多,衍射现象就较为明显。如声音在空气中传播时,在门后也可听到门外人说话的声音,就是因为声波遇到的障碍物尺寸与其波长差不多,发生了明显的衍射。

3.2.4　波的干涉

前面所讨论的都是一列平面简谐波在传播过程中的各种性质,如果同时有两列波在同一种介质中传播并相遇,又将会出现什么现象呢?

(1)**波的叠加原理**

例如在空气中充满着各种声音,这些声波传到人耳中,人耳可以分辨出各种不同的声音;无线电收音机可以从许多的无线电波中选择出所需要的某一电台的信号。可见,波的传播是各自独立的,其性质不会受到其他波动的影响而发生改变。根据这些现象人们总结出这样的结论:

①几列波相遇之后,仍然保持它们原有的特性,如频率、波长、振幅、振动方向等不会改变,并且仍然按照原来的方向继续传播,好像没有遇到其他波动一样——**波的传播具有独立性**。

②在相遇区域内任一点的振动,为各列波单独存在时在该点所引起的振动的矢量和——**波具有可叠加性**。

波的叠加原理只适用于各向同性的介质中传播的波,并且只有当波的强度较小时才成立。

(2)**波的干涉**

图3.19是意大利 Fabrizio Logiurat 通过 Google Earth 所采集的泰国曼谷湄南河上的水波图样。可以看到,一些地方水波起伏很大,说明这些地方振动加强了;而另一些地方只有微弱的起伏,或者完全静止,说明这些地方振动减弱,甚至完全抵消。这样两列波相遇后能够形成稳定的强弱分布的现象称为波的**干涉现象**。当然,并不是所有的两列波相遇都能产生干涉现象,必须满足:**频率相同**、**振动方向平行**、**相位差恒定**。这些条件称为波的**相干条件**。满足相干条件的波称为相干波,相应的波源称为**相干波源**。

图3.19 湄南河的水波纹

以上简要地介绍了波的干涉和干涉现象,在第6章光的波动性里还将深入地讨论它,因此这里不再赘述。

3.3 驻 波

3.3.1 驻波的产生

驻波是干涉现象的一个特例。弹性绳子一端连接振荡器,另一端固定。振荡器引起绳子的振动,这种振动沿绳子传播到固定端,在固定端发生反射,这样入射波和反射波就会在绳子上叠加,形成一种特殊的干涉现象。

如图3.20所示,虚线、点线分别代表入射波和反射波,实线代表合成波。$t=0$ 时,入射波和反射波的波形刚好重合,各点合振动均加强(特殊点除外);$t=T/8$ 时,两列波分别向左向右

传播了 $\lambda/8$，合成波仍然为余弦曲线；$t=T/4$ 时，两列波分别向左向右传播了 $\lambda/4$，合成波刚好为一条直线，所有质点振幅均为零；$t=3T/8$ 和 $t=T/2$ 时，合成波各质点的位移分别与 $t=T/8$ 和 $t=0$ 时各质点的位移相同，但方向相反。

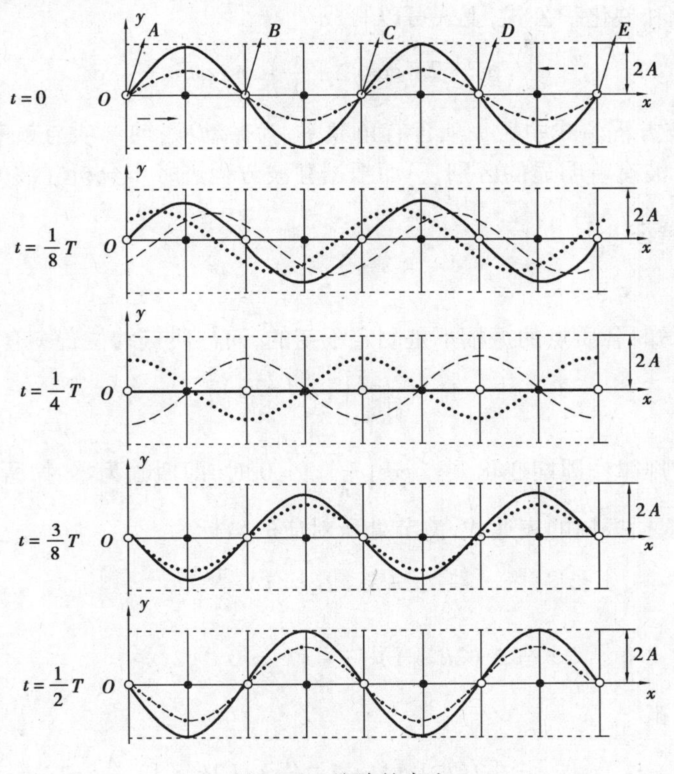

图3.20　驻波的产生

由此可知，**驻波是由振幅相同、传播方向相反的两列相干波叠加而成的**。波的叠加引起的驻波是一种重要的振动现象，它广泛存在于自然现象之中，管、弦、板、膜的振动都可形成驻波。驻波在声学、无线电学和光学等领域都有重要的应用。利用驻波可以测定波长，也可确定振动系统的固有频率。

弦振动可视作一维的波动，绷紧的弦线上一点作横向受迫振动，会导致横波沿弦线传播并在其端点发生反射，前进波与反射波干涉便产生驻波。驻波通过时，每一个质点皆作简谐运动。各质点振荡的幅度不相等，振幅为零的点称为节点或波节（Node），振幅最大的点位于两节点之间，称为腹点或波腹（Antinode）。由于节点静止不动，所以波形没有传播。能量以动能和势能的形式交换储存，也传播不出去。

3.3.2　驻波方程

设两列振幅相等的相干波分别沿 Ox 轴的正向和 Ox 轴的负向传播，波函数分别为

$$\begin{cases} y_1 = A\cos\left(\omega t - \dfrac{2\pi}{\lambda}x\right) \\ y_2 = A\cos\left(\omega t - \dfrac{2\pi}{\lambda}x\right) \end{cases}$$

根据波的叠加原理,两列波相遇后,相遇点合位移应等于两分振动的位移之和,即

$$y = y_1 + y_2 = A\cos\left(\omega t - \frac{2\pi}{\lambda}x\right) + A\cos\left(\omega t + \frac{2\pi}{\lambda}x\right)$$

利用三角函数和差化积公式,上式可以写成

$$y = 2A\cos\left(2\pi\frac{x}{\lambda}\right)\cos(\omega t) \tag{3.41}$$

式(3.41)称为驻波方程。式中后一项含有角频率,为振动项;前一项与频率无关,应看成振幅项。可见驻波与行波有着明显的区别,下面根据驻波方程进一步分析驻波的特点。

3.3.3 驻波特征

(1)振幅特征

由驻波方程可知,各质点的振幅不是固定不变的,而与质点的位置 x 有关,即

$$A' = \left|2A\cos\left(\frac{2\pi}{\lambda}x\right)\right| \tag{3.42}$$

振幅随位置按余弦规律作周期变化。当 $\cos\left(\frac{2\pi}{\lambda}x\right)=0$ 时,即振幅为零时,所在处的质点均静止不动,称为**波节**。根据振幅的表达式,波节处所对应的坐标为

$$\frac{2\pi}{\lambda}x = \pm(2k+1)\frac{\pi}{2} \tag{3.43}$$

$$x = \pm(2k+1)\frac{\lambda}{4} \quad (k = 0,1,2,\cdots) \tag{3.44}$$

相邻两波节间距

$$x_{k+1} - x_k = [2(k+1)+1]\frac{\lambda}{4} - (2k+1)\frac{\lambda}{4} = \frac{\lambda}{2} \tag{3.45}$$

当 $\cos\left(\frac{2\pi}{\lambda}x\right) = \pm 1$ 时,振幅最大为 $2A$,这些点的振动最强,称为波腹。根据振幅的表达式,波腹处所对应的坐标为

$$\frac{2\pi}{\lambda}x = \pm k\pi \tag{3.46a}$$

$$x = \pm k\frac{\lambda}{2} \quad (k = 0,1,2,\cdots) \tag{3.46b}$$

相邻两波腹间距

$$x_{k+1} - x_k = (k+1)\frac{\lambda}{2} - k\frac{\lambda}{2} = \frac{\lambda}{2} \tag{3.47}$$

可见相邻两波节和两波腹间距都是半个波长,所以能够形成驻波的弦长一定是半波长的整数倍,即

$$l = n\frac{\lambda}{2} \tag{3.48}$$

(2)相位特征

从驻波方程可知,在振幅变化的一个周期内,即相邻的两个波节之间,振幅项 $2A\cos\left(\frac{2\pi}{\lambda}x\right)$ 中,

使位移 y“同号”的那些点，各质点相位均相同，即在同一分段中各点的振动同步，如振幅同时为零，同时达到各自的最大值等；而在同一波节两侧，使位移 y“异号”的那些点，各质点相位相反，即相位差为 π。即相邻波节间各质点相位相同，振动步调相同；同一波节两侧的各质点相位相反，振动步调相反。驻波是由反射波和入射波相遇叠加构成的，若反射端为固定端，形成波节；若反射端为自由端，形成波腹。若形成的是波节，那么入射波和反射波的相位差为 π，相当于损失了半个波长的距离，称为**半波损失**，如图 3.21 所示。

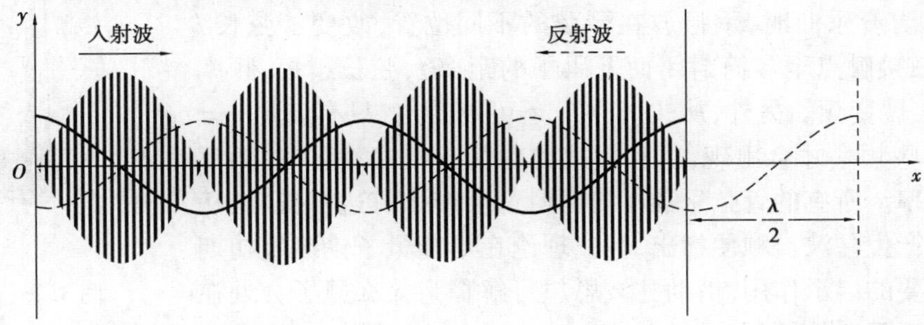

图 3.21　半波损失

可见，驻波的相位不同于行波的相位，是依次落后的，而是以波节为分界点的分段集体振动。

(3) **能量特征**

驻波中各质点达到各自的最大位移时刻，所有质点速率为零，因此动能为零。但是各处质点却发生了不同程度的形变，在波节附近处的质点形变最大，波腹点附近没有形变。此时，波的能量完全以形变势能形式存在，并且大部分集中于波节点附近，波腹处势能为零。此后，各质点将向各自平衡位置运动，与此同时，势能减小动能增大，且能量从波节点附近流向波腹点附近，如图 3.22(a) 所示。当质点以各自最大的速率通过平衡位置时，各处均不发生形变，因此势能为零，全部能量都转化为动能。由于波腹处质点速率最大，因此动能最大，大部分动能集中于波腹附近，波节处速率为零，动能为零。此后，质点继续振动，离开各自平衡位置，相应地，动能减小，势能增大，且能量从波腹点附近又向波节点附近开始反方向流动，如图 3.22(b) 所示。从波腹点向波节点在其他时刻，动能和势能同时存在，在振动过程中动能和势能不断转换，并且在转换过程中，能量不断由波腹附近转移到波节附近，再由波节附近转移到波腹附近，能量不发生单一方向的传播，即驻波不能够传播能量。

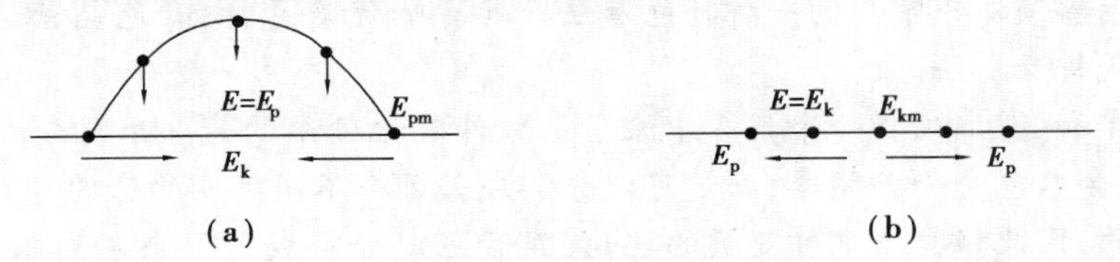

图 3.22　驻波的能量

3.3.4　驻波应用

驻波的应用非常广泛。以二胡为例，如图 3.23 所示。演奏者在演奏二胡之前都要先调弦，从而保证声音的准确性。这实际上是调整二胡的弦轴，改变弦上张力，以改变弦上声波的波速，进而改变在弦上的声波频率，最终达到校正音准的目的。其原理如下：通过前面的讨论已知，要在弦线上形成驻波，弦长须满足 $l = n\lambda/2$，而 $u = \lambda f$，弦线上的波速为 $\mu = \sqrt{T/\rho}$，所以

$$f_n = n\frac{\sqrt{\frac{T}{\rho}}}{2l} \quad (n = 1,2,3,\cdots) \tag{3.49}$$

转动弦轴使琴线拉紧，张力 T 变大，频率 f_n 提高；同理，琴线变松频率降低。在演奏乐曲时，手指放在琴弦的不同位置，改变了弦长 l（手指与琴弦接触点至琴筒封闭面上码子的距离），弦长越短，频率越高，从而实现变频。另外，从式(3.47)还可以看出，只有满足 $n = 1,2,3,\cdots$ 那些频率才会出现，这种模式称为简正模式，相应的频率称为简正频率。所有的管弦乐器在演奏时都会产生有边界振动，从而在边界中产生驻波。顺便指出，驻波理论在早期量子论诞生初期有着至关重要的启示作用，借助驻波思想可解释为什么原子会处在稳定的能级而不向外辐射能量。

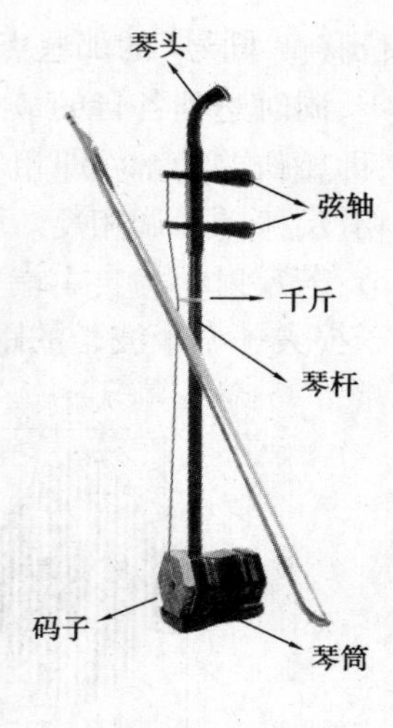

图 3.23　二胡

【案例 3.2】　拉弦乐器弦上的驻波——美妙的音乐。

拨动两端固定张紧的弦，使波经两固定端反射可干涉产生驻波。弦的两固定端必为节点。当弦上产生驻波时，弦长 L 为半波长的正整数倍

$$L = n\left(\frac{\lambda}{2}\right), n \in \boldsymbol{N}$$

由于波的行进速度 u 为其频率 f 和波长 λ 的乘积，且为弦所受张力 T 和弦的线密度 μ 的比值之平方根，由此可知弦上形成驻波时，其频率 f 为

$$f = \frac{u}{\lambda} = \frac{nu}{2L} = \frac{n}{2L}\sqrt{\frac{T}{\mu}}$$

当拉弦乐器的弦因振动发出声音时，振动频率最低者为 $n = 1$ 时的情况，称为基频或基音（Fundamental frequency）。这个驻波所产生的基音，就是平常听到乐器发出的美妙音乐的声音。频率较高的音称为泛音（Overtones），基音和泛音统称为谐音（Harmonics）。

【知识拓展】

拉弦乐器的泛音——音色晶莹透亮

泛音是弦乐器演奏中常用的一种特色奏法。其音响优美奇特，音色晶莹透亮。也有人把泛音称为钟声或钟音奏法。

泛音在声学和音乐中，指一个声音中除了基频外其他频率的音。乐器或人声等自然发出的音，一般都不会只包含一个频率，而是可以分解成若干个不同频率的音的叠加。声音的波形是具有周期性的，因此根据傅里叶变换的理论，声音可以分解成若干个不同频率纯音的叠加。这些频率都是某一频率的倍数，这一频率称为基频，也就决定了这个音的音高。假设某个音的基频为 f，则频率为 $2f$ 的音称为第一泛音，频率为 $3f$ 的音称为第二泛音，等等。

基音和不同泛音的能量比例关系是决定一个音的音色的核心因素。乐器和自然界里所有的音都有泛音。

泛音分为自然泛音和人工泛音，两者有很大的差异。

自然泛音的特点就是音高固定，准确，虽然手指稍偏向弦千斤会使泛音的发音偏低，偏向琴码会偏高，但这种音高的变化要比实音小得多，只要触点不太偏离琴弦的泛音点，泛音就基

本上是准确的。拉奏自然泛音时左手指不实按到弦上,仅轻触、虚按在音位上(不揉弦)。右手持弓压弦的力度比拉奏一般音符的力度稍小,而弓速略快,这时二胡发出的音(泛音)清纯、晶莹、透亮,声音犹如哨声,极大地增加了乐曲的艺术感染力和艺术效果。因此很多作曲家在为二胡(或提琴)谱曲时尽可能地使用自然泛音(尽管音色上没有特别的要求)。

拉弦乐器常用的自然泛音,一个在空弦高八度的位置(即弦长的1/2处),它的实际音高比空弦高八度;一个在空弦音高纯四度的位置(即弦长的1/4处,第一把位的第3指音),它的实际音高比空弦高两个八度;一个是在空弦音高纯五度的位置(即弦长的1/3处,第一把位的第4指音),它的实际音高比空弦音高8度+5度,也就是这个4指音的高八度。其他自然泛音就不再赘述。

演奏人工泛音需同时用两个手指,一般食指实按在音上,小手指虚按在琴弦上。通常两手指保持4度或5度的距离(即虚按位置在实按位置的1/4或1/3处),泛音比实音高两个8度或8度+5度。把位较高时,人工泛音还可以是第三泛音,即泛音比实音高12度。人工泛音的音准主要决于实按位置(食指位置),但虚按位置(小指位置)不能太偏离琴弦振动段的4分点或3分点。人工泛音对演奏者的技术水平要求较高。

思考题

1. 以机械振动为例,指出符合什么条件的振动为简谐运动。

2. 从受力和运动学及总能量角度说明,什么是简谐运动?简谐运动的特征是什么?

3. 尝试证明简谐振动的总能量(动能+势能)守恒。

4. 怎样确定两个简谐运动的相位差?在什么情况下两个简谐运动的相位差与时间有关?在什么情况下两个简谐运动的相位差与时间无关?

5. 什么是阻尼振动?什么是受迫振动?共振是怎么回事?

6. 什么是波?产生机械波的条件是什么?

7. 简谐波的波长、周期、频率、波速各描述波的什么特征?它们之间有什么关系?

8. 波的共性是什么?什么是纵波(横波)?在液体和气体内能传播横波吗?

9. 查找生活中波的衍射实例有哪些(至少两个),并尝试解释它们?

10. 两列波满足什么条件,在它们相遇时会发生干涉现象?干涉现象与振动叠加的同相反相有什么关系?

11. 为什么说驻波实际上是一种干涉现象?

练习题

1. 质量为 m 的质点与劲度系数为 k 的弹簧构成弹簧振子,忽略一切非保守力做功,若振幅为 A,体系的总机械能力____________________。

2. 一质点沿 x 轴作简谐运动的振幅 $A=0.2$ m,周期 $T=7$ s,$t=0$ 时,位移 $x_0=0.1$ m,速度 $v_0>0$,则其简谐运动方程表达式为____________________。

3. 机械波从一种介质进入另一种介质,波长、频率、周期和波速诸物理量中发生改变的为

__________________;保持不变的为__________________。

4. 质量为 10 g 的小球与轻质弹簧组成的系统,按 $x=0.5\cos\left(8\pi t+\frac{\pi}{3}\right)$ 的轨迹运动,式中 t 以 s 为单位,x 以 m 为单位,试求:

(1)振动的圆频率、周期、振幅、速度的最大值,加速度的最大值和力的最大值;

(2)$t=2$ s,10 s 时刻的相位为多少?

5. 有一弹簧,当其下端挂一质量为 m 的物体时,伸长量为 9.8×10^{-2} m,若使物体上下振动,且规定向下为正方向。

(1)当 $t=0$ 时,物体在平衡位置上方 8.0×10^{-2} m 处,由静止开始向下运动,求振动方程;

(2)当 $t=0$ 时,物体在平衡位置并以速度 0.60 m/s 上运动,求振动方程。

6. 已知一个谐振子的振动曲线如习题 6 图所示。

(1)a、b、c、d、e 各状态相应的相位;

(2)写出振动表达式;

(3)画出旋转矢量图。

7. 一弹簧振子,弹簧劲度系数为 $k=25$ N/m,当物体以初动能 0.2 J 和初势能 0.6 J 振动时,问:

(1)振幅是多大?

(2)位移是多大时,势能和动能相等?

(3)位移是振幅的一半时,势能多大?

8. 波源作简谐振动,周期为 0.02 s。若该振动以 100 m/s 的速度沿直线传播,设 $t=0$ 时,波源处的质点经平衡位置向正方向运动,求:

(1)距波源 15.0 m 和 5.0 m 两处质点的振动方程和初相;

(2)距波源分别为 16.0 m 和 17.0 m 的两质点间的相位差。

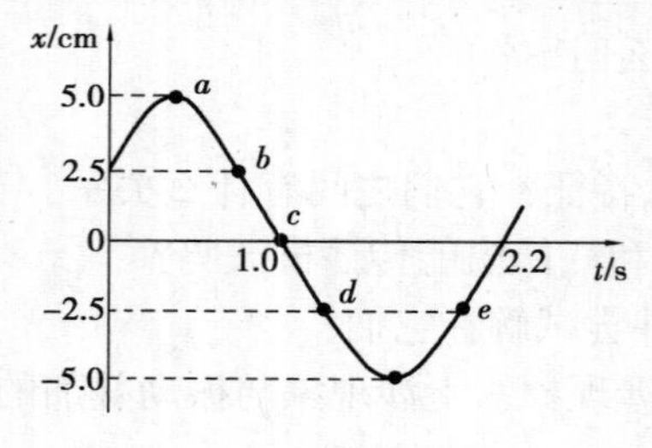

习题 6 图

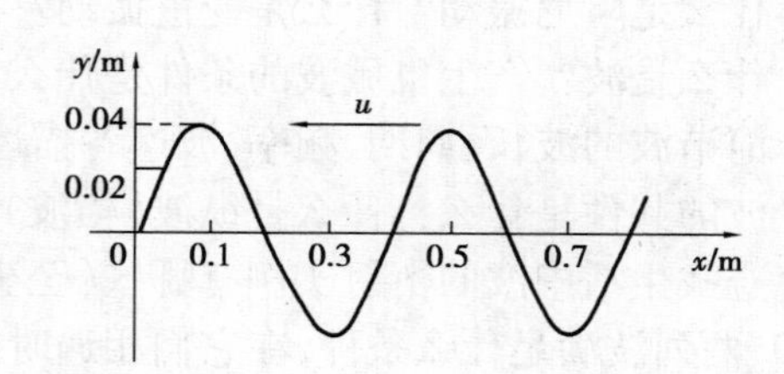

习题 9 图

9. 一条长线用水平力张紧,其上产生一列简谐波向左传播,波速为 20 m/s。在 $t=0$ 时,它的波形曲线如习题 9 图所示。

(1)求波的振幅、波长和周期;

(2)波沿 x 轴负方向传播时写出波动方程;

(3)写出质点振动速度表达式。

10. 一驻波波动方程为 $y=0.02\cos 20x\cos 750t$(SI),求:

(1)形成此驻波的两行波的振幅和波速各为多少?

(2)相邻两波节间的距离为多大?

(3)$t=2.0\times10^{-3}$ s 时,$x=5.0\times10^{-2}$ m 处质点振动的速度为多大。

第 4 章 声波及应用

声波的本性是一种机械压力波(第 3 章已对机械波进行了介绍)。近几十年来,声波特别是超声波表现出强劲的应用势头,本章将其单列出来进行介绍。

人类和动物很早以来就利用声波来传递信息。例如,海豚发出 50 000 ~ 120 000 Hz 的超声波进行相互间的联络。例如,人们购买西瓜时会采用手拍西瓜,听西瓜振动的声音来判断西瓜的生熟等。

声波按其振动频率的大小分为次声波(20 Hz 以下)、音频声波(20 ~ 20 000 Hz)和超声波(20 000 Hz 以上),即声波是次声波、音频声波和超声波的总称。必须指出的是,次声波、音频声波和超声波对人的生理影响是大不相同的。首先,人耳感受不到次声波和超声波的存在,次声波和超声波的强度再高人耳也无法感知,只有音频声波人耳才能听到;其次,在一定声强级以上,次声波会使人烦躁、疲倦。音频声波也会使人烦躁、难以入睡。只有超声波对于人类是安全的(迄今还没有试验能证明超声波对人类会带来伤害的例证)。正是因为超声波对于人类是安全的,因此超声波的应用发展也特别迅速。有人甚至预言 21 世纪人们洗澡也会使用超声波了。

应该指出的是,声波是我们身边最熟悉的波。我们人类每天接受的信息中有约 8% 的信息是通过声波来传递的,因此声波对我们人类的重要性是不言自明的。但遗憾的是目前一些复杂的声波人类还写不出它的数学表达式,更谈不上对其有深刻的认识!

4.1 声波及超声波基础

4.1.1 超声波的种类和传播波形

(1)超声波的种类

超声波的本质是一种机械压力波,由于声源在介质中施加力的方式不同,从而使得质点振动的轨迹不同,根据质点振动方向和波动传播方向的关系,可将超声波分成纵波、横波、表面波和板波等。

1)声纵波

当弹性介质受到交替变化的拉应力和压应力的作用时,相应地产生交替变化的伸长和压缩形变,质点产生疏密相间的纵向振动,振动又作用于相邻的质点,于是在介质中传播开来形成波。由于质点振动方向和波的传播方向相同,因此这种波称为**声纵波**(简称“L 波”)。任何弹性介质在体积变化时都能产生弹性力,于是纵波可以在固、液、气体介质中传播。

2)声横波

固体介质受到交变剪切应力作用会相应地发生交变的剪切形变,介质质点产生具有波峰和波谷的横向振动。振动又作用于相邻的质点,于是在介质中传播开来。由于质点的振动方向和波的传播方向相垂直,因此这种声波称为**声横波**(简称“S 波”)。应当指出的是,气体及液体介质的切变弹性模量为零,没有剪切弹性力,因此,它们不能传播声横波和具有横向振动分量的其他声波,如声表面波。

3)表面波

当固体介质表面受到交变表面张弛力的作用,使材料表面的质点发生相应的纵向和横向振动,结果使质点作这两种振动的合振动,亦即在其平衡位置作椭圆振动,这种振动在介质表面传播开来,形成了**声表面波**(简称“R 波”)。声表面波也称瑞利波,字母 R 就是为了纪念瑞利对声学研究的贡献。

4)声板波

在板状介质中传播的声波称为**声板波**。声板波较复杂,最主要的一种声板波是兰姆波。声板波的进一步介绍读者可查阅有关超声波的专门书籍。

(2)超声波的传播形式

超声波的传播形式是根据超声波传播过程中波阵面的形状来区分的。超声波波阵面的形状可分为平面波、球面波、柱面波和活塞波等。

1)平面波

平面波即声波的波阵面为平面。由各向同性的弹性介质构成的一个无限大的刚性板,介质质点作简谐振动,这时产生的波动可视为平面波,其数学描述为

$$y = A\cos(\omega t - kx) \tag{4.1}$$

式中 A——振幅;

x——波阵面距声源的距离。

应当指出的是,理想的平面波是不存在的,但如果声源截面尺寸相对于它产生的声波波长来说很大,则此声波可近似看成是指向一个方向的平面波。

2)球面波

球面波即当一个点状声源在各向同性的均匀介质中产生振动,其振动将从中心向各个方向传播,在任意时刻其传播的波阵面都为球面,这种波称为球面波。在不吸收声波能量的介质中,球面波的振幅也会衰减,但通过各波阵面的平均能流却是相等。球面波可用下式描述为

$$y = \frac{A}{r}\cos\omega\left(t - \frac{r}{c}\right) = \frac{A}{r}\cos(\omega t - kr) \tag{4.2}$$

式中 r——观测点离声源的距离;

A——距声源单位距离处的振幅;

c——声速;

$k = \dfrac{2\pi}{\lambda}$——波数。

3)柱面波

柱面波即如果声源具有类似无限细长柱体的形状,在各向同性无限大介质中产生同轴圆柱状波阵面的波动,则称为柱面波。柱面波的数学描述为

$$y = \frac{A}{\sqrt{r}}\cos(\omega t - kr) \tag{4.3}$$

4)活塞波

活塞波即当片状声源在一个大的刚性壁上沿轴向作简谐振动,且声源表面质点具有相同的位相和振幅,则在无限大各向同性的弹性介质中所激发的波动,称为活塞波。活塞波在接近声源的区域,由于干涉现象显著,声场情况比较复杂,在远离声源的区域,干涉现象已不明显,这时的波阵面接近球面波。

4.1.2　声波的特征参量

描述超声波在介质中传播的主要物理量除人们熟知的声速 u、频率 f、周期 T、波长 λ 等外,还有声压 p、声强 I 及特性阻抗(声阻抗)Z。现分别介绍如下:

(1)声压

超声场中某一点在某瞬时所具有的压强与没有超声波存在时同一点的静态压强之差称为声压并用 p 表示。声压单位为“Pa”。

由于声压是随波动的频率而变化的压力波,因此介质每一点的声压是随时间和距离而变化的。

对于球面波,距声源半径 r 处的声压为

$$p = \frac{A}{r}\sin(\omega t - kr) \tag{4.4}$$

其中,A、k 的物理意义与式(4.2)同。对于在密度为 ρ、声速为 u 的介质中传播的声平面波的声压为

$$p = \rho u v = \rho u v_0 \sin \omega t = p_m \sin \omega t \tag{4.5}$$

式中　v——质点的振动速度;

　　v_0——速度振幅值。

在超声波检测领域里,声压是一个很重要的物理量,因为在一般无损检测中所能观察到的回波高度以及作为主要判别依据的探伤仪荧光屏上回波高度的变化,都正比于由缺陷界面反射回来的声压。此外,声换能器的声电和电声转换也都与声压有着密切的关系。

(2)声强

声强即在垂直于超声波传播方向上单位面积、单位时间内通过的声能量称为声强度(简称“声强”),用符号 I 表示,单位为瓦/米^2($\mathrm{W/m^2}$)。在超声波的传播过程中,若单位时间内传播的能量越多,则声强越大。

在密度为 ρ、声速为 u 的介质中,对于声平面波其声强 I 为

$$I = \frac{1}{2}\cdot\frac{p_m^2}{\rho u} \tag{4.6}$$

$$I = \frac{1}{2}\rho u v_0^2 = \frac{1}{2}\rho u \omega^2 A^2 \tag{4.7}$$

对于通过截面为 S 的平面超声波的总功率为声强 I 与面积 S 的乘积，即

$$N = I \cdot S \tag{4.8}$$

人耳能听到的声音不仅受到频率的限制，还与声强有关。声强太小，不能引起耳朵的听觉；声强太大，只能使耳朵产生痛觉，也不能引起听觉。能够引起人们听觉的声强范围为 10^{-12} ~ 1 W/m^2，由于差值比较大，通常使用**声强级**来描述声音的强弱。人们规定，声强 $I_0 = 10^{-12}$ W/m^2 为测定声强的标准。若某声波的声强为 I，则相应的声强级为

$$L_\mathrm{I} = \lg \frac{I}{I_0} \tag{4.9}$$

声强级的单位为贝尔(B)，由于这一单位还很大，通常采用分贝(dB)，即贝尔的 1/10 为单位，即

$$L_\mathrm{I} = 10 \lg \frac{I}{I_0} \tag{4.10}$$

表 4.1 列出了几种声音近似的声强、声强级和响度。

表 4.1　几种声音近似的声强、声强级和响度

声　源	声强/(W·m^{-2})	声强级/dB	响　度
引起痛觉的声音	1	120	—
铆钉机	10^{-2}	100	震耳
交通繁忙的街道	10^{-5}	70	响
通常的谈话	10^{-6}	60	正常
耳语	10^{-10}	20	轻
树叶沙沙声	10^{-11}	10	极轻
引起听觉最弱的声音	10^{-12}	0	—

(3) **特性阻抗(声阻抗)**

声场中弹性介质的特性阻抗规定为：在自由平面行波中某一点的有效声压与该点有效声速度之比，也等于介质声速 u 和它的密度 ρ 的乘积，以 z 表示，即

$$z = \rho u \tag{4.11}$$

或

$$z = \frac{p_\mathrm{f}}{v_\mathrm{f}} \tag{4.12}$$

式中 p_f——声压有效值；

v_f——质点有效速度。

当超声波由一种介质传入另一种介质以及从介质界面反射时其传播特性主要取决于这两种介质声阻抗之比。在所有传声介质中气体密度最低(通常认为气体密度约为液体密度的千分之一，固体密度的万分之一)，因此气体、液体与金属之间声阻抗之比接近于 1∶3 000∶80 000。

不同介质的声阻抗有如此大的差异，所以超声波在异质界面有很好的反射特性，这一特性成了工业脉冲反射法检测的基础。

另外超声波在固体介质中传播时,温度的变化对介质密度以及对介质的声速都有影响,因此温度变化对声阻抗的影响也是很显著的。

常见声介质的声阻抗见表4.2。

表4.2 常见声介质的声阻抗

介质名称	$\rho/(\text{g}\cdot\text{cm}^{-3})$	$u_1/(\text{m}\cdot\text{s}^{-1})$	$\rho u_1(\times 10^6\ \text{g/cm}^3\cdot\text{s})$
钢	7.8	5 880~5 950	4.53
黄铜	8.9	4 700	4.18
铝	2.7	6 260	1.69
酚醛塑料	0.92	1 900	0.174
有机玻璃	1.18	2 720	0.32
甘油(100%)	1.270	1 880	0.238
水	0.997	1 480	0.148
酒精	0.790	1 440	0.114
变压器油	0.859	1 390	0.13
空气	0.001 3	344	0.000 04

(4)**声速**

声波在介质中传播的速度称为声速,超声波有着不同的波形,即纵波、横波、表面波等。对于不同波形的超声波,其传播速度显著不同。另外,声速还取决于介质的物性及力学性质(密度和弹性模量等),因此它是表征介质声学特性的一个重要参数。

1)无限大固体介质中的声速

纵波声速 u_L

$$u_L = \sqrt{\frac{E(1-\sigma)}{\rho(1+\sigma)(1-2\sigma)}} \tag{4.13}$$

式中 E——杨氏弹性模量;

σ——泊松比;

ρ——介质密度。

横波声速 u_S

$$u_S = \sqrt{\frac{G}{\rho}} = \sqrt{\frac{E}{2\rho(1+\sigma)}} \tag{4.14}$$

式中 G——切变弹性模量。

表面波声速 u_R

$$u_R \cong \frac{0.87+1.12\sigma}{1+\sigma}\cdot\sqrt{\frac{G}{\rho}} = \frac{0.87+1.12\sigma}{1+\sigma}u_S \tag{4.15}$$

公式(4.15)中出现了3个力学参数 σ、G、E,其中 E 的物理意义已为大家熟知,现解释 σ、G 的物理意义:如图4.1(a)所示的一个柱体,其纵向尺寸为 L,横向尺寸为 d。当受到力 F 的作用时,柱体的纵向伸长为 ΔL,横向缩短为 Δd。

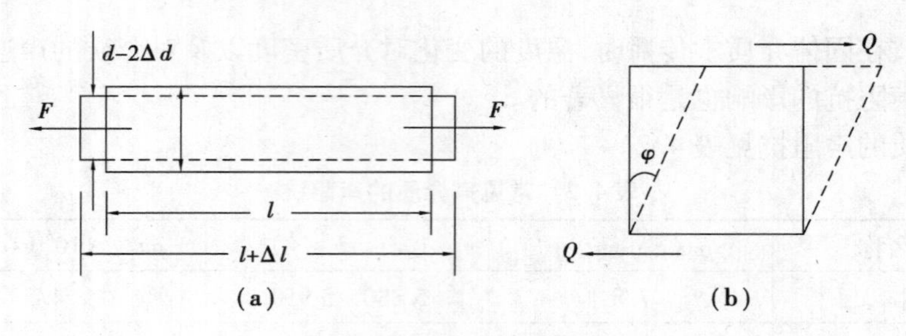

图4.1 σ、G的物理意义

泊松比 σ 定义为介质横向相对缩短与纵向相对伸长比,即

$$\sigma = \frac{\frac{\Delta d}{d}}{\frac{\Delta L}{L}} \tag{4.16}$$

若一柱体上下两端面受到切向力 Q 的作用(见图4.1(b)),产生切应变 φ,若柱体端面积为 S,则切应力为 Q/S。

切变弹性模量 G 是介质产生单位弹性切应变所需要的切应力,即

$$G = \frac{\frac{Q}{S}}{\varphi} \tag{4.17}$$

通过以上对超声波在固体介质中传播速度的讨论,可以看到:

①声介质的弹性性能越强(即 G 或 E 越大),密度 ρ 越小,则超声波在该介质中传播的速度就越大。

②比较式(4.13)和式(4.14)可以看出

$$\frac{u_{\mathrm{L}}}{u_{\mathrm{S}}} = \sqrt{\frac{2(1-\sigma)}{1-2\sigma}} \tag{4.18}$$

对于固体介质,泊松比 σ 大约为0.33,故 $\frac{u_{\mathrm{L}}}{u_{\mathrm{S}}} \approx 2$。如介质为钢,则 $\sigma = 0.28$,故 $u_{\mathrm{L}}/u_{\mathrm{S}} \approx 1.8$。因此,钢中纵波速度为横波速度的1.8倍,表面波传播速度为横波的0.9倍。超声波的这一性质在检测中有着实际意义。

③由于气体和液体没刚性,不能承受切应力(即 $G=0$),因此横波、表面波只能在固体介质中传播。

2)液体、气体介质中的声速

对于液体和气体介质,纵波的传播速度可用下式描述:

$$u = \sqrt{\frac{k}{\sigma}} \tag{4.19}$$

式中 k——介质的体积弹性模量。

如果把气体看成是理想气体,则可把声波的传播看成是绝热过程,这时可把式(4.19)写作

$$u = \sqrt{\frac{\gamma RT}{\mu}} \tag{4.20}$$

式中 R——气体阿伏加德罗常数;

T——绝对温度；

μ——气体分子量；

γ——体积不变时的定容比热，$\gamma = u_P / u_V$。

4.2　超声波换能器及其他

在超声波实验中使用的换能器常称为超声探头。超声探头在电脉冲激励下能发射超声脉冲。反之，当一个超声脉冲作用在探头上，超声探头也能产生一个相应的电脉冲信号。显示电脉冲信号的方法可根据不同的要求采取不同的形式，如采用示波管显示或电表显示，也可用喇叭或信号灯报警等。超声波探头加上电脉冲发生器和接收显示器就构成了一个完整的装置。探头虽小，但它却集中了大量声学的基本知识与技术，如超声波的吸收和衰减问题，多层介质里声波的传播问题，电声能量转换之间的有关问题等。因此，探头的形式、性能、制作工艺以及合理使用对检测结果的正确性都会产生直接影响，也成了发展超声波技术的重要环节。

(1)压电效应及压电材料

压电效应现象是法国居里兄弟发现的。有些单晶材料和多晶陶瓷材料在应力(压力或张力)作用下产生应变时，晶体中就产生极化电场，这种效应称为**正压电效应**。相反，当晶体处于电场之中时，由于极化作用，在晶体中就产生应变或应力，这种效应称为**逆压电效应**。正、逆压电效应统称为压电效应。

很多材料都能产生压电效应，它们通常被分为两大类：一类是压电晶体，如石英、硫酸锂、铌酸锂等；另一类是压电陶瓷，典型的压电陶瓷有钛酸钡($BaTiO_3$)。利用压电材料具备的压电效应，人们就能把交变电信号变成超声波，反过来超声波作用在压电材料上也能产生电信号。应当指出的是，压电晶体和压电陶瓷各有其特点，分别被用来制作不同的超声波换能器(探头)。

(2)声探头的种类

超声波技术涉及的探头类型是多种多样的。例如，在超声波无损检测中由于被检工件的形状、性质、探伤的目的、探伤的条件各不相同，因而需使用各种形式的探头。超声探头按不同的归纳方式可进行不同的分类，如根据产生超声波形的不同可分为纵波探头(也称直探头、平探头)、横波探头(也称斜探头、斜角探头)和表面波探头等；按与被检材料的耦合方式不同可分为直接接触式探头和液(水)浸探头；根据超声波束的集聚与否可分为聚焦探头和非聚焦探头；根据工作的频谱可分为宽频谱的脉冲探头和窄频谱的连续波探头。此外，自动检测中还有机械扫描的切换探头和电子扫描的列阵探头，以及一些特殊条件下使用的专用探头等。下面介绍两种常用的基本探头。

1)纵波探头(直探头)

纵波探头用于发射和接收声纵波，如图4.2所示。它是由保护膜、压电晶片、阻尼块、外壳、电器接插件组成。

2)斜探头

斜探头一般由探头芯、斜楔块和壳体等组成(见图4.3)。探头芯与直探头相似，也是由压电元件和阻尼块构成。斜探头与直探头的不同点在于斜探头在压电元件和被探测材料之间加上一斜楔块,从而构成一固定的入射角。这样,斜探头就可以使压电元件发射的纵波在被检材料中产生波形转换,形成纵波与横波并存、单纯的折射横波及表面波等。不同波形的产生取决于被检材料和斜楔块的声速和纵波入射角。当斜楔块的入射角选择在第一临界与第二临界角之间,在被检材料内部可获得单纯的折射横波,这种斜探头也称为**横波探头**。如果斜楔块入射角大于第二临界角,于是,沿被检材料表面传播的是超声表面波,这种斜探头也称为**表面波探头**。

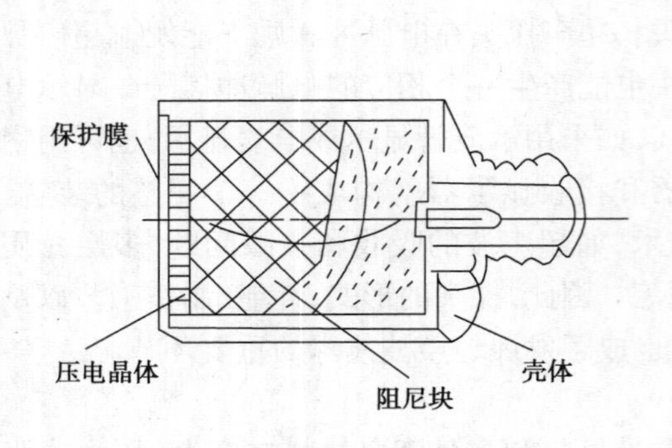

图 4.2　纵波探头的结构

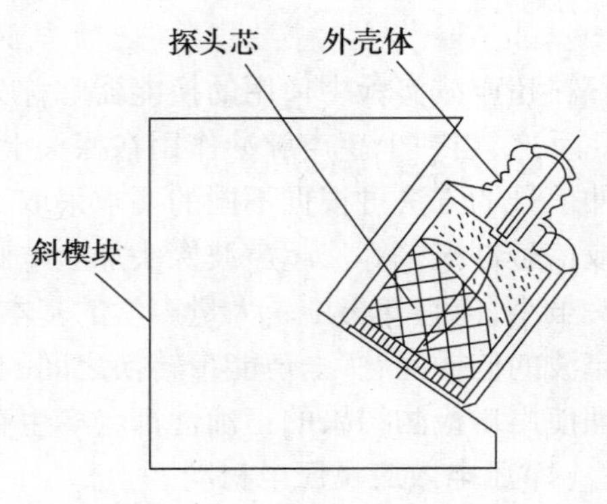

图 4.3　斜探头的结构

(3)**声耦合剂**

【案例 4.1】　在医院里作 B 超检测时,医生总是先在患者的检测部位涂抹上一些黏糊的液体,再将 B 超换能器(探头)置于该部位检测。这些黏糊的液体是什么?不涂它行吗?

超声波由一种介质传入另一种介质以及从介质界面反射时其传播特性主要取决于这两种介质声阻抗之比。在所有传声介质中气体密度最低(通常认为气体密度约为液体密度的千分之一,固体密度的万分之一),因此不同介质的声阻抗有很大的差异(见表 4.2),这导致了超声波在异质界面有很好的反射特性,这一特性成了超声波脉冲反射法检测的基础。然而在声换能器和被检对象之间始终有空气层存在(把声换能器直接放在被检对象上,以生活尺度来衡量我们可能感觉不到声换能器和被检对象之间空气层的存在),但就是这薄薄的空气层也会使声换能器刚发射出的超声波的声压被 100% 地反射回去而不能进入被检对象中去,于是导致检测失败。为了解决这一困难,人们想到了使用声耦合剂。

什么物质可以充当耦合剂呢?首先它必须是液体的。因为只有液状的物质才能立即填充声换能器和被检对象之间的气隙。其次还必须考虑声压的匹配问题,实践证明耦合剂声阻抗取为

$$z = \sqrt{z_1 \cdot z_2} \tag{4.21}$$

为最佳。其中,z_1 是声换能器表面层的声阻抗,z_2 则为被检对象的声阻抗。另外,还必须考虑取之方便,检测后易清洗以及成本低等因素。

水是最易获得的物质,在很多情况下可充当耦合剂,如工业无损检测中常使用它。但人体检测时使用水肯定是不行的,人体表面是不确定的曲形,人一翻身水就从低处流走了。人体检测时常用的是硅酸钠液,其优点是黏稠、填充性好,可即刻填充声换能器和被检对象之间的气隙。另一优点是容易清洗。工业检测中常采用的耦合剂是变压器油。

4.3　声波的应用及噪声防治

人类很早以来就利用声波来进行检测。例如,人们购买西瓜时就采用手拍西瓜,听西瓜振动的声音来判断西瓜的生熟。利用超声波进行工业检测是在第二次世界大战中面世的。经过几十年的不断探索,人类已将超声波广泛地应用于军事上,工业加工、无损检测、测量厚度、流速、流量、密度及液位(或物位)等领域,预计超声波在信息领域里也将获得广泛应用。

4.3.1　超声波应用

(1)军事上

将超声波用于军事上是第二次世界大战中后期的事。当时德国的潜艇给盟军的舰船制造了很大的麻烦,出于对德国侵略军的憎恨,法国物理学家保罗·朗之万研制出了第一个以石英为压电晶体的超声探头。该超声探头直接用于探测潜艇的军事前沿,屡获战功。

(2)工业上

由于超声波在异质界面有很好的反射特性,因此,超声波用于工业无损检测的历史也是在第二次世界大战中后期出现的。斯普勒首次将一收一发的声探头用于金属材料的缺陷检测并获得成功。热电厂的火管锅炉清洗是一个世界级难题。煤烟气中的物质逐渐沉积在火管壁上,这样会显著地降低传热效率,解决办法就是清洗,但一般的清洗很难奏效。利用超声波的空化效应在火管内产生很高的大气压使沉积物从管上脱离达到了清洗的目的。超声波既是信息的载体也是能量的载体,加之超声波具有很好的聚焦特点,可以比较容易地获得很集中的能量并用于对金属材料的加工,如切割、焊接和打孔等。

(3)医疗上

超声波探测人体内部组织的发育状况或病变,如肝、脾肿大,肾、胆结石等已为人们所熟知。利用超声波很好的聚焦特点可以制作超声刀用于切割肿瘤等。

(4)生活上

利用超声波的空化效应,可在一定的区域产生很高的大气压的特点,人们已制成了人体面部美容仪器,可使老化的皮肤以及污物从人面部机体上脱离,达到美容的目的。未来,利用超声波洗浴也绝不是梦!

4.3.2　次声波效应及应用

次声波又称亚声波,一般指频率为10^{-4}~20 Hz的机械波,人耳听不到。它与地球、海洋和大气等的大规模运动有密切关系。例如,在火山爆发、地震、陨石落地、海浪、大气湍流、雷暴、磁暴等自然活动中,都伴随有次声波产生。目前对次声波的研究和应用正受到人类越来越多的重视,已成为研究地球、海洋、大气等大规模运动的有力工具,并形成现代声学的一个新的分支学科——次声学。

(1)次声波效应

【历史资料】　1883年8月27日,印度尼西亚苏门答腊和爪哇之间的喀拉喀托火山爆发激起的次声波,居然绕地球转了3圈,历时108 h。1960年智利大地震,次声波传到全世界。1961年苏联进行1 500万t级核试验,次声波绕地球转了5圈。

以上资料证明次声波频率低,衰减系数极小,在大气中传播几千千米后,吸收还不到万分之几分贝。因此次声波具有远距离传播的突出特点。

次声波的穿透能力很强。7 Hz 的次声波用一堵厚墙也不能隔挡它的前进。实践证明它可以穿透十几米厚的钢筋混凝土,即使有厚钢板保护的坦克、铁甲车内的乘员也难以逃脱次声武器的袭击。

(2)对人体的影响

次声波的频率与人体的固有频率相近(人体各器官的固有频率为 3 ~ 17 Hz,头部的固有频率为 8 ~ 12 Hz,腹部内腔的固有频率为 4 ~ 6 Hz)。当次声作用于人体时,人体器官容易发生共振,引起人体功能失调或损坏,血压升高、全身不适;头脑的平衡功能也会遭到破坏,人因此会产生昏晕头痛、恶心难受。如果次声波的功率很强,人体受其影响后、便会呕吐不止、呼吸困难、肌肉痉挛、眼球震颤、神经错乱、癫狂不止、失去知觉,甚至会因为内脏血管破裂而丧命。许多住在高层建筑物中的人在有暴风时会感到头晕恶心,这就是次声波所致。

(3)次声波应用——次声武器

由于次声波的特点,其频率与生物接近,因此,它对生物的影响更为显著。例如,蛇和小鸟能感受它的存在并想办法躲避它。因此人们利用这一特点为人类服务。

【案例 4.2】 在没有天气预报和雷达的年代,渔民出海时总要把一条海蛇关在笼子里,带它一道出海。吃饱后的海蛇在没有台风的日子里总是安静地睡觉。当远海的台风逐渐形成时,伴随产生的次声波已将台风的信息以台风难以企及的速度(声速)向四周传播。鉴于次声波具有远距离传播的突出特点,几千千米以外的渔船上的海蛇已感受到了台风将至(人却毫不知情)。它便开始烦躁不安,把头昂起来并不停地晃动,渔民见此状况就会立即返航或就近寻找避风港,从而避免了船毁人亡。

【案例 4.3】 在第 2 章第 2.3 节我们知道了不起眼的小鸟与飞机相撞后会带来机毁人亡的严重后果。要解决这个问题其实并不难,人们可以利用小鸟对次声波敏感的特点研制相应的次声波发生器使之为人类服务。目前各大型机场均在机场跑道附近安放了次声波发生器,在飞机起、降前打开次声波发生器,从而大大降低了小鸟与飞机相撞的概率。

人类总是将先进科技首先用于军事上,次声波的应用也不例外。具有辐射高强度次声波功能的次声武器的最大优越性在于与大气相通的工事和掩体难以对它进行防御,它既可杀伤敌方人员、摧毁敌方有生战斗力,又不破坏敌方的武器和装备,可以取而用之,成为己方的作战装备。

在次声波的传播过程中,无声、无息、无光亮,不易被敌方觉察,因而次声武器的隐蔽性能很好。为了把次声波作为一种致命的武器使用,必须使其能够高强度、定向、聚束传播。然而,由于次声波的波长很大,容易发生衍射现象,要使其定向聚束传播很难实现,至今能在战场上使用的小型次声源还不够理想。如果次声波在传播过程中,定向聚束性能不强,不仅有效作用距离小,而且还会发生误伤现象,1979 年,某国就曾发生过因试验次声武器而使不少参试人员惨死的先例。

4.3.3 噪声污染的防治

【问题聚焦】 我们居住的房间或是学习的教室,有的玻璃窗是用单层、双层或三层玻璃(中间抽成真空后封闭制成的)。关紧窗门,而窗外传来的声音或噪声强度都有不同程度的降低。还发现双层比单层隔音效果好,而三层又比双层隔音效果好。这是为什么?

防治噪声小技巧:

①声波可从声源传播到很远的地方,另外声波从声源传播出来有一定的发散角。发散角主瓣内的声波可从声源传播到很远的地方,主瓣外的声波就弱得多(也就是生活中所说的死角)。因此,道路两旁的高楼,楼层高受噪声的干扰一般高于低楼层。

②双层和多层玻璃隔音远好于单层玻璃。实心水泥墙隔音效果差。

③临街墙壁挂满幅厚、重窗帘。

思考题

1. 为什么有的声音听起来悦耳,有的听起来却是噪声?噪声有何危害?电子显示板上显示的噪声是70 dB,这是什么意思?

2. 如果月球爆炸了,我们能听到声音吗?为什么?

3. 为何下雪以后如此安静?

4. 有人说声音的速度和频率依赖于它所传播的介质,你同意这句话吗?并说明理由。

5. 什么是声阻抗?有什么用处?

6. 超声波的特点是什么?有哪些应用?

7. 次声波的特点是什么?有哪些应用?

8. 噪声的防治应从几个方面着手?具体怎么做?

练习题

1. 声音的压缩区和稀疏区通常传播(　　)。

A. 在同一方向　　B. 互为直角

C. 在相反方向　　D. 以上答案都不对

2. 声音的速度在什么天气会稍微增大(　　)。

A 严寒的天气　　B. 温度稳定的天气

C. 炎热的天气　　D. 以上答案都对

3. 声音音量的大小与它的什么量最有关(　　)。

A. 频率　　B. 波长

C. 周期　　D. 振幅

4. 40 dB 的声音强度比0 dB 的声音强度强多少?

5. 一噪声测量仪测量两个噪声源的级,当两噪声源单独工作时分别测得为 $L_1 = 60$ dB 和 $L_2 = 60$ dB,则两噪声源同时工作时仪器测量到的级为多少分贝?

第5章 电磁现象及应用

本章主要介绍描述静电场的物理量,如电荷、电场、电场强度、电场线、电通量、电势等,以及静电场的高斯定理;静电场中的导体;磁体、磁场和磁感应强度;电磁场和电磁波。

本章通过史料和案例介绍,分析了静电屏蔽现象、高压带电作业、霍尔效应与霍尔元件、磁粉无损检测、电磁感应现象的应用、电磁波的应用和电磁波的屏蔽与防护。

5.1 真空中的电学物理量、高斯定理、静电应用及防止

5.1.1 电荷、库仑定律

(1)电荷

众所周知,用丝绸或毛皮摩擦过的玻璃、火漆、硬橡胶等都能吸引轻小物体,这表明它们在摩擦后进入一种特别的状态。我们把处于这种状态的物体称为带电体,并说它们带有电荷。

通过对电荷的各种相互作用和效应的研究,人们认识到电荷的基本特性有以下几个方面:

1)电荷的正负性

大量实验表明,物体或微观粒子所带的电荷有两种,即**正电荷**和**负电荷**。带同种电荷的物体(简称"同号电荷")相互排斥,带异种电荷的物体(简称"异号电荷")相互吸引。由物质的分子结构知识可知,宏观物体都是由分子、原子组成,任何物质的原子,从微观上看都含有一个带正电的原子核和若干带负电的电子。在正常状态下,原子中电子所带的负电荷与原子核所带的正电相等,原子内的静电荷为零,对外不显电性。不同原子束缚其外围电子的能力是不同的,对电子束缚弱的原子易失去电子而变成正离子,对电子束缚强的原子易得到电子而变成负离子,这种现象称为**电离**。

2)电荷的量子性

表示电荷多少的物理量称为**电量**。在国际单位(SI)制中,电量的单位为库[仑](C)。需要强调的是,库是一个导出单位,1 C=1 A·s,即1 C等于1 A的电流在1 s内流过某截面的电量。

1897年,汤姆逊(J. J. Thomson)从实验中测出电子的比荷(即电子的电荷与质量之比

e/m)。通过数年的努力,1913年,密立根(R. A. Millikan)终于从实验中测定出所有电子都具有相同的电荷,而且带电体的电荷是电子电荷的整数倍。如以e代表电子的电荷绝对值,带电体的电荷为$q=ne$,n为1,2,3,…。这说明电荷的取值是不连续的、量子化的。电荷的这种只能取离散的、不连续的量值的性质,称为**电荷的量子化**。电子的电荷绝对值e为元电荷,或称电荷的量子。

1989年,国际推荐的电子电荷绝对值为$e=1.602\ 177\ 33\times10^{-19}$ C。

目前知道的自然界中的微观粒子,包括电子、质子、中子在内,已有几百种,其中带电粒子所具有的电荷或者是+e、-e,或者是它们的整数倍。因此可以说,电荷量子化是一个普遍的量子化规则。量子化是近代物理中的一个基本概念,当研究的范围达到原子线度大小时,很多物理量(如频率、能量等)也都是量子化的。

随着人们对物质结构不断深入的认识,发现基本粒子不基本,它们由更小的粒子夸克和反夸克组成,并预计夸克和反夸克的电量为$\pm\frac{1}{3}$e或$\pm\frac{2}{3}$e。现在一些粒子物理实验已间接证明了夸克的存在,只是由于夸克禁闭而未能检测到单个自由的夸克。随着科学技术的发展和人类对物质微观结构认识的提高,e是电量最小单元这句话可能要被修正,但电荷的量子性是不可动摇的。

3)电荷的守恒性

大量实验证明,在一个孤立系统中,系统所具有的正、负电荷电量的代数和保持不变,这一性质称为**电荷守恒定律**。电荷守恒定律与能量守恒定律、角动量守恒定律一样,是自然界中的基本定律。无论是在宏观领域里,还是在原子、原子核和粒子范围内,电荷守恒定律都是成立的。根据电荷守恒定律,电荷不能被创造或消灭,只能被迁移或中和。摩擦起电过程实际上是电荷从一个物体转移到另一个物体的过程,虽然两物体的电中性状态都被打破,各显电性,但一方带正电,另一方就带负电,两个物体构成一个系统仍呈电中性。

4)电荷的相对论不变性

大量实验表明,电荷的电量与它的运动状态无关。例如,加速器将电子或质子加速时,随着粒子速度的变化,它们的质量会有明显变化,但电子或质子的电量没有任何变化的痕迹。也就是说,在不同的参考系观察同一带电粒子的电量不变。电荷的这一性质称为**电荷的相对论不变性**。这也说明电荷是一个非常基本的物理量,需要人们对其进行更深入、更基本的研究。

(2)库仑定律

两个静止带电体之间的作用力(通常简称为两个静止电荷之间的作用力)称为**静电力**。它是电荷的一种对外表现形式,人们对电现象的认识,就是从研究这种相互作用开始的。静电力与电荷的正负、电量的多少、带电体之间相对距离以及它们的大小和形状等因素有关。为了简化问题,提出了**点电荷**的概念。当带电体本身的线度与它们之间的距离相比足够小时,带电体可看成是点电荷,即带电体的形状、大小可以忽略,而把带电体所带电量集中在一个"点"上。点电荷是电学中的一个理想模型,类似于力学中的质点这一概念。

【历史资料】 1785年,法国物理学家库仑(C. A. Coulomb,1736—1806)利用扭秤实验直接测定了两个带电球体之间的相互作用的静电力(见图5.1)。库仑在实验的基础上提出了两个点电荷之间相互作用的规律,即库仑定律。

库仑定律可以表述为:**真空中两个静止点电荷之间相互作用力的大小与这两个点电荷所**

带电量 q_1 和 q_2 的乘积成正比,与它们之间的距离 r 的平方成反比。作用力的方向沿着两个点电荷的连线,同号电荷相互排斥、异号电荷相互吸引。用数学公式可表示为

$$\boldsymbol{F}_{12} = k\frac{q_1 q_2}{r_{12}^2}\boldsymbol{e}_{12} \tag{5.1}$$

式中 $\boldsymbol{F}_{12}$——电荷 q_2 受到电荷 q_1 的作用力;

r_{12}——两点电荷之间的距离;

$\boldsymbol{e}_{12}$——从电荷 q_1 指向电荷 q_2 的单位矢量;

k——比例系数,并且 $k=\dfrac{1}{4\pi\varepsilon_0}$,其中

$$\varepsilon_0 = 8.854\ 1\times 10^{-12} \tag{5.2}$$

图 5.1 库仑

式中 ε_0——真空电容率(又称真空介电常数),$C^2/(N\cdot m^2)$。

由此可将真空中的库仑定律完整地表示成

$$\boldsymbol{F}_{12} = \frac{1}{4\pi\varepsilon_0}\frac{q_1 q_2}{r_{12}^2}\boldsymbol{e}_{12} \tag{5.3}$$

近代物理实验表明,当两个点电荷之间的距离为 $10^{-17}\sim 10^{7}$ m 时,库仑定律是极其准确的。

库仑定律只是用于两个点电荷之间的作用。当空间同时存在几个点电荷时,它们共同作用于某一点电荷的静电力等于其他各点电荷单独存在时作用在该点电荷上的静电力的矢量和,这就是**静电力的叠加原理**。

5.1.2 电场强度

(1)电场

【历史资料】 实验已证实,两个点电荷之间存在着相互作用的静电力(即库仑力),但这种相互作用是通过什么方式和途径才得以实现的?历史上对此有过不同的观点,其中之一认为电荷之间的静电力不需要任何介质,也不需要时间,就能由一个电荷立即作用到另一个电荷上,即所谓"超距"作用;另一观点是"近距"相互作用:认为静电力是物质间的相互作用,既然电荷 q_1 处在 q_2 周围任一点都要受力,说明 q_2 周围整个空间存在一种特殊的物质,它虽然不像实物那样由电子、质子和中子构成,但确是一种客观实在。后来,人们通过反复研究,终于弄清了任何电荷在其周围都将激发**电场**,电荷间的相互作用是通过电场对电荷的作用来实现的。场是一种特殊形态的物质,它和物质的另一种形态——实物一起,构成了物质世界非常丰富的图景。

静电场存在于静止电荷的周围,并分布在一定的空间。我们知道,处于万有引力场中的物体要受到万有引力的作用,并且当物体移动时,引力要对它做功。同样,处于静电场中的电荷也要受到电场力的作用,并且当电荷在电场中运动时电场力也要对它做功。现在从施力和做功这两个方面来研究静电场的性质,分别引出描述电场性质的两个物理量——**电场强度和电势**。

(2)电场强度

在静止电荷周围存在着静电场,静电场遍布静止电荷周围的全部空间。这与实物占有有

限空间的情形很不一样。电场对处于其中的电荷施以作用力,这是电场的一个重要性质。为了研究电场中各点的性质,可以用一个点电荷 q_0 做实验,这个电荷称为**试验电荷**。试验电荷应满足两个条件:一是它的线度必须小到可以被看成点电荷,以便确定场中每点的性质;二是它为正电荷,电量要足够小,以致把它放进电场中时对原有的电场几乎没有什么影响。

实验结果表明,把试验电荷放在电场中任一给定点(称为场点)处,改变试验电荷所带电荷 q_0 的量值,各试验电荷所受电场力 $\boldsymbol{F}$ 的大小将与电荷量成正比地改变,力的方向不变。即对给定的场点,比值 $\boldsymbol{F}/q_0$ 具有确定的大小和方向。但是,在不同的场点,比值 $\boldsymbol{F}/q_0$ 的大小和方向一般不同。这说明比值 $\boldsymbol{F}/q_0$ 只与试验电荷所在场点的位置有关,而与试验电荷的量值无关,即只是场点位置的函数。这一函数,从力的方面反映了电场本身所具有的客观性质。因此,将比值 $\boldsymbol{F}/q_0$ 定义为**电场强度**(简称"**场强**"),用 $\boldsymbol{E}$ 表示,有

$$\boldsymbol{E} = \frac{\boldsymbol{F}}{q_0} \tag{5.4}$$

式(5.4)为电场强度的定义式。它表明电场中某点处的电场强度 $\boldsymbol{E}$ 等于位于该点处的单位试验电荷所受的电场力。由于我们取试验电荷为正电荷,故 $\boldsymbol{E}$ 的方向与正试验电荷所受力 $\boldsymbol{F}$ 的方向相同。在SI制中,场强的单位为牛/库(N/C)。

根据场强的定义,在已知电场强度分布的电场中,电荷 q 在场中某点处所受的力 $\boldsymbol{F}$,可由式(5.4)算得

$$\boldsymbol{F} = q\boldsymbol{E} \tag{5.5}$$

显然,正电荷所受电场力方向与场强方向相同,负电荷所受电场力方向与场强方向相反。

(3)**电场强度的计算**

1)点电荷的场强

由库仑定律及电场强度定义式可求得真空中点电荷周围的电场强度。

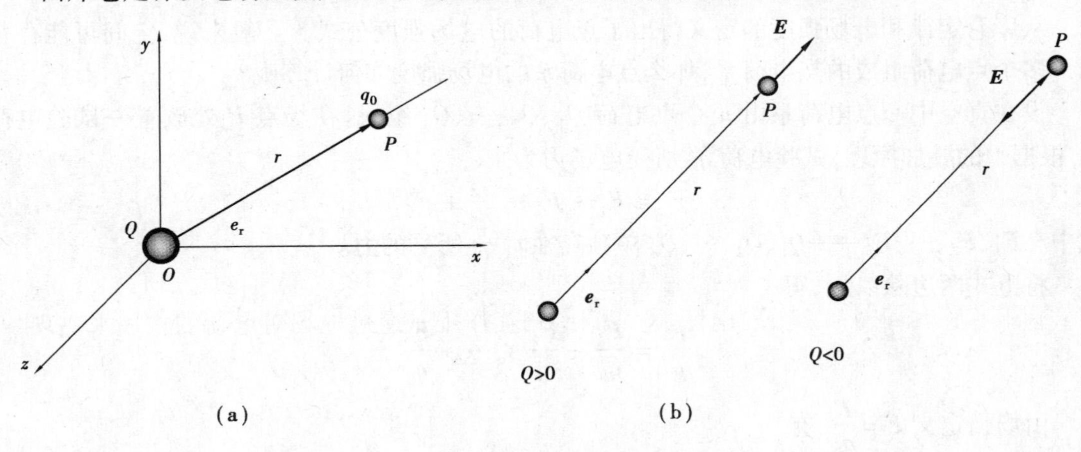

图5.2 点电荷的场强

如图5.2(a)所示,在真空中,点电荷 Q 位于直角坐标系的原点 O,由原点 O 指向场点 P 的位矢为 $\boldsymbol{r}$。若把试验电荷 q_0 置于场点 P,由库仑定律可得 q_0 所受的电场力为

$$\boldsymbol{F} = \frac{1}{4\pi\varepsilon_0}\frac{Qq_0}{r^2}\boldsymbol{e}_r$$

$\boldsymbol{e}_r$ 为位矢 $\boldsymbol{r}$ 的单位矢量,即 $\boldsymbol{e}_r = \boldsymbol{r}/r$。由电场强度定义式(5.4)可得场点 P 处的电场强度为

$$E = \frac{F}{q_0} = \frac{1}{4\pi\varepsilon_0}\frac{Q}{r^2}e_r \tag{5.6}$$

式(5.6)是在真空中点电荷 Q 所激发的电场中,任意点 P 处的电场强度表示式。这个公式也是计算点电荷电场强度的公式,它描写点电荷 Q 周围空间各点场强的大小和方向。但当 $r=0$ 时,$\boldsymbol{E}\to\infty$,此结果无意义。这是因为点电荷只是一个理想模型,对于 $r=0$ 的场点,必须考虑实际电荷分布,而不能再当成点电荷处理。从式(5.6)可以看出,如果点电荷为正电荷(即 $Q>0$),$\boldsymbol{E}$ 的方向与 $\boldsymbol{e}_r$ 的方向相同;如果点电荷为负电荷(即 $Q<0$),$\boldsymbol{E}$ 的方向与 $\boldsymbol{e}_r$ 的方向相反,如图 5.2(b)所示。

从式(5.6)还可以看出,在真空中,点电荷 Q 的电场强度与距离二次方成反比。因此,若将正点电荷 Q 放在原点 O,并以 r 为半径作一球面,球面上各处 $\boldsymbol{E}$ 的大小相等,$\boldsymbol{E}$ 的方向均沿矢径 $\boldsymbol{r}$,具有球对称性。故真空中点电荷的电场是非均匀场,但具对称性,如图 5.3 所示。

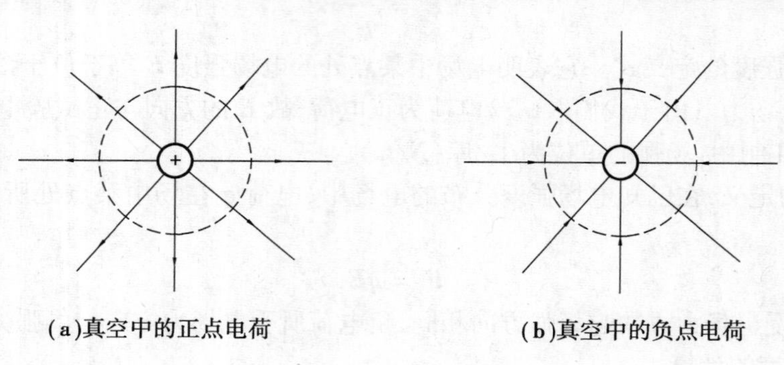

图 5.3　真空中点电荷的电场

2)点电荷系的场强

从库仑定律和电场强度的定义得出了点电荷的电场强度公式。一般来说,空间可能存在由许多个点电荷组成的点电荷系,那么点电荷系的电场强度如何计算呢?

设在真空中一点电荷系由 n 个点电荷 Q_1、Q_2、…、Q_n 组成,在场点 P 处放置一试验电荷 q_0,根据力的叠加原理,试验电荷 q_0 所受电场力为

$$\boldsymbol{F} = \boldsymbol{F}_1 + \boldsymbol{F}_2 + \cdots + \boldsymbol{F}_n$$

式中　$\boldsymbol{F}_1$、$\boldsymbol{F}_2$、…、$\boldsymbol{F}_n$——Q_1、Q_2、…、Q_n 单独存在时 q_0 所受的力。

将上式两边除以 q_0,得

$$\frac{\boldsymbol{F}}{q_0} = \frac{\boldsymbol{F}_1}{q_0} + \frac{\boldsymbol{F}_2}{q_0} + \cdots + \frac{\boldsymbol{F}_n}{q_0}$$

由场强定义 $\boldsymbol{E}=\dfrac{\boldsymbol{F}}{q_0}$,有

$$\boldsymbol{E} = \boldsymbol{E}_1 + \boldsymbol{E}_2 + \cdots + \boldsymbol{E}_n = \sum_{i=1}^{n}\boldsymbol{E}_i \tag{5.7}$$

式中　$\boldsymbol{E}_1$、$\boldsymbol{E}_2$、…、$\boldsymbol{E}_n$——Q_1、Q_2、…、Q_n 单独存在时 P 点的场强,而 $\boldsymbol{E}$ 代表它们同时存在时 P 点的合场强。

由此得到**场强的叠加原理**:点电荷系所激发的电场中某点的场强等于各点电荷单独存在时各自激发的电场在该点的场强的矢量和,即

$$E = \sum_{i=1}^{n} E_i = \sum_{i=1}^{n} \frac{1}{4\pi\varepsilon_0} \frac{Q_i}{r_i^2} e_{ri} \tag{5.8}$$

式中 r_i——第 i 个场源电荷 Q_i 到所研究的场点 P 的距离，e_{ri} 表示由 Q_i 所在点指向 P 点的单位矢量。应当注意的是，场强叠加原理是矢量叠加，要用矢量加法计算。

5.1.3 静电场中的高斯定理

此前描述电场性质的一个重要物理量是电场强度，并从叠加原理出发讨论了点电荷系和带电体的电场强度。为了更形象地描述电场，下面将在介绍电场线的基础上，引进电场强度通量的概念；并学习静电场的重要定理——高斯定理。

(1)电场线、电通量

1)电场线

因为电场中每一点的场强 $\boldsymbol{E}$ 都有一定的方向和大小，所以在电场中描绘一系列的曲线，使曲线上每一点的切线方向都与该点处场强 $\boldsymbol{E}$ 的方向一致，这些曲线称为**电场线**。电场线的概念是法拉第首先提出的。电场线上的箭头表示线上各点切线应取的正方向，如图5.4所示。

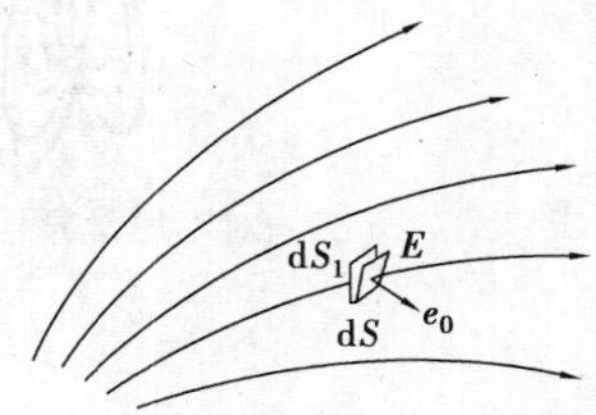

图5.4 电场线

为了使电场线不仅表示电场中场强的方向，而且表示场强的大小，对电场线作了如下规定：在电场中任一点取一垂直于该点场强方向的面积元，使通过单位面积的电场线数目等于该点场强 $\boldsymbol{E}$ 的量值，即

$$E = \frac{dN}{dS} \tag{5.9}$$

式中$\frac{dN}{dS}$称为电场线密度。由此可知，电场线在某点处的切向代表该点场强的方向，而电场线在某点处的密度代表该点场强的大小。事实上，对于所有的矢量分布(矢量场)，都可用相应的矢量线来进行形象地描述，如电流场可用电流线来描述，磁感应强度场可用磁感应线来描述等，其描述方法基本上相同。

图5.5是几种带电系统的电场线。可以看出，静电场的电场线有如下性质：

①电场线起自正电荷(或来自无限远处)，终止于负电荷(或伸向无限远处)，不会在没有电荷的地方中断。

②电场线不能形成闭合曲线。

③任何两条电场线不会相交。

应该注意的是，虽然电场中并不存在电场线，但引入电场线的概念可以形象地描绘出电场的总体情况，对于分析某些实际问题很有帮助。在研究某些复杂的电场时，如电子管内部的电场。高压电器设备附近的电场，常采用模拟的方法将它们的电场线画出来。

2)电通量

把通过电场中某一个面的电场线数称为通过这个面的**电场强度通量**，用符号 Φ_e 表示。下面分两种情况进行讨论。

①匀强电场。如图5.6(a)所示。这是一个匀强电场，匀强电场的电场强度处处相等，因此电场线密度也应处处相等。这样，通过面 S 的电场强度通量为

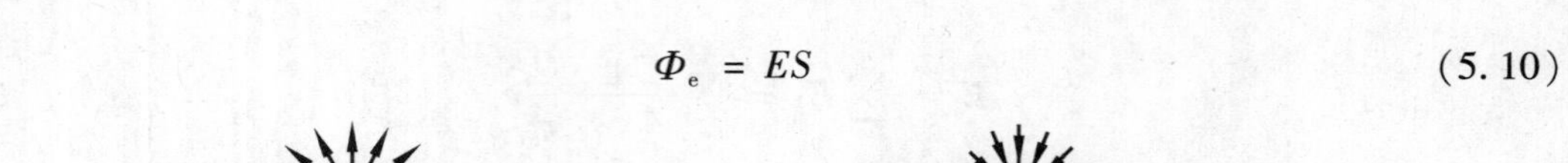

$$\Phi_e = ES \tag{5.10}$$

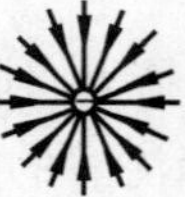

(a)正点电荷与负点电荷的电场线

(b)一对等量正点电荷的电场线

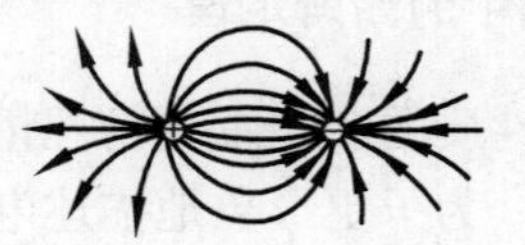

(c)一对等量异号点电荷的电场线

(d)一对不等量异号点电荷的电场线

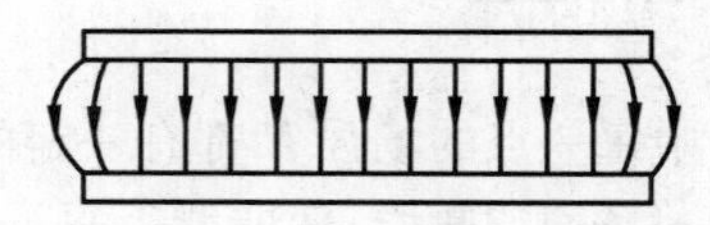

(e)带电平行板电容器的电场线

图 5.5　几种带电系统的电场线

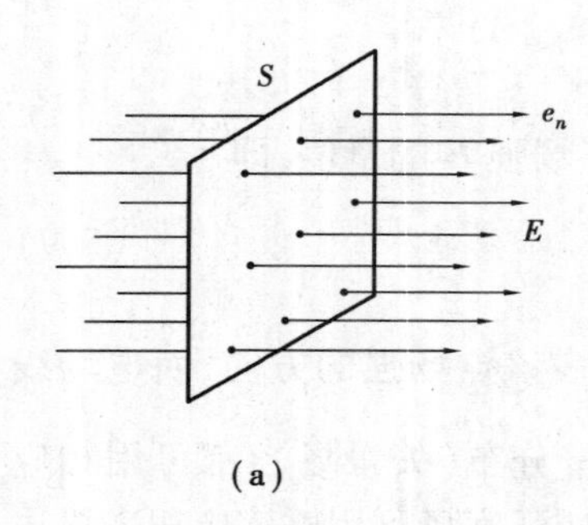

(a)

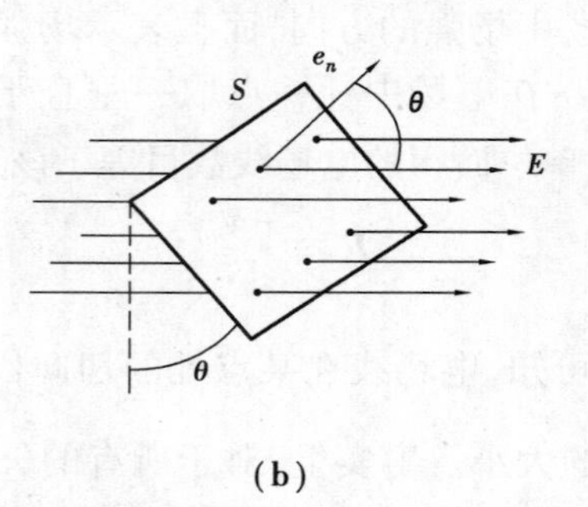

(b)

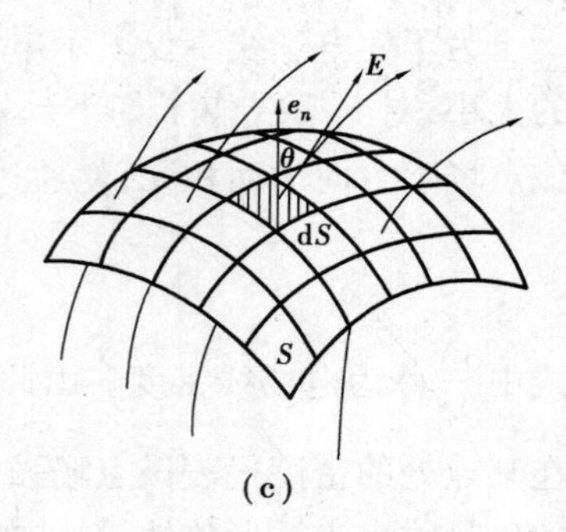

(c)

图 5.6　电通量

如果平面 S 与匀强电场的 E 不垂直，那么面 S 在电场空间可取许多方位。为了把面 S 在电场中的大小和方位两者同时表示出来，引入面积矢量 $\boldsymbol{S}$，规定其大小为 S 其方向用它的单位法线矢量 $\boldsymbol{e}_n$ 来表示，有 $\boldsymbol{S}=S\boldsymbol{e}_n$ 在图 5.6(b)中，面 S 的单位法线矢量 $\boldsymbol{e}_n$ 与电场强度 $\boldsymbol{E}$ 之间的夹角为 θ。因此，这时通过面 S 的电场强度通量为

$$\Phi_e = ES\cos\theta \tag{5.11}$$

由矢量标积的定义可知

$$\Phi_e = \boldsymbol{E}\cdot\boldsymbol{S} = \boldsymbol{E}\cdot\boldsymbol{e}_n S = ES\cos\theta \tag{5.12}$$

②非匀强电场。如果电场是非匀强电场，并且面 S 不是平面，而是任意曲面(见图 5.6(c))，则可以把曲面分成无限多个面积元 $\mathrm{d}S$，每个面积元 $\mathrm{d}S$ 都可看成是一个小平面，而且在面积元 $\mathrm{d}S$ 上，$\boldsymbol{E}$ 也可以看成处处相等。仿照上面的办法，若 $\boldsymbol{e}_n$ 为面积元 dS 的单位法线矢量，则 $\boldsymbol{e}_n\mathrm{d}S=\mathrm{d}\boldsymbol{S}$。如设面积元 dS 的单位法线矢量 $\boldsymbol{e}_n$ 与该处的电场强度 $\boldsymbol{E}$ 成 θ 角，于是，通过面积元 dS 的电场强度通量为

$$\mathrm{d}\Phi_e = E\mathrm{d}S\cos\theta = \boldsymbol{E}\cdot\mathrm{d}\boldsymbol{S} \tag{5.13}$$

所以通过曲面 S(见图5.6(c))的电场强度通量 Φ_e,就等于通过面 S 上所有面积元 dS 电场强度通量 $d\Phi_e$ 的总和,即

$$\Phi_e = \int_S d\Phi_e = \int_S E\cos\theta dS = \int_S \boldsymbol{E}\cdot d\boldsymbol{S} \tag{5.14}$$

式中　“$\int$”—— 整个曲面 S 进行积分。

如果曲面是闭合曲面,式(5.14)中的曲面积分应换成对闭合曲面积分,闭合曲面积分用“$\oint_S$”表示,故通过闭合曲面(见图5.7)的电场强度通量为

$$\Phi_e = \oint_S \boldsymbol{E}\cdot d\boldsymbol{S}$$

一般来说,通过闭合曲面的电场线,有些是“穿进”的,有些是“穿出”的。也就是说,通过曲面上各个面积元的电场强度通量 $d\Phi_e$ 有正、有负。为此规定:曲面上某点的法线矢量的方向是垂直指向曲面外侧的。因此,对于闭合曲面,约定外法线方向为正,在电场线穿出曲面的地方,电通量 $\Delta\Phi_e$ 为正;在电场线进入曲面的地方,电通量 $\Delta\Phi_e$ 为负。

(2)静电场中的高斯定理

【历史资料】　高斯(C. F. Gauss, 1777—1855)是德国物理学家、天文学家和数学家(见图5.8),他在实验物理和理论物理以及数学方面都作出了很多贡献,他导出的高斯定理是电磁学的一条重要规律,是静电场有源性的完美的数学表达。

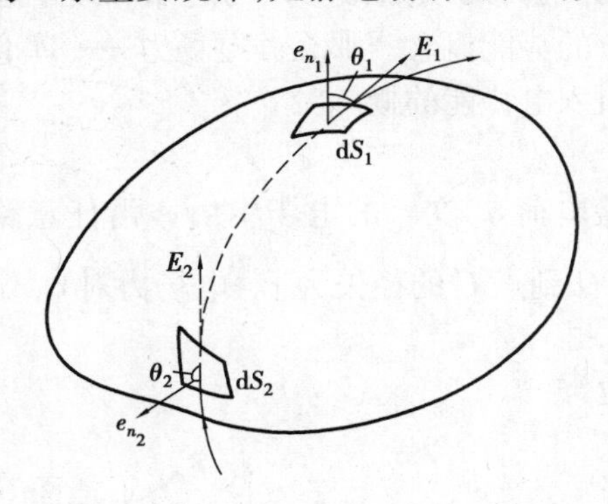

图5.7　通过闭合曲面的电通量

图5.8　高斯

1)高斯定理

高斯定理是用电通量表示的电场和场源电荷关系的定理,它给出了通过任意闭合曲面的电通量与闭合曲面内部所包围的电荷的关系。

基于能力和学时所限,可直接将高斯定理表述如下:在一个点电荷电场中任意一个闭合曲面 S 的电场强度通量或者为 q/ε_0,或者为零,即

$$\Phi_e = \oint_S \boldsymbol{E}\cdot d\boldsymbol{S} = \begin{cases} \dfrac{q}{\varepsilon_0} & (S\text{ 包围着 } q) \\ 0 & (S\text{ 没有包围着 } q) \end{cases} \tag{5.15}$$

对于在 n 个点电荷电场中用 $\sum\limits_{S内} q_i$ 表示 S 包围住的点电荷电量的代数和 $\sum\limits_{S内} q_i = q_1 + q_2 + \cdots + q_n$,则式(5.15)可以记作

$$\Phi_e = \oint_S \boldsymbol{E} \cdot \mathrm{d}\boldsymbol{S} = \frac{1}{\varepsilon_0} \sum_{S内} q_i \tag{5.16}$$

这就是**高斯定理的数学表达式**，它表明：**在真空中的静电场内，通过任意闭合曲面的电通量等于该闭合曲面所包围的电荷的电量的代数和的 $1/\varepsilon_0$ 倍。**

高斯定理的理解：①高斯定理表达式左边的场强 $\boldsymbol{E}$ 是曲面上各点的场强，它是由全部电荷（包括闭合曲面内外）共同产生的总电场，并非只由闭合曲面内的电荷产生。②通过闭合曲面的总 $\boldsymbol{E}$ 通量只与该曲面内部的电荷有关，闭合曲面外的电荷对总电通量没有贡献，但对曲面上的场强 $\boldsymbol{E}$ 有贡献。③静电场的高斯定理是和静电场的有源性联系在一起的。它告诉我们，一个闭合曲面若围住了正电荷，则曲面上的 $\boldsymbol{E}$ 通量为正，即有电场线从曲面上穿出；若围住了负电荷，则曲面上的电通量为负，即有电场线从曲面上穿入。这意味着电场线确实是发出于正电荷，终止于负电荷的。静电场的高斯定理实际上是静电场有源性的数学表达。

2）高斯定理的应用

如果带电体的电荷分布已知，根据高斯定理很容易求得任意闭合曲面的电通量，但不一定能确定面上各点的场强。只有当电荷分布具有某些对称性并取合适的闭合面时，才可利用高斯定理方便地计算场强。

5.1.4 静电场的环路定理——电势

在牛顿力学中，曾论证了保守力——万有引力和弹性力对质点做功只与起始和终了位置有关，而与路径无关这一重要特性，并由此而引入相应的势能概念。那么静电场力——库仑力的情况怎样呢？是否也具有保守力做功的特性而可引入电势能的概念？

（1）电场力的功

如图 5.9 所示，有一正电荷 q 固定于原点 O，试验电荷 q_0 在 q 的电场中由 A 沿任意路径 ACB 到达点 B。在路径上点 C 处取位移元 $\mathrm{d}\boldsymbol{l}$，从原点 O 到点 C 的径矢为 r。电场力对 q_0 做的元功为

$$\mathrm{d}A = q_0 \boldsymbol{E} \cdot \mathrm{d}\boldsymbol{l}$$

已知点电荷的电场强度为

$$\boldsymbol{E} = \frac{1}{4\pi\varepsilon_0} \frac{q}{r^2} \boldsymbol{e}_r$$

其中 $\boldsymbol{e}_r$ 为沿径矢的单位矢量，于是元功可写为

$$\mathrm{d}A = \frac{1}{4\pi\varepsilon_0} \frac{q q_0}{r^2} \boldsymbol{e}_r \cdot \mathrm{d}\boldsymbol{l}$$

从图 5.9 可知，$\boldsymbol{e}_r \cdot \mathrm{d}\boldsymbol{l} = \mathrm{d}l \cos\theta = \mathrm{d}r$，式中 θ 是 E 与 $\mathrm{d}\boldsymbol{l}$ 之间的夹角。所以上式可写成

图 5.9　电场力做功

$$\mathrm{d}A = \frac{1}{4\pi\varepsilon_0} \frac{q q_0}{r^2} \mathrm{d}r$$

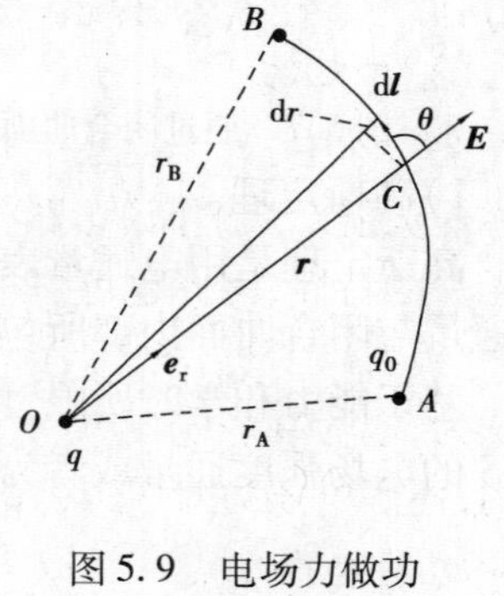

于是，在试验电荷 q_0 从点 A 移至点 B 的过程中，电场力所做的总功为

$$A = \int \mathrm{d}A = \frac{q q_0}{4\pi\varepsilon_0} \int_{r_A}^{r_B} \frac{\mathrm{d}r}{r^2} = \frac{q q_0}{4\pi\varepsilon_0} \left(\frac{1}{r_A} - \frac{1}{r_B} \right) \tag{5.17}$$

式中　r_A、r_B——试验电荷移动时的起点和终点距点电荷 q 的距离。

式(5.17)表明,在点电荷 q 的非匀强电场中,电场力对试验电荷 q_0 所做的功,只与其移动时的起始和终止位置有关,与所经历的路径无关。

可以把带电体划分为许多带电元,每一带电元都可以看成是一个点电荷。于是,可以把带电体系看成点电荷系,由电场强度叠加原理可知,总场强 $\boldsymbol{E}$ 是各点电荷 q_1、q_2、…、q_n 分别单独产生的场强 $\boldsymbol{E}_1$、$\boldsymbol{E}_2$、…、$\boldsymbol{E}_n$ 的矢量和,因此,任意带电体的电场力所做的功为

$$A = q_0\int_l \boldsymbol{E}\cdot \mathrm{d}\boldsymbol{l} = q_0\int_l \boldsymbol{E}_1\cdot \mathrm{d}\boldsymbol{l} + q_0\int_l \boldsymbol{E}_2\cdot \mathrm{d}\boldsymbol{l} + \cdots \tag{5.18}$$

式(5.18)中每一项都与路径无关,所以它们的代数和也必然与路径无关。于是得出结论:**一试验电荷 q_0 在静电场中从空间一点沿任意路径运动到另一点时,静电场力对它所做的功,仅与试验电荷 q_0 及路径的起点和终点的位置有关,而与该路径的形状无关。**

应当指出的是,在静电场中,电场力对试验电荷做功与路径无关是静电场的一个重要性质,这与万有引力和弹性力做功的特性是一样的。

(2)**静电场的环路定理**

静电场力做功与路径无关的特性还可用另一种形式来表达。设试验电荷 q_0 从电场中 A 点经任意路径 ABC 到达 C 点,再从 C 点经另一路径 CDA 回到 A 点,则电场力在整个闭合路径 $ABCDA$ 上做功为

$$A = q_0\oint_l \boldsymbol{E}\cdot \mathrm{d}\boldsymbol{l} = q_0\int_{ABC} \boldsymbol{E}\cdot \mathrm{d}\boldsymbol{l} + q_0\int_{CDA} \boldsymbol{E}\cdot \mathrm{d}\boldsymbol{l} = q_0\int_{ABC} \boldsymbol{E}\cdot \mathrm{d}\boldsymbol{l} - q_0\int_{ADC} \boldsymbol{E}\cdot \mathrm{d}\boldsymbol{l} = 0$$

因为 $q_0 \neq 0$,所以

$$\oint_l \boldsymbol{E}\cdot \mathrm{d}\boldsymbol{l} = 0 \tag{5.19}$$

式(5.19)左边是场强 E 沿闭合路径的积分,称为静电场 E 的环流。它表明在静电场中,场强 E 的环流恒等于零,这一结论称为**静电场的环流定理**。它与高斯定理一样,也是表述静电场性质的一个重要定理。

至此,明白了静电场力与万有引力、弹性力一样,也都是保守力;静电场也是保守场。静电场的环流定理如图5.10所示。

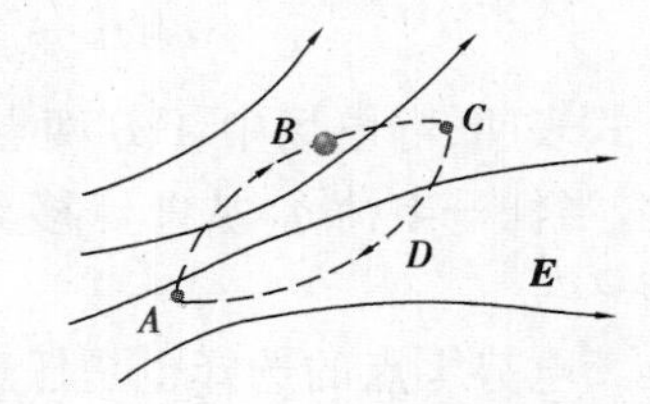

图5.10　静电场的环流定理

(3)**电势能**

在力学中,为了反映重力、弹性力这一类保守力做功与路径无关的特点,曾引进重力势能和弹性势能。从上面的讨论中可知,静电场力也是保守力,它对试验电荷所做的功也具有与路径无关的特性,因此也可引进相应的势能。

与物体在重力场中具有重力势能、并且可用重力势能的改变来量度重力所做的功一样,可以认为,电荷在静电场中的一定位置上具有一定的电势能,这个电势能是属于电荷——电场系统的,而静电场力对电荷做的功就等于电荷电势能的改变量。如果以 E_{PA} 和 E_{PB} 分别表示试验电荷 q_0 在电场中点 A 和点 B 处的电势能,则试验电荷 A 移动到 B,静电场力对它做的功为

$$A_{\mathrm{AB}} = E_{\mathrm{PA}} - E_{\mathrm{PB}} = -(E_{\mathrm{PB}} - E_{\mathrm{PA}})$$

或

$$q_0\int_{\mathrm{A}}^{\mathrm{B}} \boldsymbol{E}\cdot \mathrm{d}\boldsymbol{l} = E_{\mathrm{PA}} - E_{\mathrm{PB}} = -(E_{\mathrm{PB}} - E_{\mathrm{PA}}) \tag{5.20}$$

在国际单位制中,电势能的单位为焦[耳](J)。

电势能也和重力势能一样，是一个相对的量。在重力场中，要决定某点的重力势能，就必须先选择一个势能为零的参考点，与此相似，要决定电荷在电场中某一点电势能的值，也必须先选择一个电势能参考点，并设该点的电势能为零。这个参考点的选择是任意的，处理问题时怎样方便就怎样选取。在式(5.20)中，若选 q_0 在 B 点处的电势能为零，即 $E_{PB}=0$，则有

$$E_{PA} = q_0\int_{A}^{B} \boldsymbol{E} \cdot \mathrm{d}\boldsymbol{l} \quad (E_{PB} = 0) \tag{5.21}$$

这表明，**试验电荷 q_0 在电场中某点处的电势能，在数值上等于把它从该点移到零势能处静电场力所做的功**。

应该指出的是，与任何形式的势能相同，电势能是试验电荷和电场的相互作用能，它属于试验电荷和电场组成的系统。

(4)**电势、电势差**

式(5.21)表示电势能 E_{PA} 不仅与电场性质及 A 点位置有关，而且还与电荷 q_0 有关，而比值 E_{PA}/q_0 则与 q_0 无关，仅由电场性质和 A 点的位置决定。因此，E_{PA}/q_0 是描述电场中任一点 A 电场性质的一个基本物理量，称为 A 点的**电势**，用 V 表示，即

$$V_A = \frac{E_{PA}}{q_0} = \int_{A}^{\infty} \boldsymbol{E} \cdot \mathrm{d}\boldsymbol{l} \tag{5.22}$$

式(5.22)表明，电场中某一点 A 的电势 V_A，在数值上等于把单位正试验电荷从点 A 移到无限远处时，静电场力所做的功。

电势是标量，在国际单位制中，电势的单位为伏[特](V)。

静电场中任意两点 A 和 B 电势之差称为 A、B 两点的**电势差**，也称为**电压**，用 U_{AB} 表示，即

$$U_{AB} = V_A - V_B = \int_{A}^{\infty} \boldsymbol{E} \cdot \mathrm{d}\boldsymbol{l} - \int_{B}^{\infty} \boldsymbol{E} \cdot \mathrm{d}\boldsymbol{l} = \int_{A}^{B} \boldsymbol{E} \cdot \mathrm{d}\boldsymbol{l}$$

上式表明，静电场中 A、B 两点的电势差等于单位正电荷从 A 点移到 B 点时电场力做的功。据此，当任一电荷 q_0 从 A 点移动到 B 点时，电场力做功为

$$A_{AB} = q_0(V_A - V_B) \tag{5.23}$$

电势零点的选择也是任意的。通常在场源电荷分布在有限空间时，取无穷远处为电势零点。但当场源电荷的分布广延到无穷远处时，不能再取无穷远处为电势零点，因为会遇到积分不收敛的困难而无法确定电势。这时可在电场内另选任一合适的电势零点。在许多实际问题中，也常常选取地球为电势零点。

(5)**电势的计算**

1)点电荷的电势

在点电荷电场中，场强 $\boldsymbol{E}$ 为

$$\boldsymbol{E} = \frac{1}{4\pi\varepsilon_0}\frac{Q}{r^2}\boldsymbol{e}_r$$

根据电势定义式(5.22)，在选取无穷远处为电势零点时，电场中任一点 P 的电势为

$$V_P = \int_{P}^{\infty} \boldsymbol{E} \cdot \mathrm{d}\boldsymbol{l} = \int_{r}^{\infty} \frac{1}{4\pi\varepsilon_0}\frac{Q}{r^2}\mathrm{d}r = \frac{Q}{4\pi\varepsilon_0 r} \tag{5.24}$$

2)点电荷系电场中的电势

设电场由 n 个点电荷组成的电荷系 Q_1、Q_2、…、Q_n产生，按场强叠加原理，空间任意点的场强为各个点电荷单独存在时产生电场强度 $\boldsymbol{E}_i$ 的矢量和

$$E = \sum_{i=1}^{n} E_i$$

这样,空间任意点的电势为

$$V_P = \int_P^{\infty} E \cdot dl = \int_P^{\infty} \sum_{i=1}^{n} E_i \cdot dl = \sum_{i=1}^{n} \int_P^{\infty} E_i \cdot dl = \sum_{i=1}^{n} V_i = \sum_{i=1}^{n} \frac{Q_i}{4\pi\varepsilon_0 r_i} \quad (5.25)$$

式(5.25)的含义为:点电荷系电场在某场点的电势等于各个点电荷电场在同一场点的电势的代数和,这一结论称为**电势叠加原理**。

连续分布电荷在电场中的电势讨论请见有关参考书。

5.1.5　场强与电势的关系

前面曾用电场线来形象地描绘电场中电场强度的分布。这里,将用等势面来形象地描绘电场中电势的分布,并指出两者的联系。

电场中电势相等的点所构成的面,称为**等势面**。在电场中,电荷 q 沿等势面运动时,电场力对电荷不做功,即 $qE \cdot dl = 0$。由于 q、E 和 dl 均不为零,故式(5.25)成立的条件是:电场强度 E 必须与 dl 垂直,即某点的 E 与通过该点的等势面垂直。

前面曾用电场线的疏密程度来表示电场的强弱,这里也可以用等势面的疏密程度来表示电场的强弱。为此,对等势面的疏密作这样的规定:**电场中任意两个相邻等势面之间的电势差都相等**。

等势面为研究电场的一种有用的方法。经常是通过测量绘出带电体周围电场的等势面,然后推知电场的分布。

图5.11给出了几种常见电场的等势面和电场线。

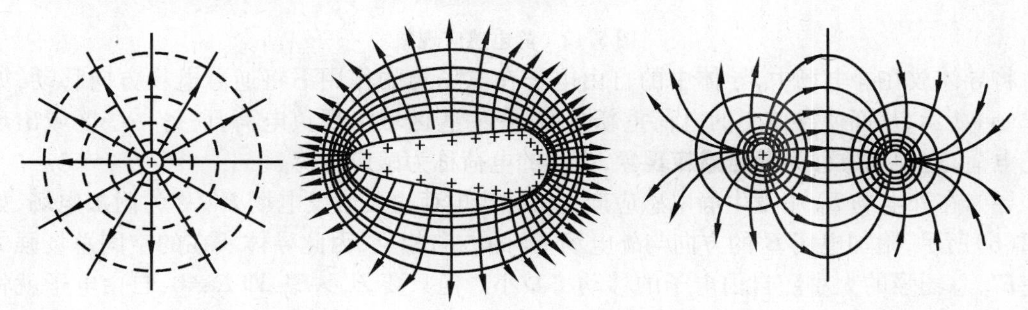

图5.11　几种常见电场的等势面和电场线

电场中某一点的场强 E 沿某一方向的分量 E_l 等于电势沿该方向上变化率的负值。在直角坐标系中,V 是坐标 x、y、z 的函数,场强 E 在 x、y、z 3个方向上的分量分别为

$$E_x = -\frac{\partial V}{\partial x}, E_y = -\frac{\partial V}{\partial y}, E_z = -\frac{\partial V}{\partial z} \quad (5.26)$$

即场强 E 的矢量表达式可写成

$$E = -\left(\frac{\partial V}{\partial x}i + \frac{\partial V}{\partial y}j + \frac{\partial V}{\partial z}k\right) \quad (5.27)$$

在数学上,矢量 $\frac{\partial V}{\partial x}i + \frac{\partial V}{\partial y}j + \frac{\partial V}{\partial z}k$ 称为电势的梯度,也用 grad$V$ 或 ∇V 表示。

式(5.26)和式(5.27)建立了场强与电势之间的微分关系。一般求电势分布比较容易,已知电势分布后,根据这些关系式通过微分运算便可求出场强分布。

5.2 静电场中的导体

在本节中,介绍静电场中的导体和电介质所表现出的物理现象和基本规律,介绍由导体组成的一种重要器件——电容器,介绍静电屏蔽、尖端放电等知识的应用。

5.2.1 静电场中的导体

(1)**导体的静电平衡条件**

按导电的性能,物质可分为导体、绝缘体(在本节中称为电介质)和半导体3类。金属导体具有很好的导电性,原因是金属导体原子是由可以在金属内自由运动的最外层价电子(称为自由电子)和按一定分布规则排列着的晶体点阵正离子组成,在导体不带电或无外电场作用时,整个导体呈电中性。

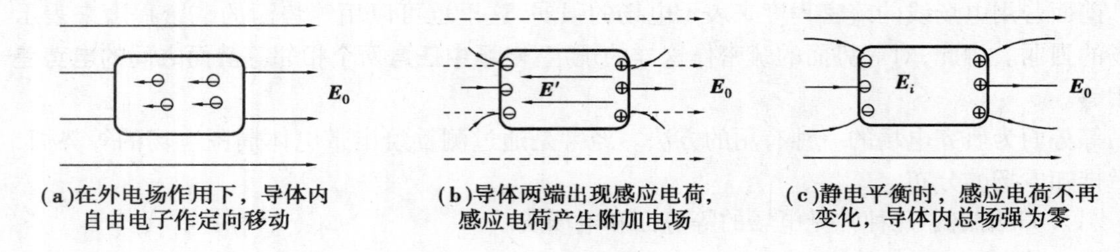

图5.12 静电感应现象

将导体放在静电场中,导体中的自由电子在电场力的作用下将逆着电场方向移动,如图5.12(a)所示,从而使导体上的电荷重新分布:在一些区域出现负电荷,而另一些区域出现等量正电荷,这种现象称为**静电感应现象**,出现的电荷称为**感应电荷**。

导体在外电场$\boldsymbol{E}_0$中发生静电感应产生的感应电荷也要激发电场$\boldsymbol{E}'$,称为**附加电场**,如图5.12(b)所示,附加电场$\boldsymbol{E}'$的方向与外电场$\boldsymbol{E}_0$的方向相反,因此导体所在的空间总场强$\boldsymbol{E}=\boldsymbol{E}_0+\boldsymbol{E}'$,总场强的大小随自由电子的移动将减小。但只要$E_0>E'$,即$E\neq0$,自由电子就将继续定向移动,$E'$不断增大,直至达到导体内总场强$E=0$,自由电子定向移动停止,如图5.12(c)所示。把导体上任何部分都没有自由电子作宏观运动的状态,称为导体的**静电平衡状态**(简称"**静电平衡**")。

静电平衡时,自由电子在导体表面上也应没有宏观运动,这就要求导体表面附近的场强处处与表面垂直。否则场强沿导体表面会有切向分量,电子仍将沿导体表面作宏观运动。

由此可知,导体处于静电平衡状态,需要满足下列两个条件:

①导体内任意一点的场强都为零。

②导体表面附近的场强方向处处与表面垂直。

以上二者缺一不可。

(2)**处于静电平衡状态的导体的性质**

1)导体是一个等势体,导体表面是一个等势面

在导体的空间内任意取两点间的电势差为 $U_{ab}=\int_a^b \boldsymbol{E}\cdot d\boldsymbol{l}$,由于导体内各点的 $\boldsymbol{E}=0$,所以 $U_{ab}=0$,即 a、b 两点电势相等,从而证明导体是一个等势体。

在导体表面上任取两点,设想在两点之间移动一正电荷 q,电场力所做的功 $A_{ab}=qU_{ab}$,由于表面上任一点处场强方向与表面垂直,则电场对电荷 q 的作用力方向始终与位移垂直,有 $A_{ab}=0$,所以 $U_{ab}=0$,任何两点间无电势差,导体表面也就是一个等势面。

2)带电导体上的电荷分布

①实心导体。一个与大地绝缘的带电导体,处于静电平衡状态时,电荷只分布在导体表面。这一结论可用高斯定理证明如下:

在导体内任取一高斯面,因为静电平衡时导体内部任何点的场强皆为零,所以通过该高斯面的电通量为零,高斯面内的静电荷也必为零。这样,导体上的电荷不能在体内,那就只有分布在表面上。

②空腔导体。若腔内无带电体,则除以上特性外,同样由高斯定理可得空腔内表面上无电荷,空腔内无电场,腔内是等势区。

若腔内有带电体,利用高斯定理还可证明腔的内表面会感应出等量异号电荷,腔内电荷与内表面上的感应电荷之间有电场线,同时,空腔外表面相应地出现与腔内电荷等量同号电荷。如果空腔导体本身带电,则导体外表面所带的电荷量为二者之和。

【问题聚焦】 如何用高斯定理证明以上两个结论?

如前所述,在静电平衡条件下,腔内没有带电体的空腔导体内不可能有电场,空腔导体外的电场对空腔导体内空间没有任何影响,即空腔导体“保护”了它所包围的区域。

如果腔内有带电体,在静电平衡条件下,空腔导体外表面相应地出现与腔内电荷等量同号电荷,这样腔内电荷的电场是可以对腔外产生影响的。若将空腔接地,则外表面电荷与地中和,电场消失。这样,腔内电荷产生的电场对外界没有影响。

空腔导体内部空间不受导体外电场的影响,接地空腔导体使得外空间不受腔内电荷的影响,这两种现象都称为**静电屏蔽现象**。

【案例5.1】 静电屏蔽在实际中应用很广。电气设备或电子器件常采用金属外壳以使内部电路不受外界电场的干扰;将传递电信号的电缆外层包以金属丝网罩作为屏蔽层(见图5.13),将弹药库罩以金属网、在高压带电作业时穿上均压服(见图5.14)等,都是静电屏蔽原理的应用。

3)带电导体表面附近的场强

静电平衡条件下,导体表面处场强的方向必定处处与导体表面垂直,那么导体表面处场强的大小情况如何呢?

根据高斯定理,有

$$\Phi_e=\oint_S \boldsymbol{E}\cdot d\boldsymbol{S}=E\Delta S=\frac{\sum_{S内} q_i}{\varepsilon_0}=\frac{\sigma\Delta S}{\varepsilon_0}$$

得

$$E = \frac{\sigma}{\varepsilon_0} \tag{5.28}$$

其中,电荷面密度 $\sigma > 0$ 时,$\boldsymbol{E}$ 的方向垂直表面向外;当 $\sigma < 0$ 时,$\boldsymbol{E}$ 的方向垂直表面向内。式(5.28)给出了**导体表面处场强的大小与电荷面密度的关系**。

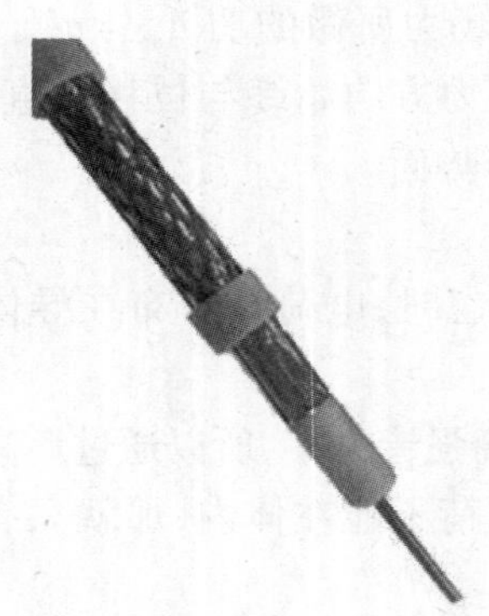
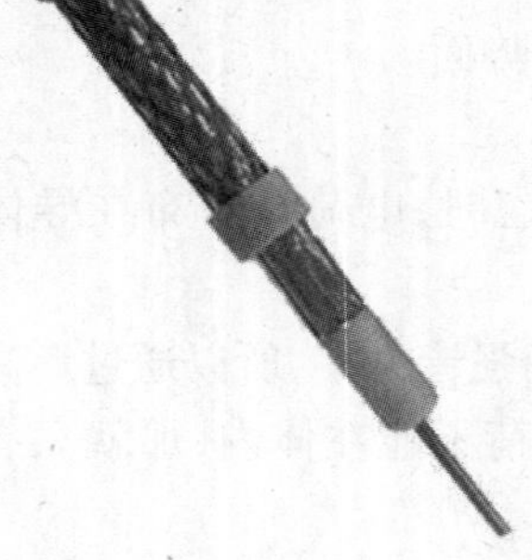

图 5.13　有线电视信号线

图 5.14　高压带电作业

对于孤立的带电导体来说,电荷面密度与表面曲率之间一般不存在单一的函数关系,大致来说,导体表面凸而尖的地方曲率大,电荷面密度也大;导体表面较平坦处曲率小,电荷面密度小;导体表面凹进去的地方曲率为负值,电荷面密度更小。

在强电场作用下,导体表面凸而尖的地方发生的放电现象称为**尖端放电**。其原理是物体尖锐处场强大,致使其附近部分气体被击穿而发生放电。如果物体尖端在暗处或放电特别强烈,这时往往可以看到它周围有浅蓝色的光晕。

【案例 5.2】　如高压线有轮廓的地方,就会出现尖端放电。这种放电会持续下去,造成电能的损失。为了防止因尖端放电而引起的危险和漏电造成的损失,高压线的表面必须做得十分光滑,具有高电压的零部件表面和电子线路的焊点也应这样。

【案例 5.3】　避雷针是尖端放电的一个好例子。高大建筑物上安装避雷针,当带电云层靠近建筑物时,建筑物会感应上与云层相反的电荷,这些电荷会聚集到避雷针的尖端,达到一定的值后便开始放电。避雷针的另外一端要深埋入大地,与云层相同的电荷就流入大地。这样不停地将建筑物上的电荷中和,永远达不到会使建筑物遭到损坏的强烈放电所需要的电荷量。显然,要使避雷针起作用,必须保证尖端的尖锐和接地通路的良好,一个接地通路损坏的避雷针将使建筑物遭受更大的损失。

【知识拓展】

尖端放电演示实验

将两块铝板安装在一个绝缘的支架上,在下铝板上放置两个等高、一个顶端尖、一个顶端圆滑的金属体,调节铝板的间距使金属体的尖端离上铝板较近,如图 5.15(a)所示。在两块铝板上加上直流高压电源,当电压增加到几千伏时(与尖端到上铝板的距离、环境的湿度等有关)会产生尖端放电现象。图 5.15(b)是自然放电现象。

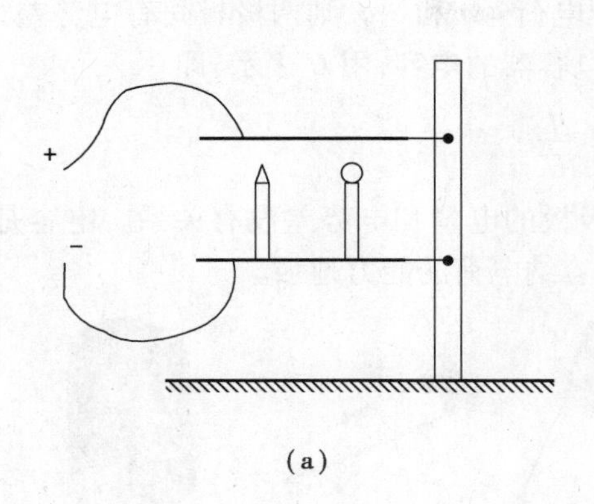

(a)

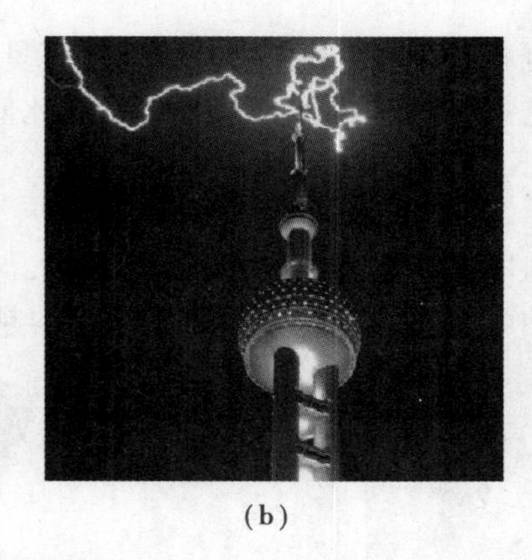
(b)

图5.15 尖端放电现象

5.2.2 电容、电容器、电介质极化

(1)孤立导体的电容

对于孤立不受外界影响的导体,所带电量 Q 越多,其电势越高 V,但其电量与电势的比值却是一个与所带电量无关的一个物理量,定义其为**孤立导体的电容**,符号用 C 表示,即

$$C = \frac{Q}{V} \tag{5.29}$$

例如,带电球体空间的电势为

$$V = \frac{1}{4\pi\varepsilon_0}\frac{Q}{R}$$

电容为

$$C = 4\pi\varepsilon_0 R \tag{5.30}$$

由此可知,电容值与 Q 无关,与电势 V 无关,只与孤立导体结构有关。

在SI单位制中,电容的单位为法[拉](F),1 F = 1 C/V = 1。法拉是一个非常大的单位,所以在实用中通常采用微法(μF)、皮法(pF)为单位。

$$1\ \text{F} = 10^6\ \mu\text{F} = 10^{12}\ \text{pF}$$

(2)电容器及其电容

1)电容器及其电容

①电容器。由两个相互隔离并与外界绝缘的导体组成的系统称为**电容器**。这两个导体,称为电容器的**极板**,带正电荷的极板称为**正极板**,带负电荷的极板称为**负极板**。电容器是现代电子工业、电力工业中的重要电子元件,从各种电器到各种电子仪器、无线电通信、遥感测量等都要用到它。

电容器种类繁多,按性能分类有:固定电容器、可变电容器和半可变电容器;按所夹介质分类有:纸介质电容器、瓷介质电容器、云母电容器、空气电容器、电解电容器等;按形状分类有:平行板电容器、球形电容器、柱形电容器等。几种常见的电容器图如图5.16所示。

实际中,虽然电容器的品种繁多,但就其构造来看,大多数都是由两块彼此靠近的金属薄片(或金属膜)构成的极板,中间隔以电介质①。

---

① 电介质:电阻率很大,导电能力很差的物质,即绝缘体。

②电容。使电容器的两极板带上等量异号电荷 $+q$ 和 $-q$，则两极板间有电势差，用 U 表示这个电势差的绝对值，定义 q 与 U 的比值为电容器的**电容**，用 C 表示，即

$$C = \frac{q}{U} \tag{5.31}$$

其值取决于电容器自身的几何结构，与两极板的电量和电势差没有关系。电容是描述电容器容纳电荷能力大小的物理量，即电容越大，容纳电荷的能力越强。

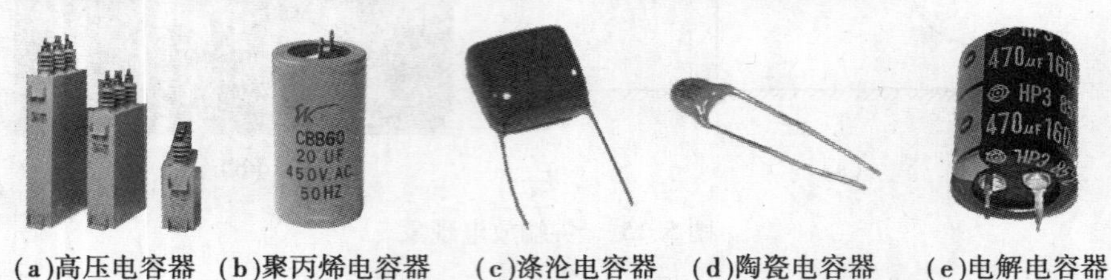

(a)高压电容器　(b)聚丙烯电容器　(c)涤沦电容器　(d)陶瓷电容器　(e)电解电容器

图 5.16　几种常见的电容器

2)几种常见电容器的电容

①平行板电容器。是由两极板相互平行、彼此靠得很近的金属板组成。通常认为两极板的线度远大于两极板间的距离。

设平行板电容器的两极板面积为 S，间距为 d，分别带电 $\pm q$，如图 5.17 所示。电场在极板的边缘效应忽略不计。根据前面的介绍，在真空情况下，两极板间的电场强度 $\boldsymbol{E}$ 的大小为

$$E = \frac{\sigma}{\varepsilon_0} = \frac{q}{\varepsilon_0 S}$$

电场是一匀强电场，方向由正极板 A 指向负极板 B。

两个极板间的电势差为

$$U = \int_A^B \boldsymbol{E} \cdot \mathrm{d}\boldsymbol{l} = Ed = \frac{qd}{\varepsilon_0 S}$$

根据电容的定义式，可得

$$C = \frac{q}{U} = \frac{\varepsilon_0 S}{d} \tag{5.32}$$

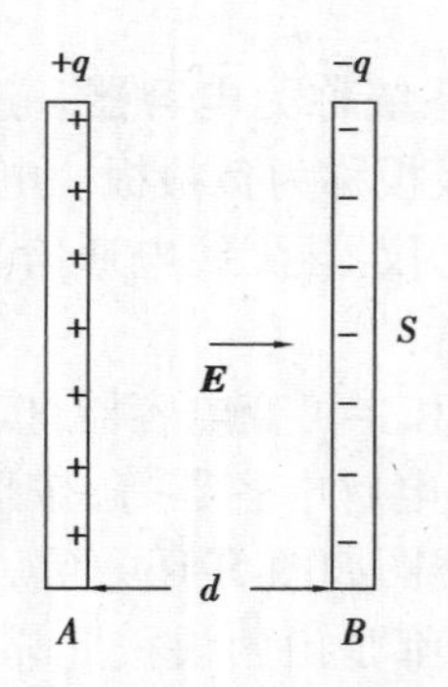

图 5.17　平行板电容器

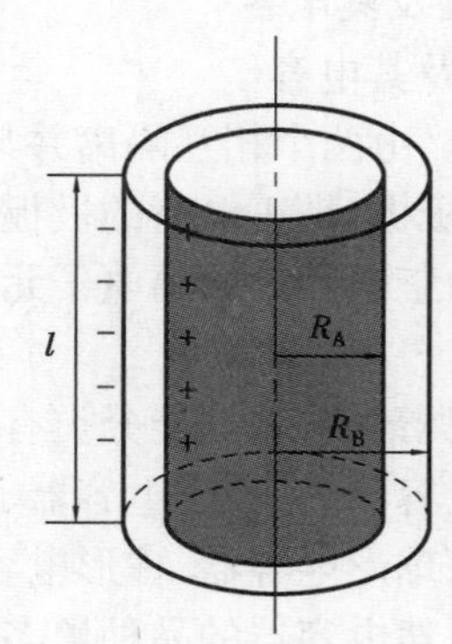

图 5.18　圆柱形电容器

式(5.32)表明，在真空的情况下，平行板电容器的电容与极板面积成正比，与极板间的距离成反比。

②圆柱形电容器。是由两个同轴金属柱面组成,如图 5.18 所示。设内外圆柱面的半径分别为 R_A 和 R_B,柱面高度为 l,两圆柱面之间为真空。

使内外柱面分别带上 $+q$ 和 $-q$ 电荷,则单位长度上圆柱面所带的电荷 $\lambda = q/l$。忽略边缘效应,利用高斯定理可求得空间的电场分布:内半径以内和外半径以外空间没有电场,电场只分布在两柱面之间,距轴线为 r 处的电场强度大小为

$$E = \frac{\lambda}{2\pi\varepsilon_0 r} \quad (R_A < r < R_B)$$

方向沿垂直于轴线,沿径向向外。

两圆柱面间的电势差为

$$U = \int_A^B \boldsymbol{E} \cdot d\boldsymbol{l} = \int_{R_A}^{R_B} \frac{\lambda dr}{2\pi\varepsilon_0 r} = \frac{q}{2\pi\varepsilon_0 l}\ln\frac{R_B}{R_A}$$

圆柱形电容器的电容为

$$C = \frac{q}{U} = \frac{2\pi\varepsilon_0 l}{\ln\dfrac{R_B}{R_A}} \tag{5.33}$$

3)电容器的并联与串联

在实际应用中,电容器的电容或耐压能力不一定能满足电路的要求,常把几个电容器并联或串联使用。

①并联。图 5.19 是 3 个电容器的并联。由于 3 个电容器的正极板连在一起,电势相等;3 个负极板连在一起,电势也相等,所以各电容器上的电压相等,都等于端电压 U。它们的等效电容器极板电压值也为 U,而等效电容器的电量等于各个电容器上的电量和。

根据电容的定义,计算 3 个电容器并联时的等效电容值为

$$C = \frac{q}{U} = \frac{q_1 + q_2 + q_3}{U} = \frac{q_1}{U} + \frac{q_2}{U} + \frac{q_3}{U} = C_1 + C_2 + C_3$$

推广到 n 个电容器并联,其等效电容值为

$$C = \sum_{i=1}^{n} C_i \tag{5.34}$$

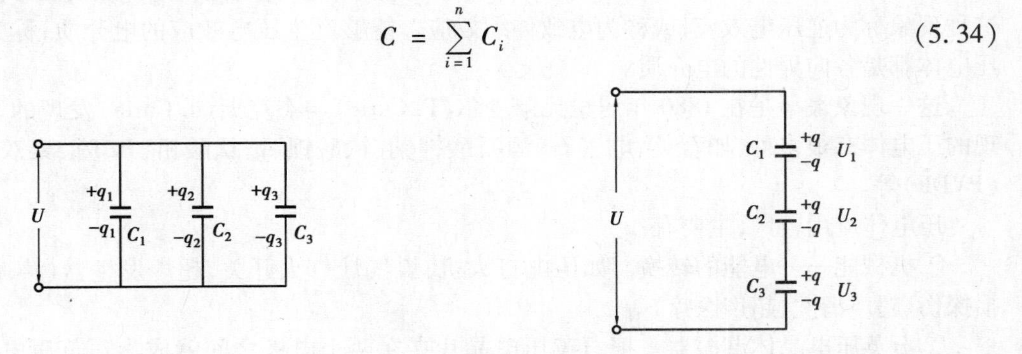

图 5.19　电容器的并联　　　图 5.20　电容器的串联

可见,利用电容器的并联可获得较大的电容。这一结果不难理解,电容器并联相当于增大了极板的面积,所以等效电容增加了。

因此,当给多个并联的电容器加上电压时,该电压也就加到每一个电容器上,**它们等效电容器的电压与每一个电容器的电压相同,电荷等于所有并联的电容器电荷之和,等效电容等于**

所有并联电容器的电容和。

②串联。图5.20是3个电容器的串联。电源使C_1的正极板带$+q$电荷,使C_3的负极板带$-q$,3个电容器的其他极板感应出相应的正负电荷,各电容器电荷相同,端电压等于各个电容器的电压之和,即

$$U = U_1 + U_2 + U_3$$

根据电容的定义,计算3个电容器串联时的等效电容值:

$$\frac{1}{C} = \frac{U}{q} = \frac{U_1 + U_2 + U_3}{q} = \frac{U_1}{q} + \frac{U_2}{q} + \frac{U_3}{q} = \frac{1}{C_1} + \frac{1}{C_2} + \frac{1}{C_3}$$

如果是n个电容器串联,其等效电容值为

$$\frac{1}{C} = \sum_{i=1}^{n} \frac{1}{C_i} \tag{5.35}$$

可见,电容器串联时等效电容比每一个电容器的电容都小。这一结果也不难理解,串联时相当于增大了极板间的距离,所以等效电容减小了。同时,由于总电压分配到各个电容器上,所以串联后的等效电容器耐压能力得到提高。

因此,当给多个串联的电容器加上电压时,各电容器具有相等的电荷,多个串联电容器同样可以用一个等效电容器替代,**等效电容器的电压等于所有串联的电容器电压和,电荷与每一个串联的电容器电荷相等,等效电容的倒数等于各个电容的倒数和**。

③电介质的极化。当电介质处在外电场中时,在电介质中,不论是原子中的电子,还是分子中的离子,或是晶体点阵上的带电粒子,在电场的作用下都会在原子大小的范围内移动,当达到平衡时,在电介质的表面层或在体内会出现带电现象,称为**电介质的极化**。出现的电荷称为**极化电荷**。

【案例5.4】 电介质在电场中可以被极化。某些电介质,当沿着一定方向对其施加外力作用使其变形时,其内部会产生极化现象,同时在它的两个相对表面上出现正负相反的电荷。当外力去掉后,它又会恢复到不带电的状态,这种没有外电场作用,只是由于形变而产生极化电荷的现象称为正压电效应。当作用力的方向改变时,电荷的极性也随之改变。相反,当在电介质的极化方向上施加电场,这些电介质也会发生变形,电场去掉后,电介质的变形随之消失,这种现象称为逆压电效应,或称为电致伸缩效应。能够产生压电效应的电介质,称为压电体。压电体都是各向异性的电介质。

这一现象最早是在1880年居里兄弟皮尔(P. Curie)与杰克斯(J. Curie)发现的。至今,发现的压电体有很多种,如石英、电气石、酒石酸钾钠、钛酸钡、锆钛酸铅(PZT)、聚双氟亚乙烯(PVDF)等。

压电体应用较广,主要有:

①机械能——电能的转换。如压电打火机,煤气灶打火开关,超声发生器(声呐、超声无损探伤、超声清洗、超声医疗)等。

②石英压电晶体谐振器。把石英压电晶片夹在两个电极之间就成为石英压电晶体谐振器。在两极间接入交流电压,由于逆压电效应,谐振器两极的交变电压使压电晶片产生机械振动,由于振动产生的形变反过来又产生压电效应,在两极间产生交流电压。在此过程中,晶片在交变电压的作用下作受迫振动。当外加交变电信号的频率与晶片的固有频率相等时(不考虑阻尼),出现共振现象,晶片的振动最强,回路中形成的电流最大,把这种现象称为晶片的压电谐振。由于压电晶片的固有振动频率是非常稳定的,所以石英振荡器的计时误差非常小,你

手上戴的石英电子表、家里用的石英钟就用到了这个核心部件——石英压电晶体谐振器。

③压电传感器——非电信号与电信号的转换。麦克风、扬声器、电唱头等电声器件，船只上使用的声呐系统的探头等。

5.2.3　静电应用及污染防治

(1)静电的产生

通俗地讲，静电就是静止不动的电荷。它一般存在于物体的表面。是正负电荷在局部范围内失去平衡的结果。静电是通过电子或离子转移而形成的。静电可由物质的接触和分离、静电感应、介质极化和带电微粒的附着等物理过程而产生。

静电产生的方式有很多，如接触、摩擦、冲流、冷冻、电解、压电、温差等，但主要有两种形式，即：

①摩擦产生静电。受材料性质、湿度、接触面积、接触压力、分离速度、表面洁净度等因素影响，如图5.21所示。

②感应产生静电，如图5.22所示。

图5.21　摩擦产生静电

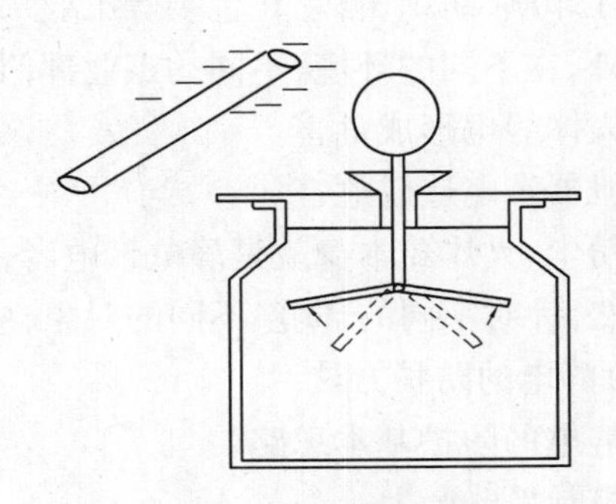

图5.22　感应产生静电

(2)静电的应用

①农业方面：静电喷药。

②纺织、印染方面：静电纺纱、静电植绒、静电复印。

③工业方面：静电除尘。

④医疗卫生、食物保鲜方面：静电杀菌。

(3)减小静电起电率的主要方法

①减少物体间的摩擦。

②控制物体之间的接触分离速度和次数，同时使物体的速度缓慢变化。

③缩小接触分离物体间的接触面积，减小接触压力。

④不要急剧剥离处于紧密接触状态的物质。

⑤物体表面应保持清洁、光滑的状态。

⑥纯净气体避免混入杂质等异物粒子。

(4)静电防护三条原则

①控制静电起电量和电荷积聚，防止危险静电源的形成。

②使用静电感度低的物质。

③采用综合防护加固技术，阻止 ESD 能量耦合。

(5)静电的主要来源

①人体静电。

②仪器和设备的静电。

③元器件本身的静电。

④其他静电，如元件的制造、搬运、储存、测量等。

(6)静电危害

击穿电子器材，静电火花引燃加油站矿井等，对于不同的对象，静电作用的效果也不尽相同，形成的危害也不同，可表现为：

①在易燃、易爆气体混合物存在的危险场所和有电爆装置的地方，静电危害常常导致火灾和爆炸事故发生。

②对于通信、数据处理等电子系统，静电的危害表现为瞬态电磁干扰，使系统不能正常工作。

③在印刷、纺织、自动化包装等工业部门，静电危害成为生产的障碍(或称为障害)。

另外，在不同的环境，不同的工业部门，产生静电危害的"危险静电源"也不同，例如：

①人体静电形成危害。

②机器带电造成危害。

③粉尘、火炸药本身就是静电带电者，它们同时又是静电放电的敏感物质。

显然，针对不同的环境、不同的对象，应有不同的防静电危害的技术和措施。

(7)静电的防护方法

1)静电的防护基本思路

①控制静电产生。

②产生的静电安全泄放，静电的安全泄放电流：小于 5 mA。

2)静电的防护主要方法

①工艺控制法：防止静电产生。

②泄漏法：安全泄放静电。

③静电屏蔽法：避免电磁干扰。

④复合中和法：异性离子中和静电。

⑤整洁措施：避免尖端放电。

5.3 电流、稳恒电场、电动势

5.3.1 电流

(1)电流密度

大量电荷有规则的定向运动形成**电流**，单位时间内通过某横截面的电量称为**电流强度**(简称"电流")。设经过 dt 时间有 dq 电量通过截面，则电流为

$$i = \frac{\mathrm{d}q}{\mathrm{d}t} \tag{5.36}$$

电流的单位(SI)是安[培](A),规定正电荷的定向运动方向为电流的方向。

电流 i 虽然可以描述电流的大小,但从定义上看,它只能反映导体在某一截面上的整体电流情况。在粗细不均的导线中通过电流时,通过导线不同截面、截面上的不同部分电流的大小和方向不同,即电流在截面上的分布是不均匀的。为了更细致地描述通过导线的电流情况,引入一个电流密度矢量 $\boldsymbol{j}$ 的概念,即

$$\boldsymbol{j} = \frac{\mathrm{d}i}{\mathrm{d}S}\boldsymbol{n} \tag{5.37}$$

电流密度是一个矢量,其大小为通过单位截面积的电流,$\boldsymbol{n}$ 为 $\mathrm{d}S$ 截面的正法线方向,该方向与流过 $\mathrm{d}S$ 截面处电流的方向一致,也与该处电场强度 $\boldsymbol{E}$ 的方向一致。

由电流密度矢量的定义式(5.37)可得 $\mathrm{d}i = \boldsymbol{j} \cdot \mathrm{d}\boldsymbol{S}$。因此,流过导线上某个截面的电流 i 为

$$i = \int_S \boldsymbol{j} \cdot \mathrm{d}\boldsymbol{S} \tag{5.38}$$

由式(5.38)可知,通过导体某截面 S 的电流 i 实质上就是通过该面积的电流密度通量。

(2)**电容器充电过程中的电流**

在一个由电容器 C、电阻 R 和开关 K 组成的串联电路的 A、B 两端加上电压 U(A 端电势高,B 端电势低),如图 5.23 所示。当开关 K 闭合,电子受电压在导线中建立的电场作用,从电容器的正极板通过导线移动到 A 端,同时电场驱动同样多的电子从 B 端移动到电容器的负极板,这样,电容器的正极板失去电子而带上正电,电容器的负极板得到电子而带上负电,形成对电容器的充电过程。

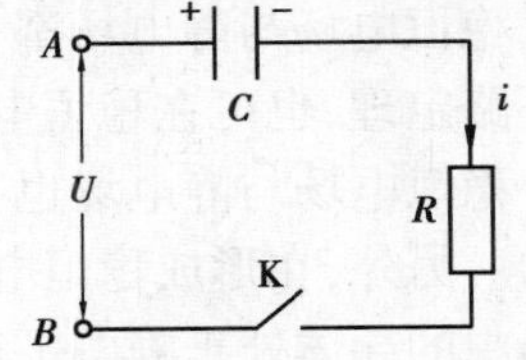

图 5.23　电容器的充电过程

随着电容器充电过程的进行,电容器的两个极板上电荷越来越多,极板间的电势差也从零开始逐渐增大。当电容器的正极板与 A 端等电势、电容器的负极板与 B 端等电势时,导线中没有电场,电子的移动停止,充电过程结束。这时电容器两极板间的电势差等于 A、B 两端的电压 U。

设充电过程结束时电容器两极板带的电量为 Q,充电过程中 t 时刻电容器两极板带的电量为 q,极板间的电势差为 u。

根据闭合电路的欧姆定律,有

$$U = u + iR$$

代入 $u = q/C$、$i = \mathrm{d}q/\mathrm{d}t$,有

$$U = \frac{q}{C} + R\frac{\mathrm{d}q}{\mathrm{d}t}$$

分离变量 q 和 t

$$\frac{\mathrm{d}q}{UC - q} = \frac{1}{RC}\mathrm{d}t$$

考虑初始到某一时刻 t,对上式求定积分

$$\int_0^q \frac{\mathrm{d}q}{UC - q} = \int_0^t \frac{1}{RC}\mathrm{d}t$$

解得

$$q = UC\left(1 - e^{-\frac{1}{RC}t}\right) = Q\left(1 - e^{-\frac{1}{RC}t}\right) \tag{5.39}$$

进一步可求得

$$u = U\left(1 - e^{-\frac{1}{RC}t}\right) \tag{5.40}$$

$$i = \frac{\mathrm{d}q}{\mathrm{d}t} = \frac{U}{R}e^{-\frac{1}{RC}t} \tag{5.41}$$

其中 RC 的值称为电路的时间常数,该值的大小决定了电路充电时间的长短。

【小资料】 由上述可知,电容器两极板的电压达到某一值需要一定的时间,这一结论可以用作简单的延时控制电路。

5.3.2 稳恒电场

在导体内形成电流,如果各处的电流密度都不随时间而变化,这样的电流称为**稳恒电流**。在稳恒电流的情况下,导体内电荷的分布不随时间改变,这种不随时间改变的电荷分布在空间产生不随时间改变的电场,称为**稳恒电场**。

产生稳恒电场的电荷分布虽然不随时间改变,但这种分布是伴随着电荷的定向运动。电荷个体是在作定向运动,大量的运动电荷整体在空间的分布却是稳恒不变的。

稳恒电场与静电场都是由电荷产生的,因此它们有许多相似之处,如它们都服从高斯定理和环路定理,也可在稳恒电场中像静电场那样引入电势的概念等。

稳恒电场与静电场也有区别。静电场是由静止的电荷在空间形成的,二者在形成上是不同的。另外,在形成稳恒电场的导体内部,稳恒电场不等于零,导体内任意两点电势不等;而静电场中的导体处于静电平衡时,导体内的电场为零,导体也是等势体。

5.3.3 电动势

在现实生活和生产中,往往需要提供一个稳恒电流。那么如何获得一个稳恒电流呢?下面以电容器放电时产生的电流为问题的切入点来讨论。

如图 5.24 所示,用导线将电阻 R 与已充电的电容器连接起来,则正电荷从正极板通过电阻流向负极板,形成电流 i。随着时间的变化,电容器极板上的电量越来越少,电流 i 也越来越小,直到最后极板上的电量为零,回路中的电流也为零,电容器放电结束。

电流 i 随时间如何变化?可参照电容器充电过程中电流的计算方法寻找答案。

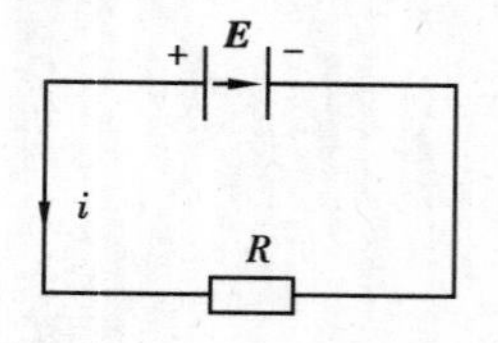

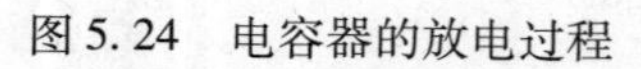
图 5.24 电容器的放电过程

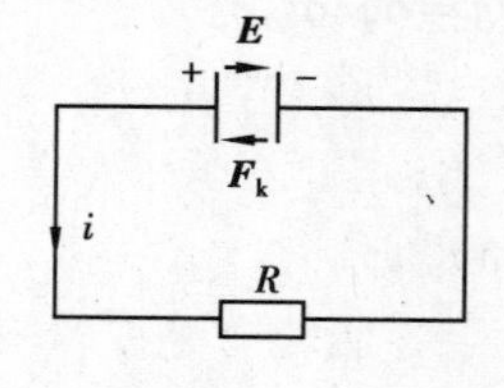

图 5.25 电源

可见,通过电容器的放电过程可以获得电流,但不能获得稳恒电流。如果把到达负极板的正电荷及时地送回正极板,保证两极板上的电量不随时间而改变,在两极板间维持恒定的电势差,形成的电流 i 就不会随时间而改变,从而就可以获得稳恒电流。

那么,如何把经电阻 R 到达负极板的正电荷 q 及时地送回到正极板呢?移动正电荷 q 这个力一定不是静电场力,因为静电场力对正电荷 q 施加的力的方向指向负极板。把这个不是静电场力的力称为**非静电力**,用 $\boldsymbol{F}_k$ 表示,如图5.25所示。能够提供非静电力的装置称为**电源**,这时的高电势和低电势极板,称为电源的正、负极。

对非静电力的理解:电源提供的非静电力,可能是一种真实的力,如本章后面将提到的洛仑兹力,也可能只是一种非静电作用。在化学电池中,非静电力是与离子的溶解和沉积过程相联系的化学作用;在温差电池中,非静电力是与温度差及电子浓度差相联系的扩散作用。

综上所述,要想获得稳恒电流,做法是用导线通过电阻,从电源外部把正、负极连接起来,这时静电场力将驱使正电荷由电源的正极移向负极;在电源内部,电源提供的非静电力驱使等量正电荷反抗静电场力的作用,从电源负极移向正极。这样,在静电场力和电源提供的非静电力的共同作用下,正电荷持续不断地移动,在电路中形成稳恒电流。

仿照静电场中电场强度的定义,把作用在单位正电荷上的非静电力定义为**非静电场强度**,记作 $\boldsymbol{E}_k$,有

$$\boldsymbol{E}_k = \frac{\boldsymbol{E}_k}{q} \tag{5.42}$$

电源把正电荷 q 从负极经电源内部移到正极,非静电力 $\boldsymbol{F}_k$ 所做的功为

$$A = \int_-^+ \boldsymbol{F}_k \cdot \mathrm{d}\boldsymbol{l} = q\int_-^+ \boldsymbol{E}_k \cdot \mathrm{d}\boldsymbol{l}$$

把单位正电荷从负极经电源内部移到正极非静电力 $\boldsymbol{F}_k$ 所做的功定义为电源的电动势,用 ε 表示,即

$$\varepsilon = \frac{A}{q} = \int_-^+ \boldsymbol{E}_k \cdot \mathrm{d}\boldsymbol{l} \tag{5.43}$$

电源的电动势是标量,通常规定从负极经电源内部指向正极的方向为电动势的方向。日常生活中常见的直流电源的电动势值有1.5、9、12 V等。

有的电源,非静电力只存在于电源内部,电源外部 $\boldsymbol{E}_k$ 为零;在某些情况下,非静电力作用在整个回路上(在本章中的电磁感应现象中会涉及),这时电源的电动势为

$$\varepsilon = \oint_L \boldsymbol{E}_k \cdot \mathrm{d}\boldsymbol{l} \tag{5.44}$$

5.3.4 静电场的能量

【案例5.5】 在电容器的放电过程中,有电流通过电阻 R,会释放出焦耳热。而能量是守恒的,那么这部分能量来自何处呢?

答案是来自于电容器中电场的能量。在放电过程中,电容器中的电场由有到没有,使电容器中电场的能量转换为焦耳热。

想一想,在生活中,还有什么例子可以说明电场具有能量?

下面以平行板电容器的充电过程为例,分析静电场的能量。

设电源给电容器充电前,电容器两极板上没有电荷。充电结束后,两极板上的电量为 Q,极板间的电压为 U。

设充电过程中某时刻 t,电容器两极板上的电荷为 q,两极板间的电压为 u,$u=q/C$。经 $\mathrm{d}t$ 时间,电源将 $\mathrm{d}q$ 电量移送到电容器的正极板。在此过程中,电源中的非静电力所做的功为

$$\mathrm{d}A = u\mathrm{d}q$$

考虑整个充电过程,电源所做的功为

$$A = \int \mathrm{d}A = \int_0^Q \frac{q}{C}\mathrm{d}q = \frac{Q^2}{2C} \tag{5.45}$$

式(5.45)也可以表示为

$$A = \frac{1}{2}CU^2 = \frac{1}{2}UQ$$

电源所做的功 A 哪去了,或者说转换成什么能量了呢?考虑电容器充电前极板间没有静电场,充电结束后,极板间存在一匀强电场,可见电源所做的功 A 转换为电容器中静电场的能量 W_e,即

$$W_e = A$$

设平行板电容器极板的面积为 S,极板间距为 d,极板间充有的各向同性电介质的相对电容率为 ε_r,充电结束后极板间的电场强度为 E。

把 $U = Ed, C = \dfrac{\varepsilon_r\varepsilon_0 S}{d}$代入静电场的能量公式,有

$$W_e = \frac{1}{2}CU^2 = \frac{1}{2}\frac{\varepsilon_r\varepsilon_0 S}{d}(Ed)^2 = \frac{1}{2}\varepsilon E^2 \cdot V \tag{5.46}$$

其中,$V = Sd$,是电容器中静电场的体积。$\varepsilon = \varepsilon_r\varepsilon_0$,是电容率。

把体积移到等式的左端,得静电场的能量密度

$$w_e = \frac{W_e}{V} = \frac{1}{2}\varepsilon E^2 \tag{5.47}$$

式(5.47)也可以写成

$$w_e = \frac{1}{2}DE = \frac{1}{2}\boldsymbol{D} \cdot \boldsymbol{E} \tag{5.48}$$

其中,$D = \varepsilon E$,是电位移矢量。

注意:静电场的能量密度公式虽然是从平行板电容器的充电过程中分析得来的,但它适用于任何电场的情况。

一般情况下,体积为 V 的空间,电场的总能量为

$$W_e = \int_V w_e \mathrm{d}V = \int_V \frac{1}{2}\varepsilon E^2 \mathrm{d}V \tag{5.49}$$

5.4 磁体、磁场、磁感应强度

在静止电荷的周围存在着电场。如果电荷在运动,那么在它的周围就不仅有电场,而且还有磁场。这就是说电荷在导体中作恒定流动时在它周围将激发起恒定磁场。磁场也是物质的一种形态,它只对运动电荷或电流施加作用,可用磁感强度和磁场强度描写。本章主要介绍了基本磁现象、磁感应强度、洛伦兹力、磁通量、磁场的高斯定理以及磁场的基本应用——霍尔效应。

5.4.1 磁场、磁感强度

【历史资料】 奥斯特(Hans Christian Oersted,1777—1851),丹麦物理学家(见图 5.26)。

他深信自然界不同现象之间是相互联系的。从这个思想出发，他发现了电流对磁针的作用，从而导致了19世纪中叶电磁理论的统一和发展。

（1）本磁现象

天然磁石（Fe_3O_4）吸引铁的现象，我国早在战国时期（公元前300年）已有记载，《管子·地数》篇中有"上有慈石者，下有铜金"。11世纪时，我国科学家沈括创制了航海用的指南针，并发现了地磁偏角。现在所用的磁铁多半是人工制成的，例如用铁、钴、镍等合金制成的永久磁铁。无论是天然磁石还是人造磁体，都有N和S两个磁极。由于地球就是一个大磁体，将一条形磁铁悬挂起来，磁铁会自动地转向南北方向，指北的一极称为指北极或N极，指南的一极称为指南极或S极。**同号磁极之间相互排斥，异号磁极之间相互吸引**。与正、负电荷可以独立存在不一样，在自然界中不存在独立的N极和S极。任一磁铁，不管把它分割得多小，每一小块磁铁仍然具有N极和S极。近代理论认为可能有单独磁极存在，这种具有磁南极或磁北极的粒子，称为磁单极子。但至今未观察到这种粒子。

在现代生产和日常生活中，磁场也有很多应用。例如，在工业上，把线圈绕在铁芯上通入电流以形成电磁铁，用它所激发的磁场从杂物中拣出金属碎片，如图5.27所示。又如，家里使用的冰箱磁贴，利用的就是小块永久磁体所激发的磁场。

图5.26　奥斯特

图5.27　电磁铁

磁现象和电现象虽然早已被人们发现，但在很长时期内，没能把电现象与磁现象联系起来，一直认为电现象与磁现象是互不相关的。直到1820年，丹麦科学家奥斯特发现放在载流导线周围的磁针会受到磁力作用而偏转，从而第一次揭示了磁和电之间的联系。磁现象与电荷的运动是密切相关的，**一切磁现象的根源是电流**。

（2）磁场

从静电场的研究中可知，在静止电荷周围的空间存在着电场，静止电荷间的相互作用是通过电场来传递的。电流间（包括运动电荷间）的相互作用也是通过场来传递的，这种场称为**磁场**。磁场是存在于运动电荷周围空间除电场以外的一种特殊物质，实验表明，磁场的基本性质在于对位于其中的运动电荷或电流有作用力。因此，运动电荷与运动电荷之间、电流与电流之间、电流与磁铁之间的相互作用，都可看成是它们中任意一个所激发的磁场对另一个施加作用力的结果。

（3）磁感强度

在研究电场时，为了探测电场中电场强弱的分布情况，在电场中放入试验电荷q_0，若q_0受到力$\boldsymbol{F}$的作用，则定义该点处的电场强度为$\boldsymbol{E}=\boldsymbol{F}/q_0$，用此来定量描述电场。与此相似，由于磁场对运动电荷有力的作用,因此,引入一个运动电荷,根据磁场对运动电荷的作用情况,建立磁感强度 $\boldsymbol{B}$ 的概念,用来定量描述磁场对运动电荷的作用这一性质。可用如图 5.28 所示的实验装置来演示磁场对运动电荷有作用力。

给匝数相同、间距与半径相同且相互平行的两组线圈通有流向相同的电流时,在两线圈轴线中心附近的区域可获得比较均匀的磁场,这个装置称为亥姆霍兹线圈(电流在空间产生磁场的有关知识在本章下一节介绍)。

在亥姆霍兹线圈产生的均匀磁场中间放置一个充有少量氩气的圆形玻璃泡,玻璃泡内的电子枪可发射不同速率、不同运动方向的电子束。在电子束所经过的路径上,由于氩气被电离发出辉光,从而可显示出电子束受力后的运动轨迹情况。

图 5.28　运动电荷在磁场中的运动演示仪

实验发现:

①电荷在磁场中运动,受到的磁场力与电荷的正、负有关(负电荷沿某方向运动可以看成是正电荷沿相反方向运动)。

②当运动电荷以同一速率 v 沿不同方向运动时,电荷所受磁场力的大小是不同的,但磁场对运动电荷作用力的方向却总是与电荷运动方向垂直。

③在磁场中存在着一个特定的方向,当电荷沿这一特定方向运动时,运动电荷不受力,即磁场力为零。

④如果电荷沿着与这个特定方向垂直的方向运动时,所受到的磁场力最大,即这个最大磁场力 F_{m} 正比于运动电荷的电荷量 q 与速率 v 的乘积,但比值 F_{m}/qv 却在空间具有确定的量值(如果是非均匀磁场,比值与电荷所经过的位置有关)。显然,它反映出磁场本身的一个性质。

把这个比值定义为均匀磁场空间磁感强度的大小,符号用 B 表示,即有

$$B = \frac{F_{\mathrm{m}}}{qv} \tag{5.50}$$

这就如同用 $E = F/q_0$ 来描述电场的强弱一样,现在用 $B = F_{\mathrm{m}}/qv$ 来描述磁场的强弱。

磁感强度方向的规定:右手四指指向正电荷在磁场空间受到的最大磁场力方向 $\boldsymbol{F}_{\mathrm{m}}$(或负电荷在磁场空间受到的最大磁场力方向的反方向),沿最大磁场力方向与正电荷运动方向 $\boldsymbol{v}$ 所夹的 90°转向正电荷运动方向,右手大拇手指的指向规定为空间磁感强度的方向。物理上把这种描述矢量方向的方法称为**右手螺旋定则**。

磁感强度的方向与小磁针放置于该处 N 极的指向相同。

如果磁场是非均匀磁场,上述分析对磁场空间某一点也是成立的。

通过实验现象,总结出一般情况:可用一个矢量关系式来表示一个电荷 q,以速度 $\boldsymbol{v}$ 通过磁感强度为 $\boldsymbol{B}$ 的某一点时,粒子受到的磁场力,即

$$\boldsymbol{F} = q\boldsymbol{v} \times \boldsymbol{B} \tag{5.51}$$

这个力称为**洛伦兹力**。式(5.51)说明,作用在粒子上的力 $\boldsymbol{F}$ 等于电荷 q 乘以粒子的速度 $\boldsymbol{v}$ 与磁感强度 $\boldsymbol{B}$ 的矢积。

根据矢积的定义,洛伦兹力 $\boldsymbol{F}$ 的大小为

$$F = qvB \sin \theta \tag{5.52}$$

式中　θ——速度 $\boldsymbol{v}$ 和磁感强度 $\boldsymbol{B}$ 之间的夹角。

显然，当 $\theta=0$ 或 π，即 $\boldsymbol{v}/\!/\boldsymbol{B}$ 时，$\boldsymbol{F}=0$；当 $\theta=\pi/2$，即 $\boldsymbol{v}\perp\boldsymbol{B}$ 时，$\boldsymbol{F}=\boldsymbol{F}_{\mathrm{m}}$。

洛伦兹力 $\boldsymbol{F}$ 的方向由右手螺旋定则（见图5.29）判断：右手四指先指向 $\boldsymbol{v}$ 的方向，然后通过 $\boldsymbol{v}$ 与 $\boldsymbol{B}$ 小于180°的角弯向 $\boldsymbol{B}$，此时，大拇指的方向即为力 $\boldsymbol{F}$ 的方向。如果 q 为正，则洛伦兹力 $\boldsymbol{F}$ 与 $\boldsymbol{v}\times\boldsymbol{B}$ 的方向相同；如果 q 为负，则洛伦兹力 $\boldsymbol{F}$ 与 $\boldsymbol{v}\times\boldsymbol{B}$ 的方向相反。

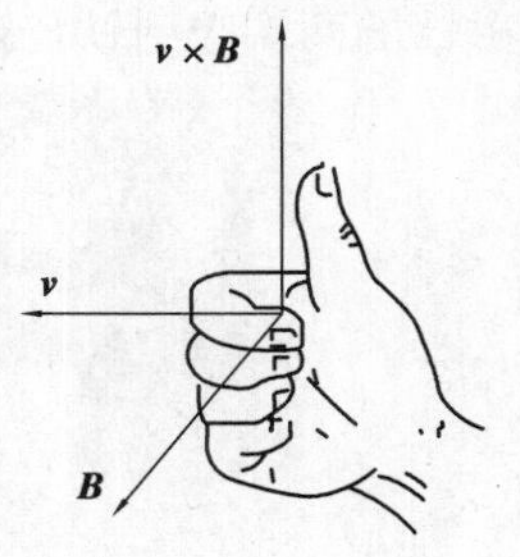

图5.29　右手螺旋定则

注意：无论电荷的符号如何，作用在以速度 $\boldsymbol{v}$ 通过磁感强度为 $\boldsymbol{B}$ 的磁场中带电粒子上的洛伦兹力 $\boldsymbol{F}$ 永远垂直于 $\boldsymbol{v}$ 和 $\boldsymbol{B}$。因而，$\boldsymbol{F}$ **只能改变带电粒子的运动方向，不能改变粒子的速率。**

磁感强度 $\boldsymbol{B}$ 是描述磁场性质的基本物理量。在国际单位制中，按上述定义式，磁感强度 $\boldsymbol{B}$ 的单位为 N·s/(C·m) = N/(A·m)，为了方便，将其称为特[斯拉]，符号为T。常用单位还有高[斯]，(Gs)，1 Gs = 10^{-4} T。

表5.1列出了有关自然界的一些磁场的近似值。

表5.1　有关自然界的一些磁场（近似值）

中子星表面处	10^8 T	地球赤道附近	3×10^{-5} T
超导电磁铁附近	5～40 T	地球两极附近	6×10^{-5} T
大型电磁铁附近	1.5 T	太阳在地球轨道上的磁场	3×10^{-9} T
小条形磁铁附近	10^{-2} T	人体磁场	10^{-12} T
太阳表面的磁场	10^{-2} T	磁屏蔽室内的最小值	10^{-14} T

顺便指出，前面提到的均匀磁场是指空间各点的磁感强度 $\boldsymbol{B}$ 都相同的区域内的磁场，否则都称为非均匀磁场。长直密绕螺线管内部的磁场，常被认为是均匀磁场。

【问题】　图5.30示出了带电粒子以速度 $\boldsymbol{v}$ 穿过一均匀磁场 $\boldsymbol{B}$ 的3种情况。在每一种情况中，粒子受到的洛伦兹力 $\boldsymbol{F}$ 沿什么方向？

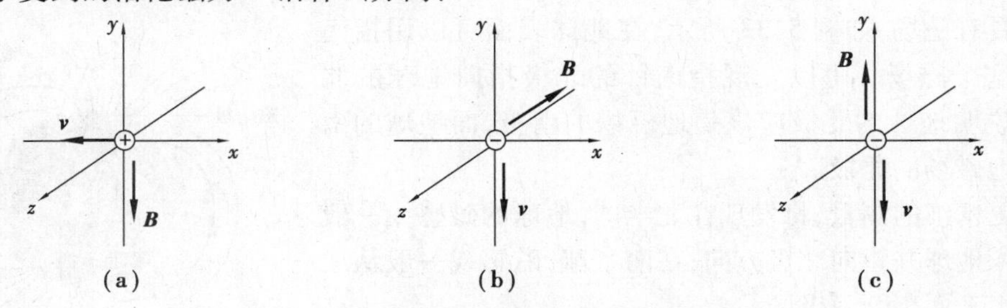

图5.30　带点粒子穿过匀强磁场的3种情况

5.4.2　磁通量、磁场的高斯定理

(1)磁感线

为了形象地反映磁场的分布情况，就像在静电场中用电场线来表示静电场分布一样，我们也用一些设想的曲线来表示磁场的分布。当然表示规则仍然是一样的。一是在磁场中任一点磁感线的切线方向即为该点 B 的方向；二是磁感线的疏密程度表示该点 B 的大小。磁感线越密集的地方表示磁场越强，反之亦然。磁感线是人为画出来的，并非磁场中真的有这种线

存在。

图5.31(a)是条形磁铁吸引铁屑的情况,因此它的磁感线可以用图5.31(b)来表示,在条形磁铁的两端吸引铁屑最多,磁场最强,因此磁感线分布最密集。

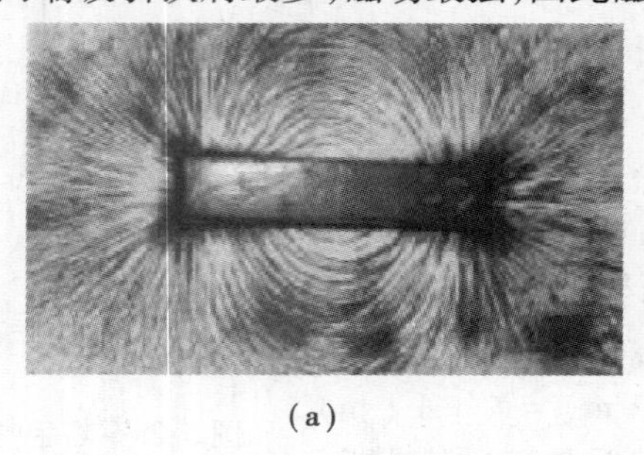
(a)

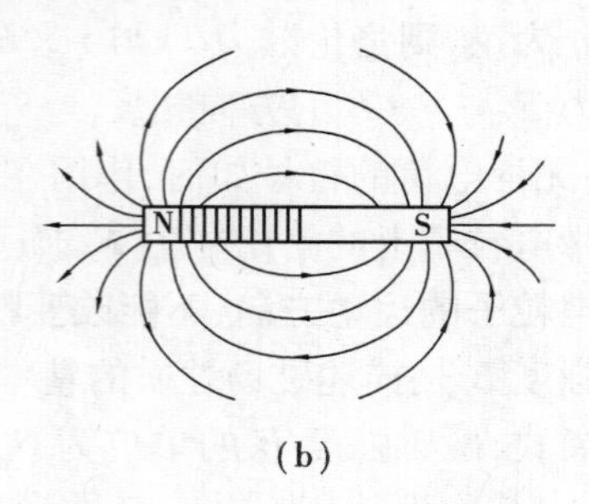

(b)

图5.31　条形磁铁

注意:磁感线全部穿过磁体,并且全部形成闭合曲线(即使图中未表示出是闭合的)。

磁感线(闭合的)进入磁体的一端并从另一端出来。磁感线从磁体出来的那一端称为磁体的北极;进入磁体的那一端称为磁体的南极。

图5.32给出了几种磁场的磁感应线的表示情况。

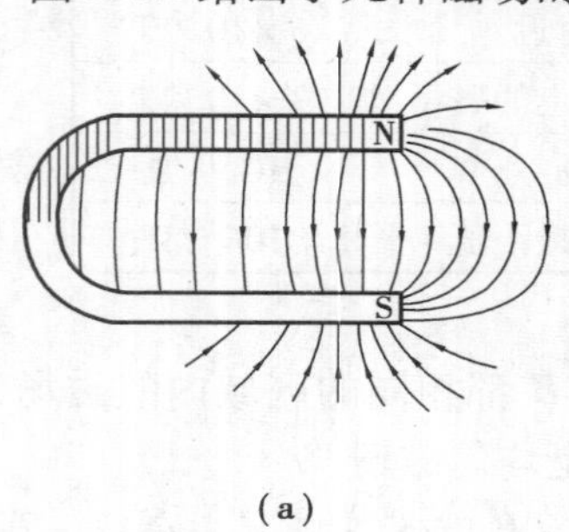

(a)

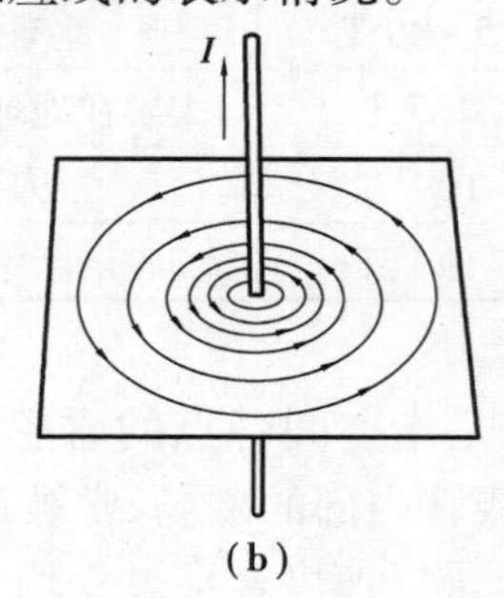

(b)

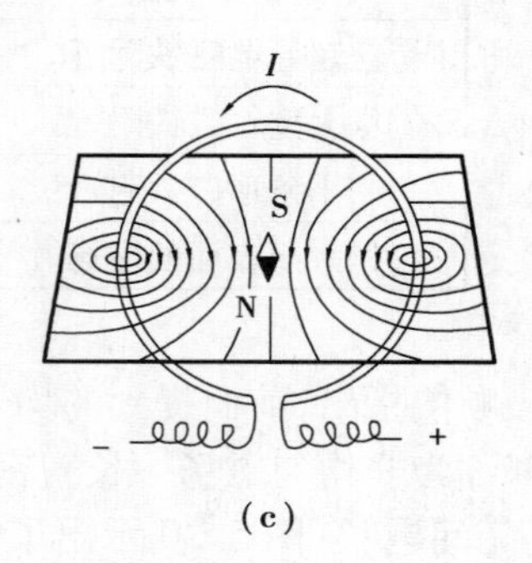

(c)

图5.32　几种不同磁场的磁感线的分布情况

地球具有磁场,如图5.33所示,在地球表面可以用指南针来检测这个磁场。可以发现指南针的北极指向地球的北极,因而,说明地球的北极应该是地磁场的南极,而地球的南极应该是地磁场的北极。

借助更精细的测量,将发现在北半球,地球的磁感线一般是向下进入地球并指向北极方向;在南半球,磁感线一般从地球中向上出来而离开南极区。

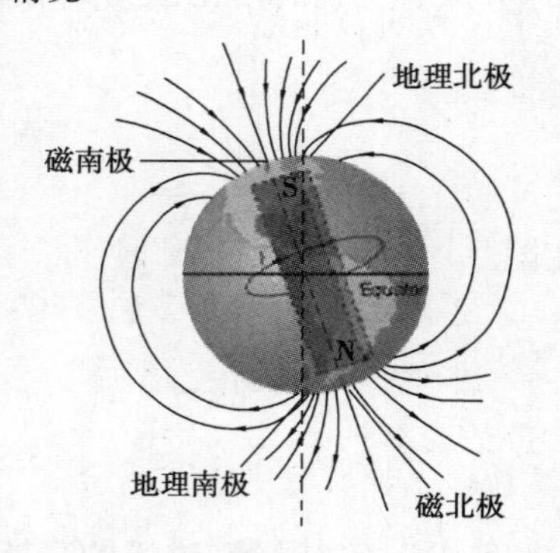

图5.33　地磁场

(2)**磁通量、磁场的高斯定理**

在磁场中,用磁感线的密度来表示磁场的强弱,就像静电场中用电场线密度表示电场强弱一样,对磁感线的密度规定如下:磁场中某点处磁感强度 $\boldsymbol{B}$ 的方向即为磁感线上该点的切线方向,而 $\boldsymbol{B}$ 的大小则等于垂直于该点处 $\boldsymbol{B}$ 矢量的单位面积上通过的磁感线条数。因此,$\boldsymbol{B}$ 大的地方,磁感线就密集;$\boldsymbol{B}$ 小的地方,磁感线就稀疏。对均匀磁场来说,磁场中的磁感线相互平行,各处磁感线密度相等;对非均匀磁场来说,磁感线相互不平行,各处磁感线密度不相等。

磁通量:通过磁场中某一曲面的磁感线条数称为通过此曲面的磁通量,用符号 Φ_m 表示。

如何计算通过任意一个面的磁通量呢？

在均匀磁场中，磁感强度为$\boldsymbol{B}$，如图5.34(a)所示。取一面积矢量$\boldsymbol{S}$，其大小为S，其方向用它的单位法线矢量$\boldsymbol{e}_n$来表示，有$\boldsymbol{S}=S\boldsymbol{e}_n$。在图中$\boldsymbol{e}_n$与$\boldsymbol{B}$之间的夹角为$\theta$，按照磁通量的定义，通过面$S$的磁通量为

$$\Phi_{\mathrm{m}} = BS\cos\theta$$

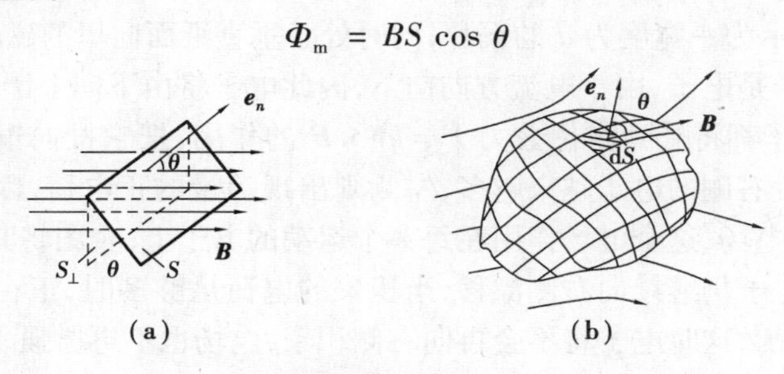

图5.34　磁通量

用矢量表示，上式为

$$\Phi_{\mathrm{m}} = \boldsymbol{B}\cdot\boldsymbol{S}$$

在非均匀磁场中，通过任意曲面的磁通量怎么算呢？在如图5.34(b)所示的任意曲面上取一面积元矢量$\mathrm{d}\boldsymbol{S}$，它所在处的磁感强度$\boldsymbol{B}$与该面的法线矢量$\boldsymbol{e}_n$之间的夹角为θ，则通过面积元$\mathrm{d}\boldsymbol{S}$的磁通量

$$\mathrm{d}\Phi_{\mathrm{m}} = B\mathrm{d}S\cos\theta = \boldsymbol{B}\cdot\mathrm{d}\boldsymbol{S}$$

而通过某一有限面的磁通量Φ_{m}就等于通过这些面积元$d\boldsymbol{S}$上的磁通量$\mathrm{d}\Phi_{\mathrm{m}}$的总和，即

$$\Phi_{\mathrm{m}} = \int_S \mathrm{d}\Phi_m = \int_S B\mathrm{d}S\cos\theta = \int_S \boldsymbol{B}\cdot\mathrm{d}\boldsymbol{S} \tag{5.53}$$

对于闭合曲面来说，人们规定其单位正法线矢量$\boldsymbol{e}_n$的方向垂直于曲面向外。依照这一规定，当磁感线从曲面内穿出时($\theta<\pi/2,\cos\theta>0$)，磁通量是正的；而当磁感线从曲面外穿入时($\theta>\pi/2,\cos\theta<0$)，磁通量是负的。由于磁感线是闭合的，因此对任一曲面来说，有多少条磁感线进入闭合曲面，就一定有多少条磁感线穿出闭合曲面。也就是说，通过任意闭合曲面的磁通量必等于零，即

$$\Phi_{\mathrm{m}} = \oint_S \boldsymbol{B}\cdot\mathrm{d}\boldsymbol{S} = 0 \tag{5.54}$$

在国际单位制中，$\boldsymbol{B}$的单位为特[斯拉]，S的单位为米^2(m^2)，$\boldsymbol{\Phi}$的单位为**韦[伯]**(Wb)，有

$$1\ \mathrm{Wb} = 1\ \mathrm{T}\times 1\ \mathrm{m}^2$$

式(5.54)称为**稳恒磁场的高斯定理**，是电磁场理论的基本方程之一。虽然式(5.54)和静电场的高斯定理($\oint_S \boldsymbol{E}\cdot\mathrm{d}\boldsymbol{S} = q/\varepsilon_0$)在形式上相似，但显然两者存在着明显的不对称性，这反映出磁场和静电场是两类不同特性的场，激发静电场的场源(电荷)是电场线的源头或尽头，所以静电场是属于发散式的场，称为**有源场**；而磁场的磁感线是无头无尾，恒是闭合的，所以磁场称为**无源场**，两者有着本质上的区别。

5.4.3　霍尔效应

【历史资料】　霍尔效应是在1879年由年仅24岁的美国霍布金大学的研究生霍尔(E. H. Hall)发现的。霍尔效应证明在铜导线中漂移的传导电子能被磁场偏转，它还可使我们弄清楚

导体中的载流子是带正电还是带负电的。此外,还可测定导体单位体积内这种载流子的数目。由于在半导体中载流子浓度 n 远小于单价金属中自由电子的浓度,可得到较大的霍尔电压,因此常用半导体材料制成各种霍尔效应传感器,用来测量磁感强度、电流、压力和转速等。在自动控制和计算技术等方面,霍尔效应都获得了广泛的应用。

如图 5.35(a)所示为一宽度为 d 的铜片,同时处于垂直纸面向里的磁场中,并通以方向由上至下的电流,载流子是电子,由于电流方向向下,因此电子将由下向上漂移,漂移的速度设为 v_d。每一个漂移的电子都将受到洛伦兹力 $\boldsymbol{F}=q\boldsymbol{v}\times\boldsymbol{B}$ 的作用,把它推向铜片的右侧。随着时间的推移,积聚在铜片右侧的电子越来越多,左侧则出现等量的正电荷,因此在铜片的内部形成了一个由左至右的电场,这个电场作用在每一个运动的电子上,企图将其推到左侧。但当这个电场还不够大时,电子仍继续向右侧漂移,当积聚的电荷足够多时,正在漂移的电子受到的电场力和磁场力相平衡,这时电子将不会再向右侧积聚,电场也不再增强了。

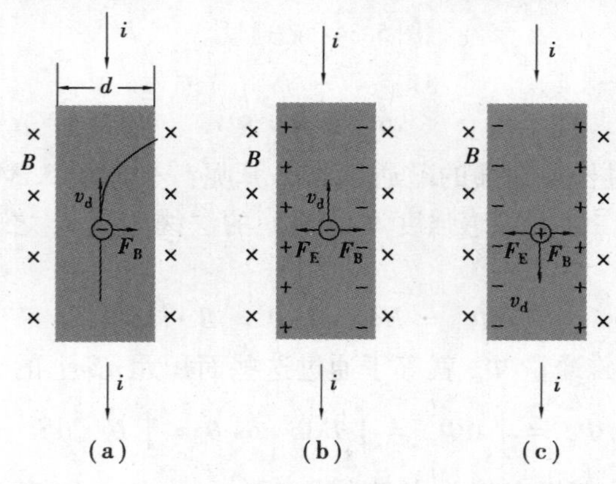

图 5.35　霍尔效应

伴随着电场的产生,在铜片的左右两侧产生了一个电压,称为霍尔电压 U。

$$U = Ed \tag{5.55}$$

如果在铜片的左右两侧接入电压表,即可测量该电势差。并且电压表将告诉我们此时铜片左侧电势高,右侧电势低。这再一次证明了载流子是带负电的。

下面作相反的假设,电流中的载流子是带正电的,如图 5.35(c)所示。随着载流子在铜片中从上至下运动,它们在洛伦兹力的作用下向右侧运动,因而右侧会积聚一定数量的正电荷,说明右侧处于较高的电势,这与电压表的读数相矛盾,所以载流子必定带负电。

下面进行简要的讨论。当电子受到的电场力和磁场力相平衡时,如图 5.35(b)所示,得

$$eE = ev_dB \tag{5.56}$$

利用电流微观量的关系,得电子的漂移速率为

$$v_d = \frac{j}{ne} = \frac{i}{neS} \tag{5.57}$$

式中　j——铜片中的电流密度;

S——铜片的横截面积;

n——载流子的数密度。

在式(5.56)中,用式(5.55)取代 E,并用式(5.56)取代 v_d,可得

$$n = \frac{Bi}{Ule} \tag{5.58}$$

式中　$l=\dfrac{S}{d}$ ——铜片的厚度，借助此式就能由一些可测量量求出 n。

【案例5.6】　在导电流体中也会产生霍尔现象，这就是目前正在研究中的“磁流体发电”的基本原理。把由燃料（油、煤气或原子能反应堆）加热而产生的高温气体，以高速 v 通过用耐高温材料制成的导电管产生电离，达到等离子状态。若在垂直于 v 的方向加上磁场，则气流中的正、负离子由于受洛伦兹力的作用，将分别向垂直于 v 和 B 的两个相反方向偏转，结果在导电管两侧的电极上产生电势差。这种发电机没有转动的机械部分，直接把热能转换为电能，因而损耗少，极大地提高了效率，是非常诱人、有待于开发的新技术。

5.5　磁场对载流导线的作用

5.5.1　安培力

安培在研究电流与电流之间的相互作用时，仿照电荷之间相互作用的库仑定律，把载流导线分割成电流元，得到了两电流元之间的相互作用规律，并于1820年总结出了电流元受力的安培定律。安培发现，电流元 $I\mathrm{d}\boldsymbol{l}$ 在磁场中某点所受到的磁场力 $\mathrm{d}\boldsymbol{F}$ 的大小，与该点磁感强度 $\boldsymbol{B}$ 的大小、电流元 $I\mathrm{d}\boldsymbol{l}$ 的大小以及电流元 $I\mathrm{d}\boldsymbol{l}$ 与磁感强度 $\boldsymbol{B}$ 的夹角 θ 的正弦成正比，可表示为

$$\mathrm{d}F = I\mathrm{d}lB\sin\theta$$

$\mathrm{d}\boldsymbol{F}$ 的方向垂直于 $I\mathrm{d}\boldsymbol{l}$ 与 $\boldsymbol{B}$ 所决定的平面，指向由右手螺旋法则确定。将上式写成矢量式为

$$\mathrm{d}\boldsymbol{F} = I\mathrm{d}\boldsymbol{l}\times\boldsymbol{B} \tag{5.59}$$

因此，一段任意形状的载流导线所受的磁场力等于作用在它各段电流元上的磁场力的矢量和，即

$$\boldsymbol{F} = \int_L \mathrm{d}\boldsymbol{F} = \int_L I\mathrm{d}\boldsymbol{l}\times\boldsymbol{B} \tag{5.60}$$

将这个力称为**安培力**。式(5.59)和式(5.60)称为**安培定律**。

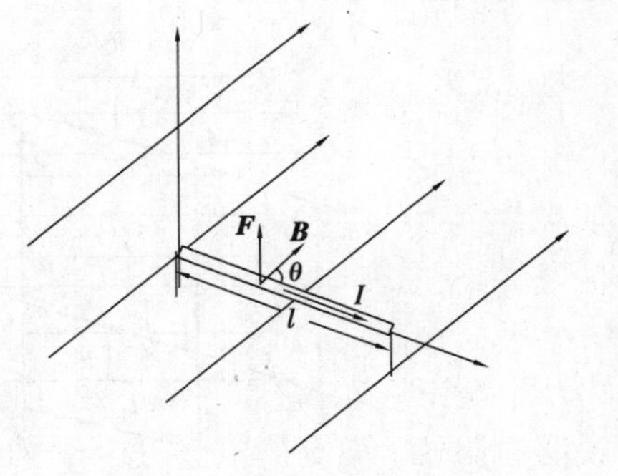

图5.36　长直载流导线在均匀磁场中所受的安培力

下面讨论均匀磁场中的一段长直载流导线所受的安培力。设直导线长为 l，通以电流 I，放在磁感强度为 $\boldsymbol{B}$ 的均匀磁场中，导线与 $\boldsymbol{B}$ 的夹角为 θ，如图5.36所示。

在这种情况下，作用在各电流元上的安培力 $\mathrm{d}\boldsymbol{F}$ 的方向都沿 Oz 轴正向，所以作用在长直导线上的合力即等于各电流元上的各个分力的代数和，即

$$F = \int_L \mathrm{d}F = \int_0^l I\mathrm{d}lB\sin\theta = BI\sin\theta\int_0^l \mathrm{d}l = BIl\sin\theta \tag{5.61}$$

合力作用在长直导线中点，方向沿 Oz 轴正向。

安培力有着十分广泛的应用。磁悬浮列车就是电磁力应用的高科技成果之一。2003年上海建成了世界上第一条商业运营的磁悬浮列车，如图5.37所示。车厢下部装有电磁铁，当电磁铁通电被钢轨吸引时就把列车悬浮起来了。列车上还安装了一系列极性不变的磁体，钢轨内侧装有两排推进线圈，线圈通有交变电流，总使前方线圈的磁性对列车磁体产生一拉力

(吸引力),后方线圈对列车磁体产生一推力(排斥力),这一拉一推的合力便驱使列车高速前进。强大的电磁力可使列车悬浮 1 ~ 10 cm,与轨道脱离接触,消除了列车运行时与轨道的摩擦阻力,使磁悬浮列车的速度达 400 km/h 以上。

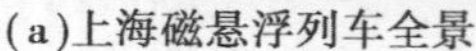

(a)上海磁悬浮列车全景

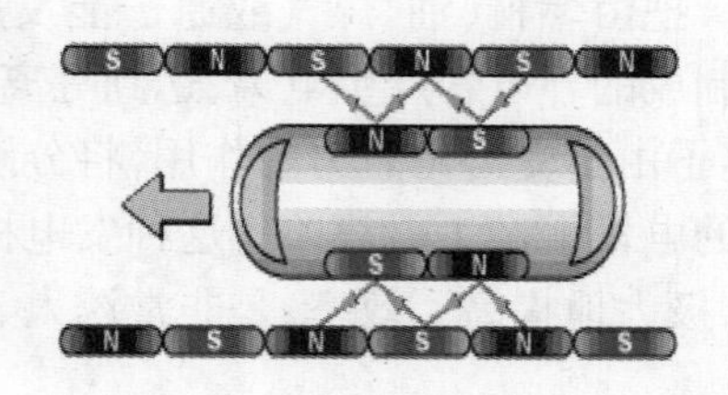

(b)电磁驱动力原理图

图 5.37　磁悬浮列车及其原理图

5.5.2　磁场对载流线圈的作用

世界上大量的工作都是由电动机完成的。这种作业幕后的力就是安培力,即磁场作用于载流导线上的力。

在直流电动机内,一般都有放在磁场中的线圈,当线圈中有电流通过时,它们将在磁场的作用下发生转动。下面用安培定律来研究磁场对载流线圈的作用。

如图 5.38 所示,在磁感强度为 $\boldsymbol{B}$ 的均匀磁场中,有一刚性矩形载流线圈 $MNOP$,它的边长分别为 l_1 和 l_2,电流为 I,流向为 $M \to N \to O \to P \to M$。设线圈平面的单位正法向矢量 $\boldsymbol{e}_n$ 的方向与磁感强度 $\boldsymbol{B}$ 方向之间的夹角为 θ,即线圈平面与 $\boldsymbol{B}$ 之间的夹角为 $\varphi(\varphi + \theta = \pi/2)$,并且 MN 边及 OP 边均与 $\boldsymbol{B}$ 垂直。

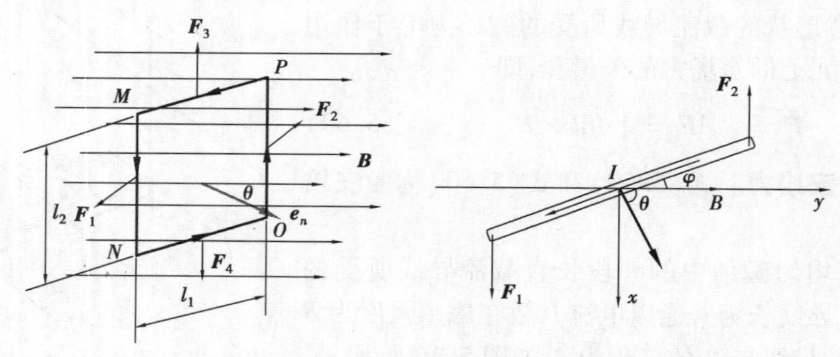

图 5.38　矩形载流线圈在均匀磁场中所受的磁力矩

根据式(5.61)可以求得磁场对导线 NO 段和 PM 段作用力的大小分别为

$$F_4 = BIl_1 \sin \varphi$$

$$F_3 = BIl_1 \sin(\pi - \varphi) = BIl_1 \sin \varphi$$

$\boldsymbol{F}_3$ 和 $\boldsymbol{F}_4$ 这两个力的大小相等、方向相反,并且在同一直线上,所以对整个线圈来说,它们的合力矩为零。

而导线 MN 段和 OP 段所受磁场作用力的大小则分别为

$$F_1 = BIl_2$$

$$F_2 = BIl_2$$

这两个力的大小相等,方向也相反,但不在同一直线上,它们的合力虽为零,但对线圈要产生磁力矩 $M = F_1 l_1 \cos\varphi$。由于 $\varphi = \pi/2 - \theta$,所以 $\cos\varphi = \sin\theta$,则有

$$M = F_1 l_1 \cos\varphi = BIl_2 l_1 \sin\theta$$

或

$$M = BIS\sin\theta \tag{5.62}$$

式中 $S = l_1 l_2$ 为矩形线圈的面积。大家记得,IS 为线圈的磁矩 m,其矢量式为 $\boldsymbol{m} = IS\boldsymbol{e}_n$,此处 $\boldsymbol{e}_n$ 为线圈平面的单位正法向矢量。因为角 θ 是 $\boldsymbol{e}_n$ 与磁感强度 $\boldsymbol{B}$ 之间的夹角,所以式(5.62)用矢量表示则为

$$\boldsymbol{M} = IS\boldsymbol{e}_n \times \boldsymbol{B} = \boldsymbol{m} \times B \tag{5.63}$$

如果线圈不只一匝,而是 N 匝,那么线圈所受的磁力矩应为

$$\boldsymbol{M} = NIS\boldsymbol{e}_n \times \boldsymbol{B} \tag{5.64}$$

【案例5.7】　载流线圈不同位置状态下的几种情况:

(1)当载流线圈的 $\boldsymbol{e}_n$ 方向与磁感强度 $\boldsymbol{B}$ 的方向相同(即 $\theta = 0°$),亦即磁通量为正向极大时,$M = 0$,磁力矩为零。此时线圈处于平衡状态,如图5.39(a)所示。

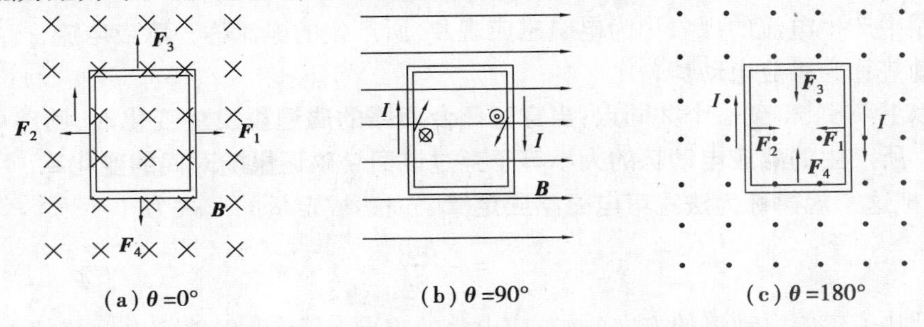

图5.39　载流线圈的方向与磁场方向成不同角度时的磁力矩

(2)当载流线圈 $\boldsymbol{e}_n$ 方向与磁感强度 $\boldsymbol{B}$ 的方向相垂直(即 $\theta = 90°$),亦即磁通量为零时,$M = NISB$,磁力矩最大,如图5.39(b)所示。

(3)当载流线圈 $\boldsymbol{e}_n$ 方向与磁感强度 $\boldsymbol{B}$ 的方向相反(即 $\theta = 180°$)时,$M = 0$,这时也没有磁力矩作用在线圈上,如图5.39(c)所示。不过,在这种情况下,只要线圈稍稍偏过一个微小角度它就会在磁力矩作用下离开这个位置,而最终稳定在 $\theta = 0°$ 的平衡状态。所以常把 $\theta = 180°$ 时线圈的状态称为**不稳定平衡状态**,而把 $\theta = 0°$ 时线圈的状态称为**稳定平衡状态**。总之,不用把注意力集中于线圈的运动,更简单的理解就是磁场对载流线圈作用的磁力矩,总是要使线圈转到它的 $\boldsymbol{e}_n$ 方向与磁感强度 $\boldsymbol{B}$ 的方向相一致的稳定平衡位置。

磁场对载流线圈作用力矩的规律是制成各种电动机、动圈式电表和电流计等机电设备和仪表的基本原理。磁力矩的计算公式虽然是由矩形线圈推导出来的,但可以证明它对任意形状的平面线圈都是适用的。

5.5.3　电磁感应现象及应用

(1)电磁感应现象——法拉第电磁感应定律

【历史资料】　迈克尔·法拉第(Michael Faraday,1791—1867),英国著名物理学家、化学家(见图5.40)。在化学、电化学、电磁学等领域都作出过杰出贡献。他生于一个贫苦铁匠家庭,未

图 5.40　迈克尔·法拉第

受过系统的正规教育，但却在众多领域中作出惊人成就，1824 年 1 月当选皇家学会会员，1825 年 2 月任皇家研究所实验室主任，1833—1862 年任皇家研究所化学教授，1846 年荣获伦福德奖章和皇家勋章。

1831 年 8 月，法拉第把两个线圈绕在一个软铁圆环上，线圈 A 的两端接直流电源，线圈 B 的两端用一根很长的铜导线连接。让铜导线通过一个距离（距铁环 3 ft（1 ft = 0.304 8 m）远），铜导线旁放置一根磁针。法拉第发现，当线圈 A 的电路接通的瞬间，磁针振荡起来，说明线圈 B 中产生了电流。如果维持线圈 A 的通电状态，磁针没有反应；断开线圈 A 与电源的连接，磁针再次被扰动。法拉第认识到这种现象的产生有特殊性——与瞬间变化的过程相联系。

1831 年 11 月 24 日，法拉第向英国皇家学会提交的一份报告，概括了可以产生电流的 5 种类型：变化中的电流、变化中的磁场、运动的恒定电流、运动的磁铁、在磁场中运动的导线。

在线圈中产生电流的现象称为**电磁感应现象**，所产生的电流称为**感应电流**，产生感应电流对应的电动势称为**感应电动势**。

总结以上事实，得到一个共同点：**当穿过闭合回路的磁通量发生变化时，回路中将产生感应电动势。所产生的感应电动势的大小等于穿过该回路磁通量随时间的变化率**。为了纪念法拉第，人们把这个规律称为**法拉第电磁感应定律**。表达成定量的形式为

$$\varepsilon = -\frac{\mathrm{d}\Phi}{\mathrm{d}t} \tag{5.65}$$

负号反映了感应电动势的方向（或感应电流的方向）。在考虑感应电动势的大小时，可以略掉式中的负号。在 SI 制中电动势 ε 的单位为伏［特］（V），磁通量 Φ 的单位为韦［伯］（Wb），时间 t 的单位为秒（s）。

如果使穿过 N 匝线圈的磁通量发生变化，那么在每匝线圈中都会产生感应电动势，总感应电动势就是每匝的感应电动势之和。设通过每匝线圈的磁通量都为 Φ，有

$$\varepsilon = -N\frac{\mathrm{d}\Phi}{\mathrm{d}t} = -\frac{\mathrm{d}\Psi}{\mathrm{d}t} \tag{5.66}$$

式中 $\Psi = N\Phi$，称为**磁链**。

穿过回路的磁通量是增加还是减小，与回路中产生的感应电动势的方向或说感应电流的方向有关。感应电流的方向用楞次定律去判断。

（2）**楞次定律**

在法拉第发现电磁感应现象后不久，俄国物理学家海因里希·楞次（Heinrich Friedrich Lenz）提出了一条用于确定回路中感应电流方向的定则，现称为**楞次定律**，表述为：

闭合回路中感应电流的方向，总是使它所激发的磁场来阻碍或反抗引起感应电流的磁通量的变化。

也可表述为：

感应电流的效果总是反抗产生感应电流的原因。

例如，把一条形磁铁的 N 极插入线圈的过程中，从右向左穿过线圈的磁通量在增加，线圈

中产生的感应电流所激发的磁场要阻碍磁通量的这种变化,感应电流激发的磁场的磁感线就应该如图 5.41 中的虚线所示。根据环形电流在空间产生的磁场知识可知,感应电流 i 的方向是图中标示的方向。当条形磁铁从线圈中拔出时,穿过线圈的磁通量减少,线圈中产生的感应电流所激发的磁场要阻碍磁通量的减小,线圈中产生的感应电流方向必然相反。

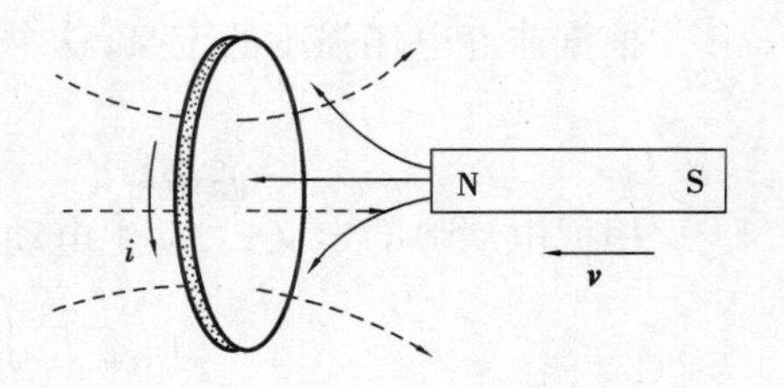

图 5.41　楞次定律

从图 5.41 可见,这时如果把产生感应电流的线圈看成一根磁棒的话,N 极在右侧,S 极在左侧。条形磁铁的 N 极在插入线圈的过程中,线圈的 N 极与之相互排斥,外力必须克服这个排斥力做机械功才能将条形磁铁插入线圈中。正是这个机械功转化为线圈中感应电流的焦耳热。

当条形磁铁从线圈中拔出时,线圈的 N 极在左侧,S 极在右侧。则线圈的 S 极吸引条形磁铁的 N 极阻碍其远离,外力必须克服这个吸引力做机械功而使条形磁铁离开。同样也使外力做的机械功转化为线圈中感应电流的焦耳热。

因此,**楞次定律是能量守恒定律在电磁感应现象上的具体体现**。正是由于能量守恒定律的成立,楞次定律才是正确的。

【问题聚焦】　如图 5.42 所示,在匀强磁场中放置两根相互平行的金属导轨 ac、bd,在导轨上放置两根可自由移动的金属棒 ab、cd。问当 ab 向右运动时,cd 如何移动?

(3)**动生电动势、感生电动势**

根据法拉第电磁感应定律,只要穿过回路的磁通量发生了变化,在回路中就会有感应电动势产生。由磁通量的计算公式 $\Phi = \int_S \boldsymbol{B} \cdot \mathrm{d}\boldsymbol{S}$ 可知,引起磁通量 Φ 变化的原因有两种情况:一是回路所在空间的磁场 $\boldsymbol{B}$ 不变,回路所围的面积 S 或面积取向发生变化;二是回路的面积 S 不变,回路所在空间的磁场发生变化。将前一种原因产生的感应电动势称为**动生电动势**,而后一种原因产生的感应电动势称为**感生电动势**。

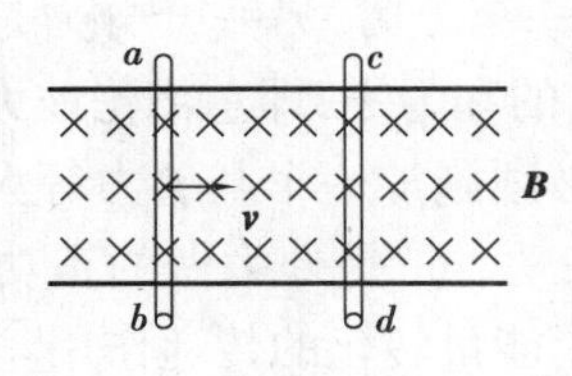

图 5.42　楞次定律的应用

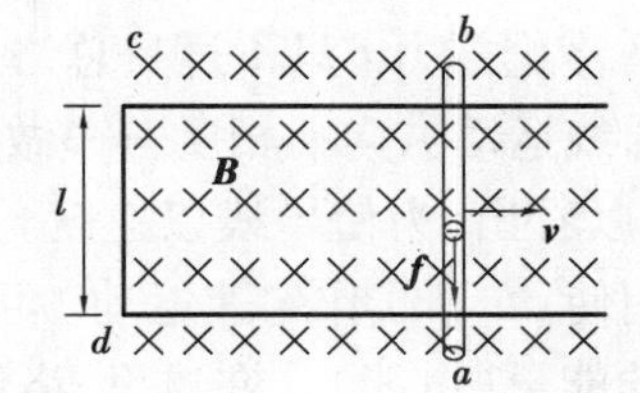

图 5.43　动生电动势

1)动生电动势

如图 5.43 所示,在磁感强度为 $\boldsymbol{B}$ 的均匀磁场中,有一长为 l 的导线 ab 在导轨上以速度 v 向右运动,v 与 $\boldsymbol{B}$ 垂直。在运动过程中,导线内每个自由电子都受到洛伦兹力 $\boldsymbol{f}$ 的作用,则 f 为

$$\boldsymbol{f} = (-e)\boldsymbol{v} \times \boldsymbol{B}$$

方向从 b 指向 a,它驱使电子沿导线由 b 向 a 移动。如果导轨是导体,电子将在回路 $dcba$ 中移动,在回路中形成电流,电流方向逆时针;如果导轨是绝缘体,致使导线 a 端积累了负电荷,b 端积累了正电荷,从而在 ab 导线内建立起静电场。当作用在电子上的静电场力 F_e 与洛伦兹力 $\boldsymbol{f}$ 相平衡,ab 两端便有稳定的电势差,ab 两端的电动势称为动生电动势,b 端电势比 a 端电势高。由此可知,此时运动中的导线等效为电源,这个电源中的非静电力就是洛伦兹力。

根据非静电场强度的定义,这个电源的非静电场强度为

$$\boldsymbol{E}_{\mathrm{k}} = \frac{\boldsymbol{f}}{-e} = \boldsymbol{v} \times \boldsymbol{B} \tag{5.67}$$

根据电动势的定义式,动生电动势为

$$\varepsilon = \int_{-}^{+} \boldsymbol{E}_{\mathrm{k}} \cdot \mathrm{d}\boldsymbol{l} = \int_{a}^{b} (\boldsymbol{v} \times \boldsymbol{B}) \cdot \mathrm{d}\boldsymbol{l} \tag{5.68}$$

在这里,ab 两端产生的动生电动势为

$$\varepsilon = \int_{a}^{b} (\boldsymbol{v} \times \boldsymbol{B}) \cdot \mathrm{d}\boldsymbol{l} = \int_{a}^{b} (vB\sin 90^{\circ}) \cdot \mathrm{d}l \cdot \cos 0^{\circ} = vB\int_{a}^{b} \mathrm{d}l = Blv$$

上式就是一段直导线在作切割磁感线运动时导线两端产生的感应电动势。

一般而言,一个任意形状的导线 L,在稳恒磁场中运动,导线上各个线元 $\mathrm{d}\boldsymbol{l}$ 的速度 v、所在处的磁感强度 $\boldsymbol{B}$ 都可能不同,这时整个导线中产生的动生电动势为

$$\varepsilon = \int_{L} (\boldsymbol{v} \times \boldsymbol{B}) \cdot \mathrm{d}\boldsymbol{l} \tag{5.69}$$

式(5.69)提供了计算动生电动势的方法。

从上面的讨论中,认识到动生电动势中的非静电力就是洛伦兹力,是洛伦兹力把负电荷从导线的 b 端移向 a 端而做功,或是洛伦兹力把正电荷从电源的负极 a 端移向正极 b 端而做功。而根据洛伦兹力公式 $\boldsymbol{f} = (-e)\boldsymbol{v} \times \boldsymbol{B}$ 可知,洛伦兹力总是垂直于电荷的运动速度,洛伦兹力是不做功的。这是不是矛盾的?

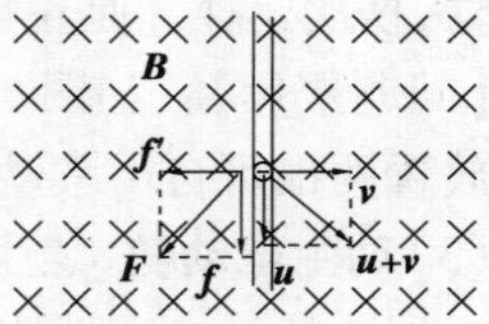

图 5.44　洛伦兹力不做功

其实并不矛盾,如图 5.44 所示。在导线以 v 的运动过程中,电子在导线中运动速度为 $\boldsymbol{u}$,电子参与了两个运动,合速度为 $\boldsymbol{u}+\boldsymbol{v}$,电子受到的总洛伦兹力为

$$\boldsymbol{F} = (-e)(\boldsymbol{u}+\boldsymbol{v}) \times \boldsymbol{B} = (-e)\boldsymbol{u} \times \boldsymbol{B} + (-e)\boldsymbol{v} \times \boldsymbol{B} = \boldsymbol{f}' + \boldsymbol{f}$$

总洛伦兹力 $\boldsymbol{F}$ 与合速度 $\boldsymbol{u}+\boldsymbol{v}$ 垂直,总洛伦兹力并不做功。

前面提到的洛伦兹力 $\boldsymbol{f}$ 只不过是总洛伦兹力 $\boldsymbol{F}$ 的一个分力,另一个分力是 $\boldsymbol{f}'$。$\boldsymbol{f}$ 做正功,分力 $\boldsymbol{f}'$ 方向与导线运动方向 $\boldsymbol{v}$ 相反——做负功,二者功的和为零,即总洛伦兹力 $\boldsymbol{F}$ 不做功。

同时,也可以看出,为使导线以速度 v 匀速运动,必须施加一个与 $\boldsymbol{f}'$ 力等大、反向的外力,以克服 $\boldsymbol{f}'$ 力作用使 ab 导线作匀速运动。可见外力做正功。正是外力做的正功(机械能)转化为回路中电流的能量(电能)。在这里,洛伦兹力起到了能量转化的传递作用。

2)感生电动势和感生电场

把一根条形磁铁插入线圈的过程中,线圈面积没有改变,线圈所在空间磁场发生变化使穿过线圈的磁通量发生变化,在回路中产生了感应电流。法拉第发现的两个绕在一个软铁圆环上的线圈,一个线圈通以变化的电流,在另一线圈中产生感应电流的现象,也与此有相同之处。在回路中形成的感应电动势称为**感生电动势**。

电源中都有一种非静电力,它迫使正电荷从电源的负极移动到正极而做正功。做功本领的大小用电动势来描述。那么产生感生电动势的非静电力是什么呢?麦克斯韦在分析、总结法拉第等人在电磁学方面的成就后,提出如下假设:变化的磁场在其周围空间要激发电场,这种电场称为**感生电场**,也称**涡旋电场**,用 $\boldsymbol{E}_{\mathrm{k}}$ 表示。产生感生电动势的非静电力正是感生电场力。

实验证明**变化的磁场空间存在感生电场**。

感生电场与静电场有相同之处,也有不同之处。相同之处在于它们都是一种客观存在的物质,都对电荷有力的作用。不同之处在于静电场存在于静止电荷周围的空间内,感生电场则是由变化磁场所激发,不是由电荷所激发;静电场的电场线是始于正电荷、终于负电荷,而感生电场的电场线则是闭合的。

由电动势的定义,结合法拉第电磁感应定律,变化的磁场在任意闭合回路内产生的感生电动势为

$$\varepsilon = \oint_L \boldsymbol{E}_{\mathrm{k}} \cdot \mathrm{d}\boldsymbol{l} = -\frac{\mathrm{d}\Phi}{\mathrm{d}t} \tag{5.70}$$

这个感生电动势的表达式,不只对由导体所构成的闭合回路适用,对真空中的回路也适用。这就是说,只要穿过空间内某一闭合回路所围面积的磁通量发生变化,那么此闭合回路上的感生电动势总是等于感生电场 $\boldsymbol{E}_{\mathrm{k}}$ 对该回路的环流。如果闭合回路中有可以自由移动的电荷,在回路中就形成感应电流,反之只产生感生电动势。

由此,可进一步说明感生电场的性质。静电场是一种保守场,沿任意闭合回路静电场的电场强度(用 $\boldsymbol{E}_{\mathrm{e}}$ 表示,以示区别)环流恒为零,即 $\oint_L \boldsymbol{E}_{\mathrm{e}} \cdot \mathrm{d}\boldsymbol{l} = 0$。而感生电场与静电场不同,它沿任意闭合回路的环流一般不等于零,即 $\oint_L \boldsymbol{E}_{\mathrm{k}} \cdot \mathrm{d}\boldsymbol{l} \neq 0$。所以说感生电场不是保守场。

对于 L 围成的面积 S,磁通量为

$$\Phi_{\mathrm{m}} = \int_S \boldsymbol{B} \cdot \mathrm{d}\boldsymbol{S}$$

这样,感应电动势也可写成

$$\varepsilon = \oint_L \boldsymbol{E}_{\mathrm{k}} \cdot \mathrm{d}\boldsymbol{l} = -\frac{\mathrm{d}}{\mathrm{d}t}\int_S \boldsymbol{B} \cdot \mathrm{d}\boldsymbol{S}$$

若闭合回路是静止的,它所围的面积 S 也不随时间变化,可以把对时间的微商和对曲面的积分两个运算的顺序交换,写成偏微商形式,则有

$$\oint_L \boldsymbol{E}_{\mathrm{k}} \cdot \mathrm{d}\boldsymbol{l} = -\int_S \frac{\partial \boldsymbol{B}}{\partial t} \cdot \mathrm{d}\boldsymbol{S} \tag{5.71}$$

式中,$\frac{\partial \boldsymbol{B}}{\partial t}$ 是闭合回路所围面积内面元 $\mathrm{d}\boldsymbol{S}$ 所在处的磁感强度随时间的变化率。式(5.70)是法拉第电磁感应定律的积分形式。

如果空间同时存在静电场 $\boldsymbol{E}_{\mathrm{e}}$,则空间总电场 $\boldsymbol{E} = \boldsymbol{E}_{\mathrm{e}} + \boldsymbol{E}_{\mathrm{k}}$。考虑 $\oint_L \boldsymbol{E}_{\mathrm{e}} \cdot \mathrm{d}\boldsymbol{l} = 0$,有

$$\oint_L \boldsymbol{E} \cdot \mathrm{d}\boldsymbol{l} = -\int_S \frac{\partial \boldsymbol{B}}{\partial t} \cdot \mathrm{d}\boldsymbol{S}$$

这是麦克斯韦方程组的基本方程之一。

应当指出的是,自感现象也是很重要的电磁感应现象。如当一个线圈(或线圈绕组)中的电流 i 发生变化时,由于磁场的变化,通过线圈自身的磁通量 Φ 也随之变而化,于是线圈自身便出现感应电动势,称为**自感电动势**,这种现象称为**自感现象**。

由于电流产生的磁场总是正比于电流,因此,通过线圈自身的磁通量一定也与电流成正比,写成等式有

$$\Phi = Li \tag{5.72}$$

其中,L 是比例系数,称为该线圈的**自感系数**(简称"**自感**")。自感系数的单位为亨[利](H),1 H=1 T·m²/A。常常要用到毫亨(mH)和微亨(μH),1 mH = 10^{-3} H,1 μH = 10^{-6} H。

(4)**磁场的能量**

【案例 5.8】 自感现象能演示磁场能量的存在。

在如图 5.45 所示的自感现象的演示实验中,在合上开关、电路达到稳态后断开开关,A、B 两灯泡会闪亮一下逐渐熄灭,这时给灯泡提供的能量并不是来自电源,因为电源已经没有接入回路。给灯泡提供的能量又是来自何处?随着电流的消失,线圈中的磁场也逐渐消失,这个能量就是原来储存在线圈中磁场的能量转化而来的。

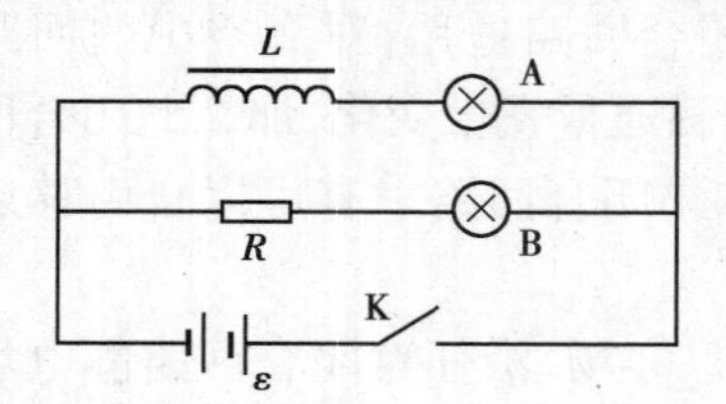

图 5.45 自感现象

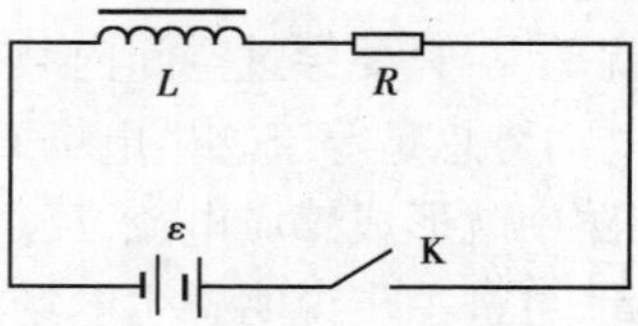

图 5.46 RL 电路

如图 5.46 所示的 RL 电路,在开关 K 未闭合时,电路中没有电流,线圈内也没有磁场。开关闭合后,线圈中的电流逐渐增大,最后达到稳定值 I。在电流增大的过程中,线圈中有自感电动势,它会阻止磁场的建立,与此同时,在电阻 R 上释放出焦耳热。因此,电流在线圈内建立磁场的过程中,电源供给的能量分成两个部分:一部分转换为热能;另一部分则转换成线圈内的磁场能量。

当 $t=0$ 时,电路中 $i=0$;若在 t 时,电流增长到稳定电流 I,在线圈中建立一定强度的磁场,而没有其他变化,因此电源因自感电动势所做的功转换为线圈中磁场的能量,即线圈中磁场的能量为

$$W_m = \frac{1}{2}LI^2 \tag{5.73}$$

为了简便起见,以长直螺线管为例进行讨论①。若长直螺线管单位长度的匝数为 n,体积为 V,管内磁介质的磁导率为 μ,则它的自感为 $L=\mu n^2 V$。螺线管中通有电流 I 时,螺线管中的磁感强度为 $B=\mu nI$。将其代入式(5.73),可得螺线管内磁场的能量为

$$W_m = \frac{1}{2}LI^2 = \frac{1}{2}\cdot\mu n^2 V\cdot\left(\frac{B}{\mu n}\right)^2 = \frac{1}{2}\frac{B^2}{\mu}V \tag{5.74}$$

式(5.74)表明,磁场能量与磁感强度、磁导率和磁场空间的体积有关。由此又可得出单位体积磁场的能量——磁场能量密度 ω_m 为

$$\omega_m = \frac{W_m}{V} = \frac{1}{2}\frac{B^2}{\mu} \tag{5.75}$$

式(5.75)表明,磁场能量密度与磁感强度的二次方成正比。对于各向同性的均匀介质,磁感强度和磁场强度的关系为 $\boldsymbol{B}=\mu\boldsymbol{H}$,代入式(5.75),有

① 详见参考文献:毛俊健,顾牧. 大学物理学[M]. 北京:高等教育出版社,2013.

$$\omega_m = \frac{1}{2}\mu H^2 = \frac{1}{2}\boldsymbol{B} \cdot \boldsymbol{H} \tag{5.76}$$

需要指出的是，式(5.76)虽然是从长直螺线管这一特例导出的，但具有普遍性，即任意磁场某处的磁场能量密度都可以用式(5.76)表示。

引入磁场能量密度 ω_m 后，体积为 V 的磁场能量为

$$W_m = \int_V \omega_m \mathrm{d}V = \int_V \frac{1}{2}\frac{B^2}{\mu}\mathrm{d}V \tag{5.77}$$

(5)电磁感应现象的应用

1)电子感应加速器

电子感应加速器(简称"感应加速器")，是回旋加速器的一种。它是由美国物理学家克斯特(D. W. Kerst)在1940年研制成功的。它利用变化磁场激发的感生电场来加速电子以获得高能的一种装置。

图5.47是电子感应加速器基本结构的原理图，在圆形电磁铁的N、S磁极间放一个环形真空室，电磁铁是由频率为几十赫兹的强大交变电流来激磁的，磁极间的磁场呈对称分布。当两磁极间的磁场发生变化时，在环形真空室内激起感生电场，感生电场线是圆形。此时若用电子枪将电子沿切线方向射入环形真空室，电子将受到感生电场力作用和空间磁场对它的洛伦兹力作用。由于磁场与感生电场都是周期性变化的，只有当：

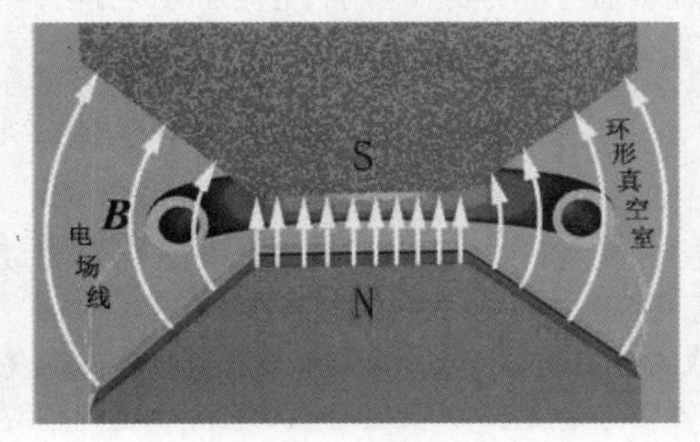

图5.47　电子感应加速器结构原理图

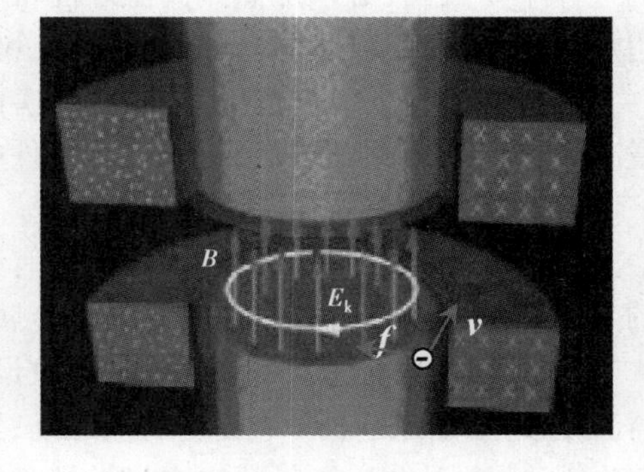

图5.48　感生电场方向

①电子在洛伦兹力 $\boldsymbol{f}$ 作用下作圆周运动；

②电子运动方向与 $\boldsymbol{E}_k$ 方向相反作加速运动。

两个条件同时满足时，电子才能在环形真空室内作加速圆周运动，速度才能得到提高。这时，电子运动速度 $\boldsymbol{v}$、洛伦兹力 $\boldsymbol{f}$、感生电场 $\boldsymbol{E}_k$、空间磁场 $\boldsymbol{B}$ 方向情况如图5.48所示。

每次电子被加速后，要在感生电场 $\boldsymbol{E}_k$ 方向改变前及时引出。电子作加速圆周运动的时间最长只有交变电流周期的1/4。这个时间看起来虽短，但在这段时间内电子已在环形真空室内加速绕行了几十万圈，速度可以接近光速。

2)涡电流

当大块导体处在变化的磁场中时，在这块导体中会激起感应电流。这种在大块导体内流动的感应电流，称为**涡电流**(简称"**涡流**")。

涡电流在工程技术上应用较广。

①涡电流的热效应。如图5.49(a)所示，在一个绕有线圈的铁芯上端放置一个盛有冷水的铜杯，把线圈的两端接到交流电源上，过几分钟，杯内的冷水就变热，甚至沸腾起来。

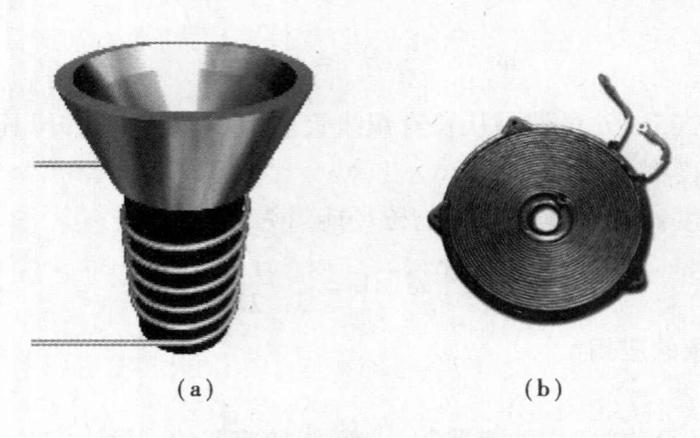

图 5.49　涡电流的热效应

这是因为,当绕在铁芯上的线圈中通有交流电时,穿过铜杯中每个回路包围面积的磁通量都在不断地变化,因此,在这些回路中便产生感应电动势,并形成环形感应电流。由于铜杯的电阻很小,涡电流就很大,因此能够产生大量的热量,使杯中的冷水变热。

工厂中冶炼合金时常用的工频感应炉,也是利用待冶炼的金属块中涡流的热量使金属块熔化的;家用电磁炉也是同样的工作原理。图 5.49(b)是电磁炉所使用的线圈。

②用涡电流加热金属电极。制作电子管、显像管、激光管等真空管时,管内金属电极吸附的气体不易放出,必须加热到高温才能很快放出而被抽走。实际中利用涡电流加热的方法,一边加热,一边抽气,然后封口,从而确保管件中的真空度。

在某些情况下,涡电流发热是很有害的,不仅浪费了电能,绝缘材料也会被烧坏,此时应尽量减少涡流。为此,电机和变压器等器件中的铁芯都是用一片片硅钢片叠合而成。

3)金属探测器

在很多场所,需要探测金属物体的有无,如考场、机场和车站等地方的安全检查,敌方埋藏的具有金属零部件的地雷或地下其他金属物的探测等。

金属探测器就是利用电磁感应现象设计制成的。其基本工作原理是金属探测器中的振荡器激励发射线圈产生一个交变的电磁场,当探测器接近金属物时,交变电磁场在金属物内感应产生涡电流,涡电流辐射的二次场被接收线圈接收,经高灵敏度的取样检波电路检出该信号,再经过电子线路处理,由发声或发光器件发出报警信号,图 5.46 是一种金属探测器的照片。

4)感应圈与点火器

在生活和生产中,往往需要一个点火器,如煤气点火器、打火机、汽车发动机的启动与工作等,那么,利用什么原理来制作这些点火装置呢?希望通过感应圈对你有所启发。

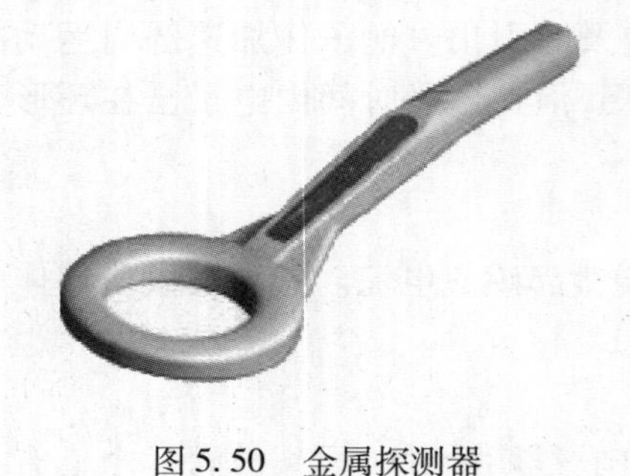

图 5.50　金属探测器

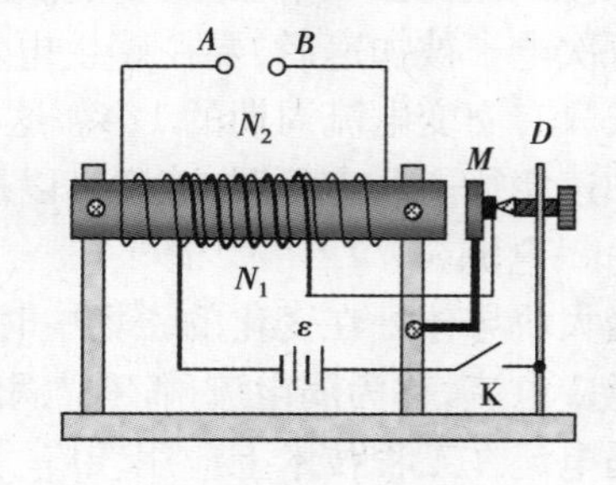

图 5.51　感应圈

感应圈是利用互感原理,由低压直流电源获得高电压的一种装置。其结构示意图如图5.51所示。在铁芯上绕有两个线圈,初级线圈的匝数 N_1 较少,次级线圈的匝数 N_2 很大($N_2 >> N_1$)。初级线圈 N_1、低压直流电源 ε、开关K、螺钉 D、软铁 M 组成一个闭合回路。其中软铁 M 装在一个弹簧片上,螺钉 D 的横向进度可以调节,开关断开时,M、D 接通。

闭合开关K,初级线圈内就有电流通过,铁芯因被磁化而吸引软铁 M,使之与螺钉 D 分离,于是电路被切断,铁芯的磁性随之消失。这时,软铁 M 在弹簧片的弹力作用下又重新和螺钉 D 相接触,电路又被接通。这个过程将自动、反复地进行。由于 M、D 的时通时断,使初级线圈中电流也不断地变化,因此,通过线圈的互感就在次级线圈中产生感应电动势。由于次级线圈的匝数比初级线圈的匝数多得多,所以在次级线圈中能获得高达上万伏甚至几万伏的电压。如果次级线圈的 A、B 两端离的较近,在 A、B 之间会产生火花放电现象。如果 A、B 之间有可燃气体,可燃气体将被点燃。

5)磁感应水雷

水雷是一种具有悠久历史的兵器,在我国明代嘉靖三十七年(1558年)唐顺之编著的《武编》一书中就有过使用水雷的记载。几百年来,特别是第一次世界大战以来,人类在战争中布设的水雷有几十万甚至上百万颗。

随着科学技术的发展,水雷的种类也日新月异。有一种水雷,其引爆的原理利用的就是电磁感应现象。我们知道,现代舰船是由钢铁材料制成的。在地球磁场的作用下,舰船被磁化,成为一个在水面上移动的"磁铁"。磁感应水雷中装有由几万圈导线做成的磁感应线圈。当移动的舰船经过水雷附近时,舰船的磁场扫过感应线圈,穿过线圈的磁通量就会发生改变,在线圈中产生感应电流和感应电动势。水雷利用这个信号接通引爆电路,使水雷爆炸,从而炸毁舰船。

【问题聚焦】　想想生活中还有什么采用了电磁感应现象的应用?

5.6　电磁波、电磁波应用及污染防治

5.6.1　麦克斯韦的卓越贡献

【历史资料】　麦克斯韦(James Clerk Maxwell,1831—1879),19世纪伟大的英国物理学家、数学家,经典电磁理论的奠基人,气体动理论的创始人之一(见图5.52)。

图5.52　麦克斯韦

他提出了涡旋电场和位移电流的概念,建立了经典电磁理论,并预言了电磁波的存在。他的《电磁学通论》与牛顿时代的《自然哲学的数学原理》并驾齐驱,是人类探索电磁规律的一个里程碑。正如爱因斯坦所说:"这是自牛顿以来物理学所经历的最深刻和最有成果的一项真正观念上的变革。"所以人们常称麦克斯韦是电磁学上的牛顿。在气体动理论方面,他还提出气体分子按速率分布的统计规律。

麦克斯韦位移电流的引入,揭示了电场和磁场的内在联系,反映了自然界的对称性:变化的磁场产生涡旋电场,变化的电场

产生涡旋磁场。两种变化的场永远相互联系着,形成统一的电磁场。

引入麦克斯韦涡旋电场和位移电流等概念,经修改后的4个电磁场方程,称为麦克斯韦方程组(积分形式),即

$$\begin{cases}\oint_S \boldsymbol{D}\cdot \mathrm{d}\boldsymbol{S} = \sum_{S_内} q \\ \oint_l \boldsymbol{E}\cdot \mathrm{d}\boldsymbol{l} = -\int_S \frac{\partial \boldsymbol{B}}{\partial t}\cdot \mathrm{d}\boldsymbol{S} \\ \oint_S \boldsymbol{B}\cdot \mathrm{d}\boldsymbol{S} = 0 \\ \oint_l \boldsymbol{H}\cdot \mathrm{d}\boldsymbol{l} = \sum I + \int_S \frac{\partial \boldsymbol{D}}{\partial t}\cdot \mathrm{d}\boldsymbol{S}\end{cases} \tag{5.78}$$

方程组(5.78)表明,麦克斯韦电磁场理论完美地概括了静电场、稳恒磁场和电磁感应现象等电磁现象及规律,指出变化的电场会激发涡旋磁场,变化的磁场会激发涡旋电场,揭示了电场和磁场之间的内在联系,预言了电磁波的存在,即变化的电磁场是以波的形式在空间传播,传播速度为光速,指出光波是电磁波。

5.6.2　电磁波的产生与传播

麦克斯韦电磁理论告诉我们,如果空间有交变电流产生的变化的电场,就要在邻近空间激发变化的磁场,变化的磁场在邻近空间再激发变化的电场,变化的电场在较远的空间再激发变化的磁场,这样依次下去,在空间变化的电场和变化的磁场由近及远向外传播出去,形成电磁波。

下面从 LC 振荡电路开始,分析振荡电偶极子在空间形成电磁波的过程。

如图5.53所示,开关K与2接通时,电源给电容器 C 充电。充电结束后将开关K与1接通,这时电容 C 通过线圈 L 放电,在 L 和 C 组成的回路中有电流通过,该回路称为 LC 振荡电路。

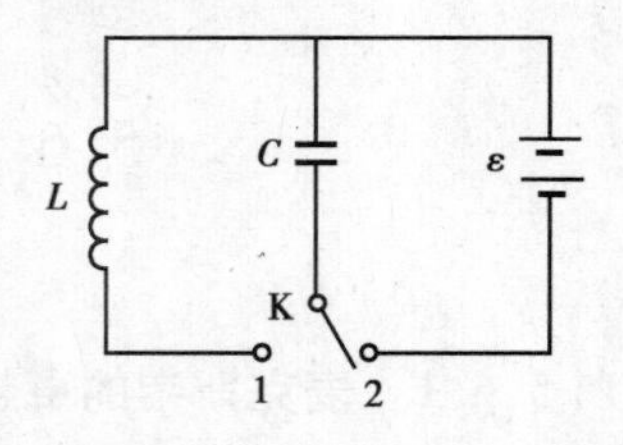

图5.53　LC 振荡电路

电容 C 在放电过程中,线圈中产生的自感电动势要阻碍回路中电流的变化,电流从零逐渐增加。当电容极板上的电量为零时,放电结束,回路中电流达到最大值。这时电容器中电场的能量全部转化为线圈中磁场的能量。

由于线圈中自感电动势的存在,接下来自感电动势给电容 C 反方向充电,使电容器的两极板带相反的电荷,电流由大到小。当电流减到零时,反方向充电结束,电容器极板上的电荷量达到最大值,线圈中磁场的能量全部转化为电场的能量。

然后,电容器又通过线圈放电,只不过这次回路中电流的方向与前面的电容器放电方向相反。其他量的变化情况相同。

此后,线圈中自感电动势又给电容 C 充电。同样,这次电流的方向与前面的线圈给电容充电的方向相反,其他量的变化情况也相同。

由上所述可知,在 LC 振荡电路中形成周期性变化的电流。通过计算可得电流变化的周期为

$$T = 2\pi\sqrt{LC} \tag{5.79}$$

如果不考虑回路中的电阻,这个振荡将不会停止,称为 LC 电磁振荡,也称为**无阻尼自由电磁振荡**。

可见,在 LC 电磁振荡电路中,电容器中的电场能量与线圈中磁场的能量相互转换,电场和磁场也只存在于电容器和线圈中,并没有向外传播。

为了使变化的电场和变化的磁场向外空间传播出去形成电磁波,将电容器的两个极板面积缩小、距离拉开,同时为了增大频率减小线圈的匝数,这样敞开的 LC 振荡电路可以使变化的电场和磁场分散到周围的空间,形成电磁波,变化过程如图5.54所示。改造后的 LC 振荡电路称为**振荡电偶极子**。振荡电偶极子可作为电磁波的发射天线。

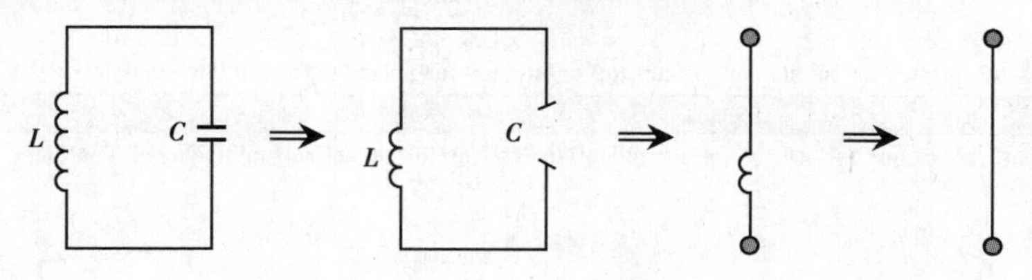

图5.54　电磁波的形成过程

5.6.3　电磁波的基本性质

根据麦克斯韦的电磁理论,可得到平面电磁波的一些基本性质:

(1)**平面电磁波是横波**

振动量电场强度 E 和磁场强度 H 都垂直于传播方向 x,所以说电磁波是横波,E、H、x 三者方向构成右手螺旋系。E 和 H 在各自的平面内振动这一特性,称为**横波的偏振性**。

(2)**E 和 H 同相位**

电场强度 E 和磁场强度 H 是同步变化,即同时达到最大值,同时达到最小值。

(3)**E 和 H 的大小成正比**

在有介质的空间某一点,E 和 H 的大小关系为

$$\sqrt{\varepsilon}E = \sqrt{\mu}H \tag{5.80}$$

(4)**电磁波的传播速度**

电磁波在介质中的传播速度为

$$v = \frac{1}{\sqrt{\varepsilon\mu}} \tag{5.81}$$

在真空中传播的速度为光速,即

$$c = \frac{1}{\sqrt{\varepsilon_0\mu_0}} = 2.998 \times 10^8 \text{ m/s} \tag{5.82}$$

(5)**电磁波传播的能量**

电磁波的传播过程是变化的电场和磁场向外空间传播的过程,而电场和磁场是有能量的,因此,电磁波的传播过程是能量的传播过程。设电磁波传播的能量密度为 S,如果考虑传播方向,写成矢量形式 $\boldsymbol{S}$,称为玻印亭矢量。计算可得

$$\boldsymbol{S} = \boldsymbol{E} \times \boldsymbol{H} \tag{5.83}$$

5.6.4 电磁波谱

按照波长或频率的顺序把电磁波排列起来，就是**电磁波谱**，如图5.55所示。如果把每个波段的频率由低至高依次排列的话，它们是工频电磁波、无线电波、红外线、可见光、紫外线、X射线及γ射线。以无线电的波长最长，γ射线的波长最短。

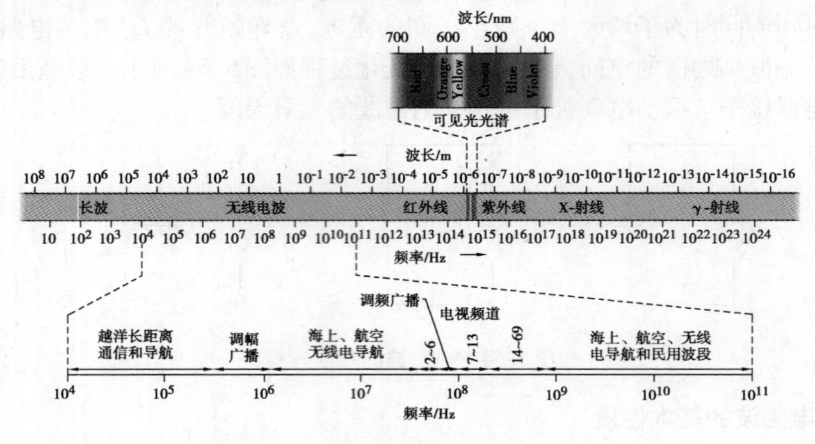

图5.55 电磁波图谱

表5.2 可见光的波长范围

可见光	波长范围/nm
红	620~760
橙	592~620
黄	578~592
绿	500~578
青	464~500
蓝	446~464
紫	400~446

5.6.5 电磁波的应用与防护

(1)电磁波的应用

电磁波的应用非常广泛，按频率的高低主要有：

①无线电波用于广播、电视、通信和导航等，详见表5.3。

②微波用于微波炉、卫星通信、雷达等。

③红外线用于遥控与遥感、热成像仪、红外制导导弹、红外理疗等。

④可见光是用来观察事物的基础。

⑤紫外线用于医用消毒、验证假钞(见图5.56)、测量距离等。

⑥X射线用于CT照相(见图5.57)、工程上的探伤、晶体结构和材料成分的分析等。

⑦伽马射线用于放疗，使原子发生跃迁从而产生新的射线等。

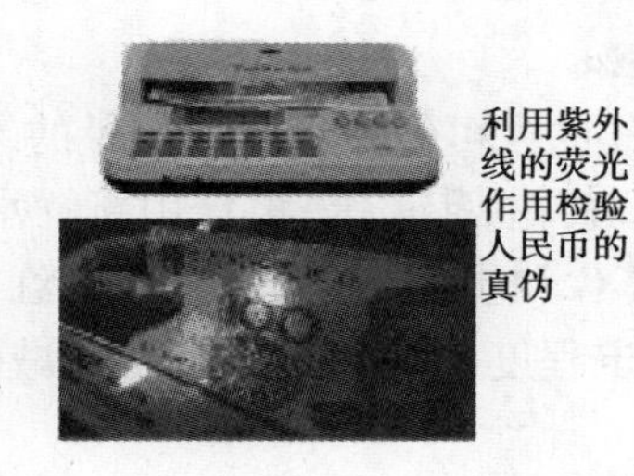

图5.56 紫外线防伪钞

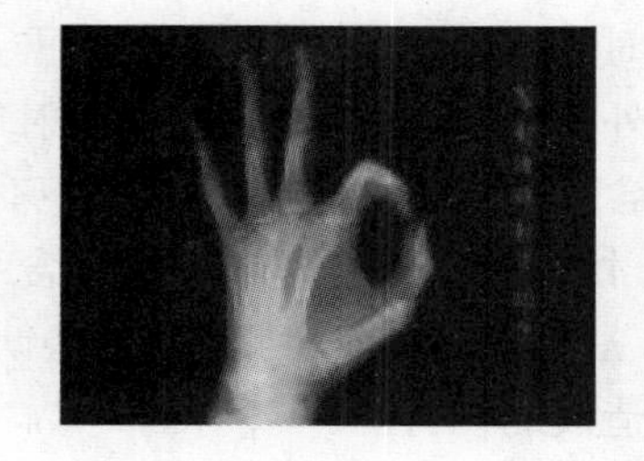

图5.57 X光片

表5.3 各种无线电波的范围及用途

波段	波长/m	频率/kHz	主要用途
长波	30 000 ~ 3 000	$10 \sim 10^2$	电报通信
中波	3 000 ~ 200	$10^2 \sim 1.5\times10^3$	无线电广播
中短波	200 ~ 50	$1.5\times10^3 \sim 6\times10^3$	电报通信、无线电广播
短波	50 ~ 10	$6\times10^3 \sim 3\times10^4$	电报通信、无线电广播
超短波(米波)	10 ~ 1.0	$3\times10^4 \sim 3\times10^5$	无线电广播电视、导航
分米波	1 ~ 0.1	$3\times10^5 \sim 3\times10^6$	电视、雷达、导航
微波(厘米波)	0.1 ~ 0.01	$3\times10^6 \sim 3\times10^7$	电视、雷达、导航
毫米波	0.01 ~ 0.001	$3\times10^7 \sim 3\times10^8$	雷达、导航、其他专门用途

(2)电磁波污染的防止

虽然在很多领域应用到电磁波,但电磁辐射在一定程度上对人体有伤害,如长期接受电磁辐射会造成人体免疫力下降、新陈代谢紊乱、记忆力减退、心率失常、视力下降、听力下降、血压异常、流产、畸胎,甚至导致各类癌症等,所以要采取适当的措施防护电磁波。

①标准的制定:1989年12月22日,国家卫生部颁布了《环境电磁波卫生标准》(GB 9175—88);我国有关部门制定了《电视塔辐射卫生防护距离标准》;国家环保局也颁布了《电磁辐射环境保护管理办法》等。

②根据电磁波随距离衰减的特性,为减少电磁波对居民的危害,应使发射强电磁波的工作场所和设施,如电视台、广播电台、雷达通信台站、移动通信基站、微波传送站等,尽量设在远离居住区的远郊或地势高的地区。必须设置在城市内、邻近居住区域和居民经常活动场所范围内的设施,如变电站等,应与居住区间保持一定安全防护距离,保证其边界符合环境电磁波卫生标准的要求。同时,对电磁波辐射源需选用能屏蔽、反射或吸收电磁波的铜、铝、钢等金属丝或高分子膜等材料制成的物品进行电磁屏蔽,将电磁辐射能量限制在规定的空间内。

③高压特别是超高压输电线路应远离住宅、学校、运动场等人群密集区。

④使用计算机时,应选用低辐射显示器,持续使用时间不宜过长,并保持人体与显示屏正面不少于75 cm的距离,侧面和背面不少于90 cm,最好加装屏蔽装置。

⑤为减少家庭居室内电磁污染及其有害作用,应科学使用家用电器。例如,观看电视或家庭影院、收听组合音响时,应保持较远的距离,并避免各种电器同时开启。

⑥使用手机时,尽量减少通话时间;手机天线顶端要尽可能偏离头部;使用耳机接打电话。

携带手机时应尽量远离心脏、肾脏等重要人体器官。

⑦另外,经常在有较强的电磁辐射环境中生活和工作的人可每天服用一定量的维生素C,或多吃富含维生素C的新鲜蔬菜,如辣椒、柿子椒、香椿、菜花、菠菜等;多食用新鲜水果,如柑橘、枣等。饮食中也注意多吃一些富含维生素A、维生素C和蛋白质的食物,如西红柿、瘦肉、动物肝脏、豆芽等;经常喝绿茶。这些饮食措施,可在一定程度上起到积极预防和减轻电磁辐射对人体造成的伤害。

电磁波辐射是近三四十年才被人们认识的一种新的环境污染,现在人们对电磁辐射的危害及程度仍处于认识和研究阶段。在人们越来越注重生活质量的今天,防患于未然还是非常有必要。

思考题

1. 什么是场强叠加原理? 利用场强叠加原理计算场强的一般步骤是什么?

2. 有两个相同的平面,通过它们的电场线条数相等,若一为垂直通过,一为倾斜穿过,问通过哪一平面的电通量较大?

3. 利用高斯定理能解什么样场的场强? 怎样选取高斯面?

4. 静电场的环路定理数学表达式是什么? 怎样叙述? 它表明静电场的什么性质?

5. 在什么条件下用电势的定义计算电势? 在什么条件下用电势叠加原理计算电势? 用电势叠加原理计算电势时,电势零点在什么位置?

6. 一个孤立导体球带有电量 q,其表面场强沿什么方向? 当把另一个带电导体移近导体球时,球表面场强沿什么方向? 其表面是否是等势面? 电势有无变化?

7. 雷雨天气,你被困户外,为什么不能站在树下? 你不将两腿分开站立的理由是什么? 为什么躺在地上是非常危险的?

8. 电容器充电后拆去电源,将一介质板放到两极板之间,定性描述电荷、电容、电势差、电场强度与储存的能量怎么变化? 如果电容器充电后不拆去电源,将介质板插到两级之间,上述各量又怎么变化?

9. 静电是什么产生的? 有什么危害? 该怎样防止?

10. 稳恒电场是怎么产生的? 它和静电场有什么区别与联系?

11. 为什么刚打开的白炽灯灯泡中的电流比过一会儿之后的电流更大?

12. 住在加拿大北部的居民比住在墨西哥的居民遭受到更多的宇宙射线的轰击,为什么?

13. 磁感应线和电场线在表征场的性质方面有哪些相似之处?

14. 磁场的高斯定理的数学表达式是什么? 它表明磁场的什么性质?

15. 安培力和洛伦兹力的关系是怎样的? 怎么计算一段载流导线在磁场中所受的安培力?

16. 如果一个电子在通过空间某一区域时不偏转,我们能否肯定这个区域没有磁场呢?

17. 稳恒电场怎么产生的? 涡旋电场是由谁产生的? 它们和静电场有哪些区别?

18. 你认为电磁波的频率与接收天线中电子振荡的频率有什么关系?

练习题

1. 高斯定理表明静电场是________________场。任意高斯面上的静电场强度通量积分结果仅仅取决于该高斯面内全部电荷的代数和。现有如习题1图所示的3个闭合曲面 S_1、S_2、S_3，通过这些高斯面的电场强度通量计算，结果分别为 $\boldsymbol{\Phi}_1 = \oint\!\!\oint_{S_1} \boldsymbol{E}\cdot \mathrm{d}\boldsymbol{S}$，$\boldsymbol{\Phi}_2 = \oint\!\!\oint_{S_2} \boldsymbol{E}\cdot \mathrm{d}\boldsymbol{S}$，$\boldsymbol{\Phi}_3 = \oint\!\!\oint_{S_3} \boldsymbol{E}\cdot \mathrm{d}\boldsymbol{S}$，则 $\boldsymbol{\Phi}_1 =$ ________________ $\boldsymbol{\Phi}_2 + \boldsymbol{\Phi}_3 =$ ________________。

2. 电容器的电容与其是否带电________________，通常情况下，其极板面积越小，极间距离越大，电容也越________________。

3. 两个电容器的电容分别为 $8C$ 和 $3C$，并联后的等效电容为________________；串联后的等效电容为________________。

4. 在磁感应强度 $B=0.8$ T 的匀强磁场中，有一根与磁场方向垂直的长 $L=3$ m 的直载流导线，其电流 $I=3.0$ A，此时载流导线所受的磁场力大小为______________。

5. 如习题5图所示，质量为0.9 kg的铜导线长90 cm，搁置于两条水平放置的平行光滑金属导轨之上，导轨间距为80 cm。已知图示方向的匀强磁场的磁感应强度 $B=0.45$ T，导轨间连有 $R=0.4\ \Omega$ 的电阻和 $E=1.5$ V、内阻 $r=0.1\ \Omega$ 的电源，其他电阻均不计，要保持导线静止，应施方向向______________（选填“左”或“右”），大小为______________N的外力。

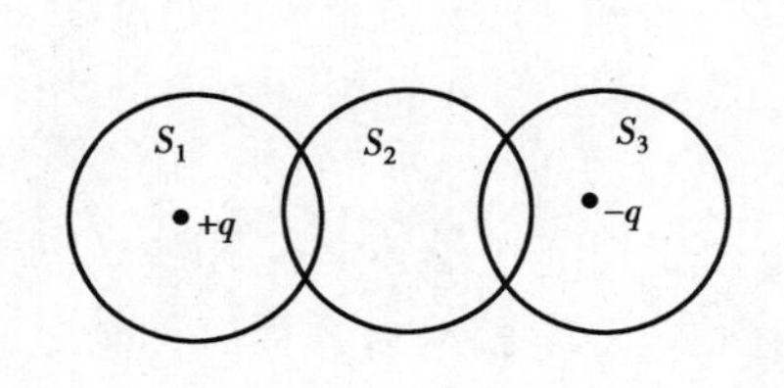

习题1图

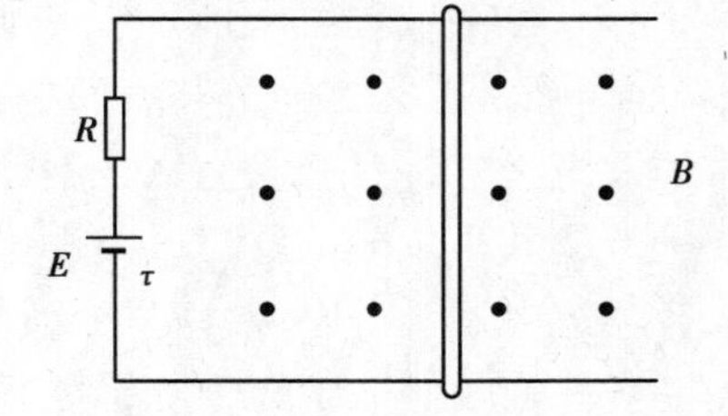

习题5图

6. 一半径为 R 的半球壳，均匀的带有电荷，电荷面密度为 σ。求球心处电场强度 $\boldsymbol{E}$ 的大小。

7. (1)点电荷 q 位于边长为 a 的立方体的中心，通过此立方体的每一面的电通量各是多少？(2)若电荷移至立方体的一个顶点上，那么通过每个面的电通量又各是多少？

8. 如习题8图所示，一无限大均匀带电薄平面，电荷面密度为 σ。在平板中部有一个半径为 γ 的小圆孔。求圆孔中心轴线上与平板相距为 x 的一点 P 的电场强度。

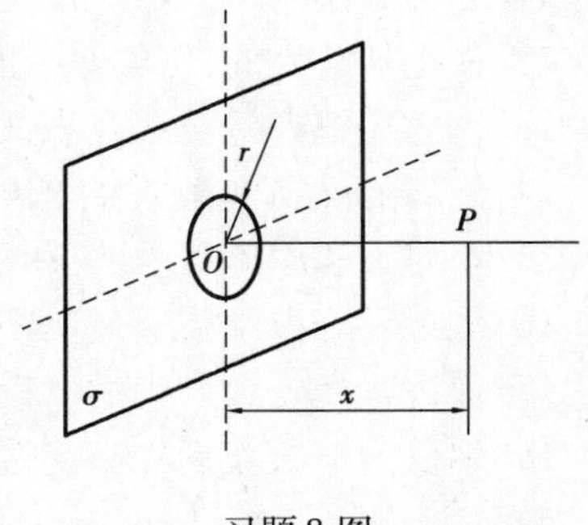

习题8图

9. 两均匀带点球壳同心放置，半径分别为 R_1 和 R_2 $(R_1 < R_2)$，已知内外球之间的电势差为 U_{12}，求两球壳间

的电场分布。

10. 如习题 10 图所示,在半径分别为 R_1 和 R_2 的两个同心球面上,分别均匀地分布着电荷 Q 和 $-Q$,求两球面间的电势差。

11. 半径为 R 的球体内,分布着电荷体密度 $\sigma = kr$,式中 r 是径向距离,k 是常量,求空间的场强分布。

12. 如习题 12 图所示,长直导线中通有电流 $I = 0.2$ A,在与其相距 $d = 0.4$ cm 处方有一矩形线圈,共 2 000 匝。设线圈长 $l = 4$ cm,宽 $a = 1$ cm 不计线圈自感,若线圈以速度 $v = 5$ m/s 沿垂直于长导线的方向向右运动,线圈中的感应电动势多大?

13. 磁感应强度为 B 的均匀磁场充满一半径为 R 的圆柱形空间,一金属杆放在习题 13 图中的位置,杆长为 $2R$,其中一半位于磁场内,另一半在磁场外。当 $\dfrac{dB}{dt} > 0$ 时,求杆两端的感应电动势的大小和方向。

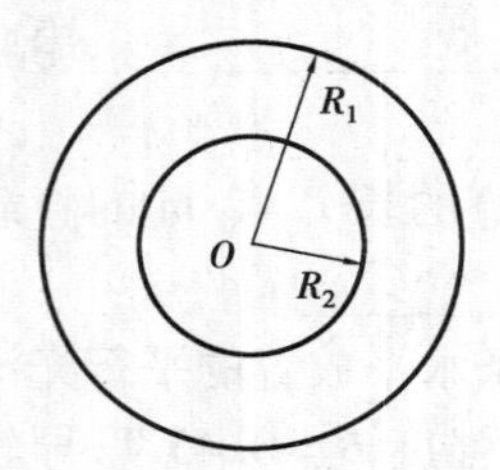

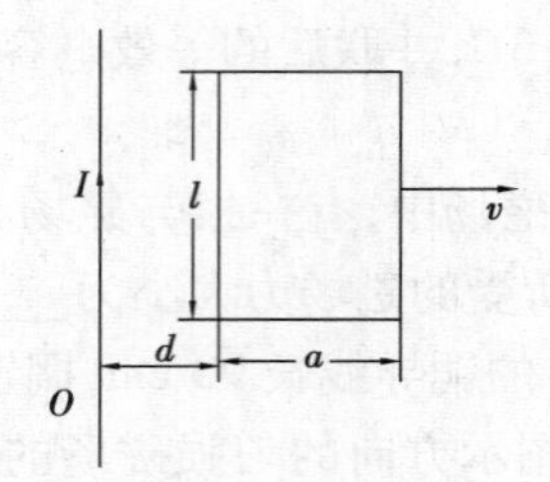

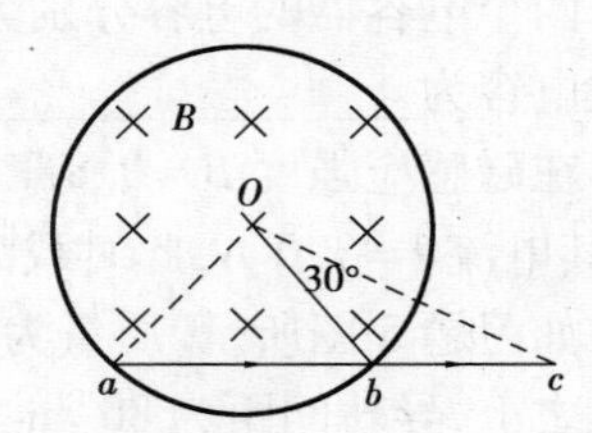

第6章 光、光学现象、光源

本章主要介绍光、光学现象和光源。主要内容包括：双缝干涉、薄膜的等倾干涉和等厚干涉；单缝和圆孔的夫琅禾费衍射、光学仪器的分辨本领；偏振光及其获得方法。重点：获得相干光的方法、光程差的分析和计算，干涉和衍射的研究方法，干涉和衍射的应用。难点：干涉和衍射条纹特点分析。应用：根据笔者长期从事光科学科研和教学经验的积累，设计了一些以单缝衍射为模型的光学传感器，供读者剖析。

光学是一门古老而又高速发展的学科。光波是信息的载体，人类认识自然的信息90%以上通过光来实现，足见光对人是多么的重要，也是光科学获得高速发展的根本原因。早在3 000多年前就发现了光的反射和折射现象。早期提出光具有波动性是笛卡尔和胡克。笛卡尔认为光从本质上说是一种压力波（弹性波），它在一种完全弹性的，充满空间的介质（以太）中传递。胡克认为光像石块落入水中后激起的水面波一样。荷兰科学家惠更斯进一步发展了他们的学说，认为光是在以太中传播的纵波，类似声波在空气中传播。1801年，托马斯·杨（T. Young）成功演示了干涉实验，证明了光具有波动性。特别是菲涅耳（A. J. Fresnel）成功解释了光的衍射现象并给出了光传播的理论框架，人类对光的波动性的认识才逐渐走上了正轨。

光学的研究对象是光的本性、传播（运动）规律、光与物质的相互作用规律。光学科分为经典光学和现代光学（量子光学），经典光学又分为几何光学和物理光学（波动光学）。总之，光的本性复杂要视光在各种场合表现出的行为规律来回答。

6.1 光的反射、折射现象

早在3 000多年前就发现了光的反射和折射现象。这两类光学现象相对来说比较简单，加之在中学物理课里已经学过，因此在本节不再赘述，但提出3个案例供读者分析。

【案例6.1】 街边有一家卖眼镜的小店，店内四周的墙上贴上了满幅的平面镜，当顾客进入店内发现小店面积不但不小而且还挺宽敞。顾客觉得奇怪，他跨出小店一看明明是一个小店，怎么进了店里小店立即变大了？这小店是变形金刚吗？试分析其间的光学道理。

【案例6.2】 九寨沟有一个著名的景点叫镜海（一个水清如镜的大湖），游客们站在湖边通过湖面看远山和湖边的大树就像直接看远山、大树一样的清晰，可为什么水中的远山、大树都是倒立的呢？

【案例6.3】 夏日，雨后的早晨，天放晴了，太阳露出笑脸。路边的小草还挂着水珠，在霞光的照耀下晶莹剔透，像宝石一样闪闪发光。这是光的什么现象？

6.2 光的干涉现象及应用

【案例6.4】 产自亚马孙河流域的一种被称为Morpho的蝴蝶，在太阳光照射下，这种蝴蝶能够呈现出一种神秘而绚丽的闪亮蓝色（见图6.1），而这种颜色却有点奇怪，因为它不像大多数其他物体的颜色，它几乎只是闪现微光，如果改变观察的方向，或者蝴蝶扇动它的翅膀，这种颜色的色彩还会发生变化，它的翅膀被人们说成是彩虹色。蝴蝶翅膀能显示出这么炫目的色彩，那么蝴蝶翅膀上表面有什么不同呢？（答案将在本节获得）

图6.1 Morpho蝴蝶

6.2.1 光波、光程

（1）波长

光波与弹性波（机械波）都具有相同的波动特性。但由于普通光源发光具有特殊性（随机性、任意性、间歇性）靠原子能级间自发跃迁产生波列。光的颜色由光波长（或频率）决定，就可见光而言，真空中波长范围为400～760 nm（紫～红），可见光中各种颜色光的波长范围无严格界限，波长分布如下：紫400～430 nm；蓝430～450 nm；青450～500 nm；绿500～570 nm；黄570～600 nm；橙600～630 nm；红630～760 nm。在光波段，经常用到的长度单位与国际单位制中长度单位换算关系：1 Å $=10^{-10}$ m，1 μm $=10^{-6}$ m，1 nm $=10^{-9}$ m。

（2）折射率与光强

1）折射率

光在真空中的速率 c 与其在某种均匀介质中的速率 v 的比值定义为该种介质相对于真空的折射率，称为这种介质的折射率（简称"**折射率**"），记为 n，即 $n=c/v$。

真空的折射率等于1；空气的折射率略大于1，在没有特别指明时，也取为1。纯水的折射率 $n=4/3$；各种玻璃的折射率为1.5～2.0。两种介质相比较，n 较大的为光密介质，n 较小的为光疏介质。

2）光强

从波动意义上讲，光波是一种电磁波，电磁波需要两个矢量，即电矢量 $\boldsymbol{E}$ 和磁矢量 $\boldsymbol{H}$ 来描述。单位时间垂直通过光传播方向上单位面积的平均能量称为**平均能流密度**，也称**光功率或光强**，即

$$I = |\overline{S}| = \overline{|\boldsymbol{E} \times \boldsymbol{H}|} = \frac{1}{2}E_0H_0 \tag{6.1}$$

而$\sqrt{\varepsilon}E=\sqrt{\mu}H$，所以$\sqrt{\varepsilon}E_0=\sqrt{\mu}H_0$，代入式(6.1)得

$$I = \frac{1}{2}\sqrt{\frac{\varepsilon}{\mu}}E_0^2 \tag{6.2}$$

对于人眼感观起作用的正是电振动而不是磁振动。因此，把 $\boldsymbol{E}$ 的简谐运动称为光振动。在同一介质中比较相对光强即可。由于磁机制不起作用，且介质的电容率是常数，根据波的强度与其振幅平方成正比的关系，在同一介质中相对光强可直接表示为

$$I = E_0^2 \tag{6.3}$$

3）光程

由于光在不同介质中传播时波长发生变化，即相位变化 2π 的过程中，光在不同介质中所走过的几何路程是不同的。为便于统一衡量相位的变化，将光在介质中走过的几何路程都折算成真空中光走过的几何路程——**光程**。原因在于决定干涉（衍射）结果的是相位差，因此，将光程统一放在真空中折算相位较方便。

设光在折射率为 n 的介质中传播，传播速度为 v，经 t 时间，光在介质中走过的路程为 r，在相同时间内光在真空中光程为 L，则

$$r = vt$$

$$L = ct$$

将两式相除，因 $c/v=n$，所以

$$L = nr \tag{6.4}$$

这相当于光在相同时间内在真空中经过 nr 的距离。

【问题聚焦】　一个和光程同样重要的光学名词称为**光程差**。它指的是两段光程的差值。试分析光路中加入薄透镜后会不会产生附加光程差？（见图 6.2）

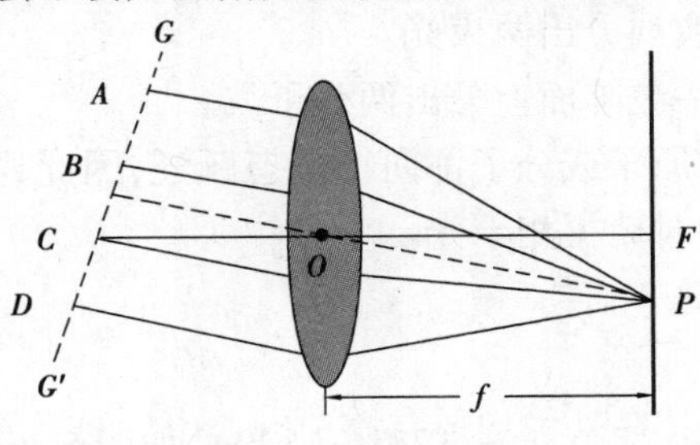

图 6.2　光程差

6.2.2　光的干涉现象、相干光

(1)干涉现象

房间里点着两盏灯，经验告诉我们，我们看到每盏灯的光并不因另一盏灯是否存在而受到影响。这种现象说明：当两列光波在空间相遇时，它们的传播互不干扰，就像另一列波完全不

存在一样,各自独立进行传播;当两列波同时存在时,在它们相遇区域内每点的光振动是各列波单独在该点产生的振动的合成,这就是波的叠加原理。

与机械波的干涉相似,两列波满足一定条件并相遇,在相遇区域内就会产生稳定的有明显强弱变化的光强分布(见图6.3),这种现象称为光的**干涉现象**。具备这种条件的两束光称为**相干光**,光源称为**相干光源**。

图6.3　光的干涉现象

(2)**相干条件**

1)相干与非相干

频率和振动方向相同的两束平面简谐波(光波)相遇后:

$$E_0^2 = E_{10}^2 + E_{20}^2 + 2E_{10}E_{20}\overline{\cos\Delta\varphi}$$

因平均光强度 $I \propto E_0^2$,所以 $I = I_1 + I_2 + 2\sqrt{I_1 I_2}\ \overline{\cos\ \Delta\varphi}$。

若 $\Delta\varphi$ 可取任何值并随时间迅速变化,所以 $\overline{\cos\ \Delta\varphi} = 0$,$I = I_1 + I_2$,此时,观察者所看到的只是两束光平均光强的叠加,称为**非相干叠加**。

若 $\Delta\varphi$ 固定,即两束光传至相遇区域时的光程差确定,则 $\overline{\cos\ \Delta\varphi} = \cos\ \Delta\varphi$。光强 I 或强或弱且不随时间变化,$I = I_1 + I_2 + 2\sqrt{I_1 I_2}\cos\ \Delta\varphi$ 称为**相干叠加**。

2)相干条件

若 $\Delta\varphi = \pm 2k\pi$ 时,光强最大(干涉加强),有

$$I = I_1 + I_2 + 2\sqrt{I_1 I_2} \tag{6.5}$$

若 $\Delta\varphi = \pm(2k+1)\pi$ 时,光强最小(干涉减弱),有

$$I = I_1 + I_2 - 2\sqrt{I_1 I_2} \tag{6.6}$$

根据以上讨论,可得光的干涉条件如下:**振动方向相同**、**频率相同**、**相位差恒定**。

3)相干光的获得

对于普通光源,原子自发跃迁辐射时间极短,约为 10^{-8} s。所以,光源不同处,同时发出的波列以及光源的同一处,不同时间光发出的不同波列都不是相干光。要想从普通光源获得相干光,可采取如下办法:

①**分振幅法**——从同一波列分出两束光。

②**分波振面法**——从同一波阵面上分出两列子波。

③对于激光光源,因所有原子或分子都向特定态跃迁,因此,在这种受激辐射跃迁中发出的光一定具有同性质,可以随时获得相干光。

6.2.3　杨氏双缝干涉

【历史资料】　托马斯·杨(T. Young,1773—1829),如图6.4所示,想象力极为丰富,博学通才,1799年剑桥毕业,对眼睛生理、解剖、颜色的视觉相当有研究。读过牛顿力学和光学,1801年成功演示了干涉现象,并用波动说给予成功解释。这是波动说战胜微粒说的最好例证。

(1)**实验装置**

许多人想尝试这类实验,往往都是因为用的是两个不同的光源而失败,托马斯·杨指出要

图6.4　托马斯·杨

使两部分光的作用叠加,必须是发自同一个光源,这正是他成功演示干涉现象的关键。图6.5是实验装置示意图,单色光源S_0发出的光经过透镜形成平行光照射到开有单缝S的板上,单缝后放置开有双狭缝S_1和S_2的板,两缝等宽、均与缝S平行,且$\overline{SS_1}=\overline{SS_2}$。当这些缝足够小时,屏上就会呈现出一组明暗相间的条纹。

根据惠更斯原理,波阵面上每一点都可以看成是新的子波波源,单缝S作为新的波源发出柱面波传到双缝S_1和S_2,双缝又作为新的波源各自发出柱面波。显然,这对新的波源取自同一波阵面,是相干光源。这种获得相干光的方法就是典型的**分波阵面法**。

(2)**干涉结果**

在杨氏双缝干涉实验装置中光波产生条纹,但是如何精确地确定干涉条纹的位置呢?为了回答这个问题,利用图6.6来分析。

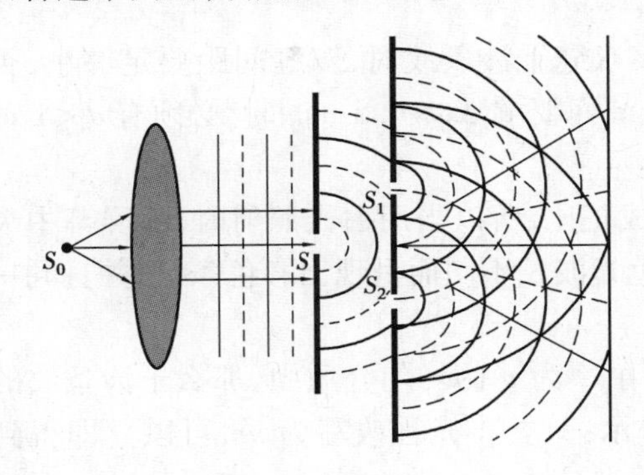

图6.5　杨氏双缝干涉实验装置

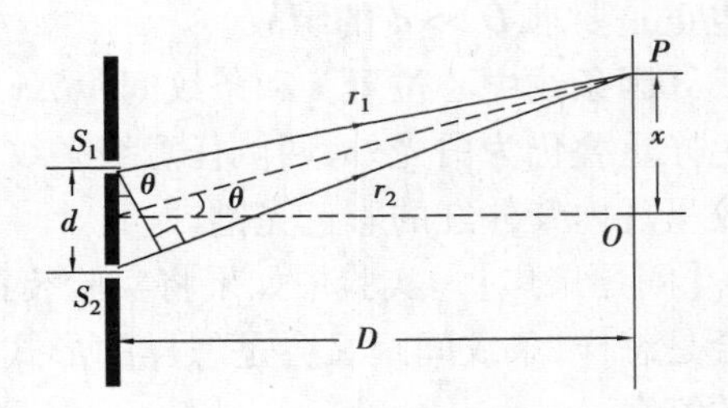

图6.6　双缝干涉的计算

双缝之间的距离为d,屏与双缝之间的距离为D,且$D\gg d$,为了便于讨论,在屏幕上O点附近任选一点P,P到O点的距离为x,S_1、S_2到P的距离分别为r_1与r_2。因整个实验装置置于空气(折射率$n=1$)中,两波源间无相位差,因此两光波在P点的光程差为

$$\delta = r_2 - r_1 \approx d\sin\theta$$

因$d\ll D$,且θ很小,$\sin\theta\approx\tan\theta=\frac{x}{D}$,故有

$$\delta = r_2 - r_1 = \frac{d}{D}x \tag{6.7}$$

根据式(6.7),P点处产生明纹的条件为

$$\delta = \frac{d}{D}x = \pm k\lambda$$

由此得到明纹中心的位置为

$$x = \pm k\frac{D}{d}\lambda, k = 0,1,2,\cdots \tag{6.8}$$

式(6.8)中的正负号表示屏上干涉条纹在O点两侧呈对称分布。$k=0$,$x=0$,表示屏幕中心为零级明纹,也称中央明纹,它所对应的光程差$\delta=0$,$k=1,2,\cdots$的明纹分别称为第一级、第二级、……明纹。

P 点处产生暗纹的条件为

$$\delta = \frac{d}{D}x = \pm (2k + 1)\frac{\lambda}{2}$$

由此得到暗纹中心的位置为

$$x = \pm (2k + 1)\frac{D}{d} \cdot \frac{\lambda}{2}, k = 0,1,2,\cdots \tag{6.9}$$

由式(6.8)或式(6.9)均可以推导出相邻的两明纹或暗纹中心的间距,称为条纹间距,它反映干涉条纹的疏密程度。相邻明纹或相邻暗纹间距均为

$$\Delta x = x_{k+1} - x_k = \frac{D}{d}\lambda \tag{6.10}$$

由以上讨论可知,双缝干涉条纹具有以下特征:

①当干涉装置和入射光波长一定,即 D、d、λ 一定时,Δx 也一定,表明双缝干涉条纹是明暗相间的等间距的直条纹。

②当 D、λ 一定时,Δx 与 d 成反比。所以观察双缝干涉条纹时,双缝间距要足够小,否则因条纹过密而不能分辨。例如,$\lambda = 500$ nm、$D = 1$ m 而要求 $\Delta x > 0.5$ mm 时,必须有 $d < 1$ mm,这也正是要求 $D >> d$ 的缘故。

③因条纹中心位置 x 和条纹间距 Δx 都与 λ 成正比,所以当用白光照射时,除屏幕中央因各色光重叠仍为白光外,两侧任意级条纹则因各色光波长不同而呈现出彩色条纹,并且同一级明纹呈现内紫外红的彩色光谱。

【问题聚焦】 实验中如果将实验装置置于折射率为 n 的均匀介质中,那么干涉条纹的分布会是怎样,条纹间距又会是怎样的形式呢?(提示:只要将光程改写为 nr,可以立即得到问题的答案。)

【案例 6.5】 用白光作双缝干涉实验时,能观察到什么颜色的干涉条纹?几级清晰可辨的彩色光谱?

分析解答:用白光照射时,除中央明纹为白色光外,两侧呈现内紫外红的对称彩色光谱。当 k 级红色明纹位置 $x_{k红}$ 大于 $k+1$ 级紫色明纹位置 $x_{(k+1)紫}$时,光谱就会发生重叠。根据式(6.8),由 $x_{k红} = x_{(k+1)紫}$的临界条件可得

$$k\lambda_{红} = (k + 1)\lambda_{紫}$$

将 $\lambda_{红} = 760$ nm,$\lambda_{紫} = 400$ nm 代入得 $k = 1.1$。因 k 只能取整数,所以 $k = 1$。

这一结果表明,在中央白色明纹两侧,只有第一级彩色光谱清晰可辨。

【案例 6.6】 当双缝干涉装置的一条狭缝后面盖上折射率为 $n = 1.58$ 的云母薄片时,观察到屏幕上干涉条纹移动了 9 个条纹间距。已知 $\lambda = 550$ nm,求云母片的厚度 b。

分析解答:如图 6.7 所示,未盖云母片时,零级明纹在 O 点。当 S_1 缝盖上云母片后,光线 1 的光程增大。因零级明纹所对应的光程差为零,所以,这时零级明纹只有移动到 O 点上方才能使光线 1 和光线 2 的光程差为零。根据题意,S_1 盖上云母片后,零级明纹由 O 点向上移动到原来第九级明纹所在的 P 点。由于 $D \gg d$,且屏幕上一般只能在 O 点两侧有限的范围内才呈现清晰可辨的干涉条纹,即 x 值较小,因此,由 S_1 发出的光可近似看成垂直通过云母片,假想也有一个与云母厚度相同的空气膜遮盖在 S_2 上,此时,光线 1 和光线 2 到达 O 点的光程差 $\delta = nb - b = b(n-1)$,从而有

$$(n-1)b = k\lambda,\ k = 9$$

由此解得

$$b = \frac{9\lambda}{n-1} = \frac{9 \times 5\,500 \times 10^{-10}}{1.58 - 1}\ \text{m} = 8.53 \times 10^{-6}\ \text{m}$$

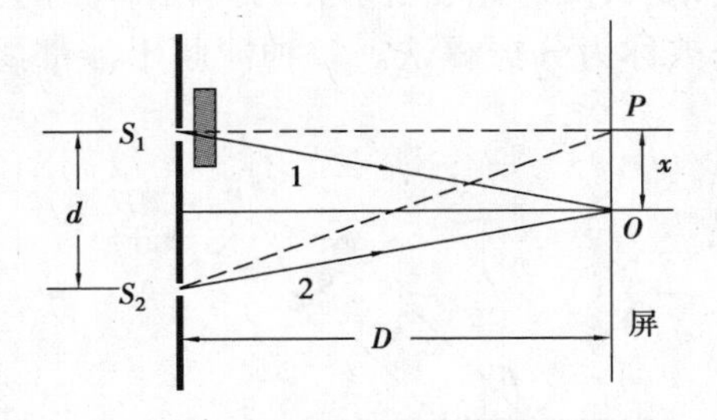

图6.7　云膜片盖住一条缝时双缝干涉的计算

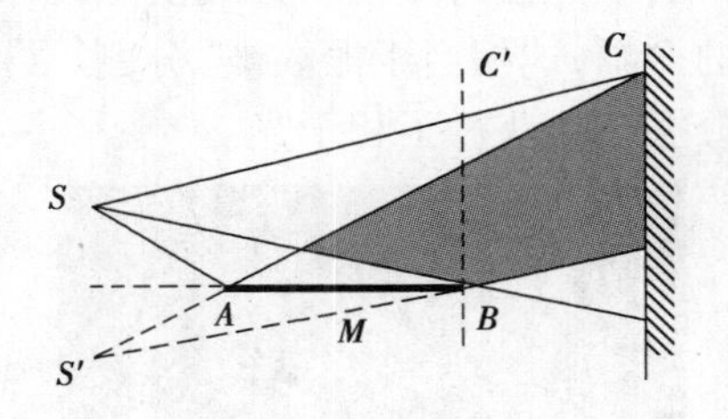

图6.8　劳埃干涉实验

【注意】　当两束光的光程差改变时,屏上的明暗分布将发生改变。在光程差改变一个真空波长的过程中,原来明纹处由明变暗后再变明,原来暗纹处则由暗变明后再变暗,看起来好像是干涉条纹移动了一个条纹间距。由此可知,随着光程差的不断改变,屏上将形成此亮彼暗、此暗彼亮的交替过程。

利用分波阵面法产生相干光的实验还有菲涅耳双面镜干涉实验和劳埃干涉实验等。其中劳埃干涉实验除了具有与杨氏干涉实验同样重要的意义之外,还给出了光由光疏介质射向光密介质时,反射光的相位发生突变的实验验证。

(3)**劳埃干涉实验**

劳埃干涉实验时利用从一个光源直接发出的光线与它在一个平面镜上的反射光线构成相干光的,实验装置如图6.8所示。由光源 S 发出的光一部分直接射到屏 C 上,另一部分经平面镜 M 反射后也射到屏 C 上,反射光可看成是光源 S 的虚像 S' 发出的,S 和 S' 构成了一对相干光源。图中阴影区域表示光在空间叠加的区域,将屏放入时,在屏幕上的阴影区域可以观察到明暗相间的干涉条纹。

在劳埃干涉实验中,若把屏幕移到与镜面相接触,即图中 C' 的位置时,此时从 S 和 S' 发出的光到屏与镜面接触点 B 处的光程相等,在 B 处应出现明纹,但实验中观察到的却是暗纹。这表明直接射到屏上的光与由镜面反射出来的光 B 处的相位相反,即相位差为 π。由于直接射到屏上的光不可能有相位变化,所以只能是反射光的相位突变了 π。从工程的角度来看,相当于改变了半个波长。这一现象称为**半波损失**。上述实验证明了这样一个事实:

光从折射率较小的光疏介质向折射率较大的光密介质表面入射时,在反射过程中反射光的相位改变 π。

6.2.4　薄膜干涉

太阳光照射在肥皂泡或水面上的油膜上时,通常会在其表面上看到彩色的花纹,如图6.9所示。这些花纹就是太阳光在透明薄膜的表面上反射后相互干涉的结果,这类现象称为**薄膜干涉**,薄膜是指透明介质形成的厚度很薄的一层介质膜(这里膜的厚度一般是与所涉及的光的波长同数量级的,因为较大的厚度会破坏产生彩色花纹所需的光的相干性,这是光的时间相干性所决定的,因为两个波列即使是相干光,但由于一个波列到达后,另一个波列还没有到达,不能产生相干叠加——干涉)。

(1)**用分振幅法获得相干光**

当一束光射到两种透明介质的分界面上时,将被分成两束,一束为反射光,另一束为折射光。由于光强与振幅平方成正比,从能量守恒的角度来看,反射光和折射光的振幅都小于入射光的振幅,这相当于振幅被"分割"了,因而这种方法被称为**分振幅法**。各种薄膜干涉都属于用分振幅法获得了相干光。

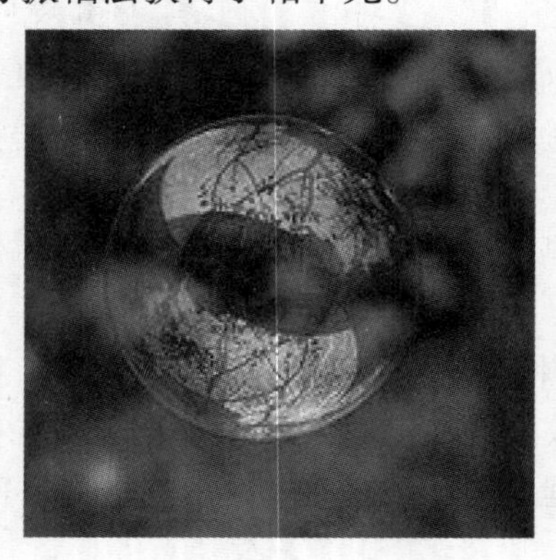

图 6.9　薄膜干涉

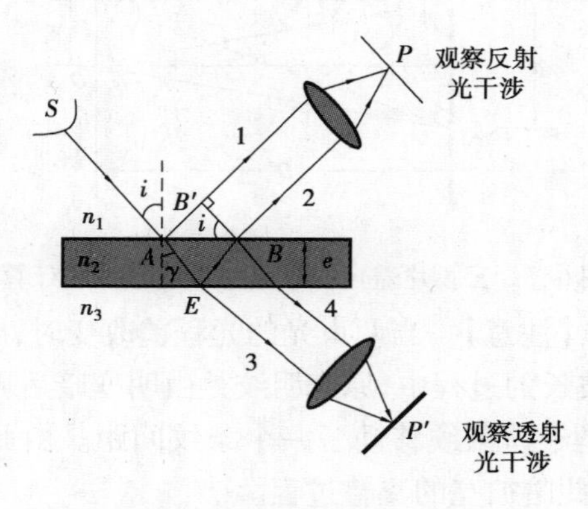

图 6.10　薄膜干涉的计算

(2)**薄膜干涉的光程差**

如图 6.10 所示,有一厚度 e 处处相等、折射率为 n_2 的平行平面薄膜,薄膜上方介质的折射率为 n_1,下方介质的折射率为 n_3,设 $n_1 < n_2, n_2 > n_3$。有一单色面光源,其上 S 点发出的光束以入射角 i 射到薄膜上表面 A 点后,分成两束光,一束是直接由上表面反射的光束 1,另一束是以折射角 γ 折入薄膜后,由下表面 E 点反射到 B 点,再折射到原介质而成的光束 2。光束 1 和光束 2 平行,由透镜会聚于焦平面的屏幕上的 P 点。1 和 2 来自光源上同一波列,为相干光,可在屏幕上产生干涉图样。从 B 点作 $BB' \perp AB'$。由于透镜不产生附加光程差,所以由 B 和 B' 到 P 点的光程相等。1 和 2 的光程差仅为 1 从 A 点反射后到 B' 的光程和 2 从 A 到 E 再到 B 的光程之差,即

$$\delta = n_2(\overline{AE} + \overline{EB}) - n_1\overline{AB'} + \frac{\lambda}{2}$$

式中 $\frac{\lambda}{2}$ 是因为 1 从光疏介质射向光密介质的反射光,存在半波损失,故光程差中要另外计入这一项,称为**附加光程差**。根据几何关系,有

$$AE = EB = \frac{e}{\cos\gamma}$$

$$\overline{AB'} = \overline{AB}\sin i = 2e\tan\gamma\sin i$$

可得

$$\delta = 2n_2\overline{AE} - n_1\overline{AB'} + \frac{\lambda}{2} = 2n_2\frac{e}{\cos\gamma} - 2n_1 e\tan\gamma\sin i + \frac{\lambda}{2}$$

$$\delta = 2n_2\frac{e}{\cos\gamma}(1 - \sin^2\gamma) + \frac{\lambda}{2} = 2n_2 e\cos\gamma + \frac{\lambda}{2}$$

由折射定律 $n_1\sin i = n_2\sin\gamma$,上式又可写成

$$\delta = 2e\sqrt{n_2^2 - n_1^2\sin^2 i} + \frac{\lambda}{2}$$

由此得 P 点的明暗纹条件为

$$\delta = 2e\sqrt{n_2^2 - n_1^2\sin^2 i} + \frac{\lambda}{2} = \begin{cases} k\lambda, & k = 1,2,3,\cdots(\text{明}) \\ (2k+1)\dfrac{\lambda}{2}, & k = 0,1,2,\cdots(\text{暗}) \end{cases} \tag{6.11a}$$

明纹条件中 $k \neq 0$ 是因为等式不成立。

另外,图6.10中光线3、光线4也是相干光,可通过类似上面计算光程差的方法计算光程差,或直接依据能量守恒定律得到光程差。结果表明,透射光的光程差与反射光的光程差总是相差 $\lambda/2$。

【注意】　在式(6.11a)中,$\lambda/2$ 这一项是在一个反射点有半波损失时才引入的,没有半波损失时不计入此项。如果两束相干光反射时都有半波损失,那么在计算光程差 δ 时,也不会出现 $\lambda/2$ 项。据此,可得出如下规律:

①$n_1 < n_2 < n_3$ 或 $n_1 > n_2 > n_3$,不计半波损失。

在这两种情况下,两束光都在光密介质界面上反射,或者都在光疏介质界面上反射,反射条件相同,显然不需要计入半波损失。

②$n_1 < n_2, n_2 > n_3$ 或 $n_1 > n_2, n_2 < n_3$,计入半波损失。

在这两种情况下,一束光都在光密介质界面上反射,另一束光在光疏介质界面上反射,反射条件不同。一个反射点上有半波损失时,另一个反射点上一定没有半波损失,因此,光程差 δ 中必然出现 $\lambda/2$ 这一项。

③在计半波损失时,加和减是一样的,只是 k 的取值不同,并不影响干涉结果,例如,在式(6.11a)中,如果 $\delta = 2e\sqrt{n_2^2 - n_1^2\sin^2 i} - \lambda/2$,则明暗纹条件中的 k 都可从0取值。

特殊情况,当入射角 $i = 0$,即垂直入射时,式(6.11a)可写为

$$\delta = 2n_2 e - \frac{\lambda}{2} = \begin{cases} k\lambda, & k = 0,1,2,3,\cdots(\text{明}) \\ (2k+1)\dfrac{\lambda}{2}, & k = 0,1,2,\cdots(\text{暗}) \end{cases} \tag{6.11b}$$

顺便指出,在这种干涉(等厚型)中,由于上述明暗纹条件中不涉及 n_1,所以一般在处理实际问题时,可将 n_2 直接以 n 代替。

一般的薄膜干涉问题比较复杂。由式(6.11a)可知,当薄膜的折射率和周围介质确定后,对某一波长的光来说,两相干光的光程差取决于薄膜的厚度 e 和入射角 i,因此,薄膜干涉有两种较简单的特例。一种是薄膜厚度均匀,干涉条纹仅由入射角 i 确定,在干涉结果中,同一入射角 i 对应同一级干涉条纹,这种干涉称为**等倾干涉**;另一种是以平行光入射(入射角均相同),干涉条纹级次仅由膜厚 e 确定,这种干涉称为**等厚干涉**。

【问题聚焦】　在你日常生活中洗衣物时,用心观察你一定会发现,有的肥皂泡没有颜色,有的颜色很丰富,而且在不同角度观察肥皂泡的同一处,颜色不尽相同;持续以相同角度观察肥皂泡同一处,颜色也在不断变化。你是如何看待并解释这些现象?

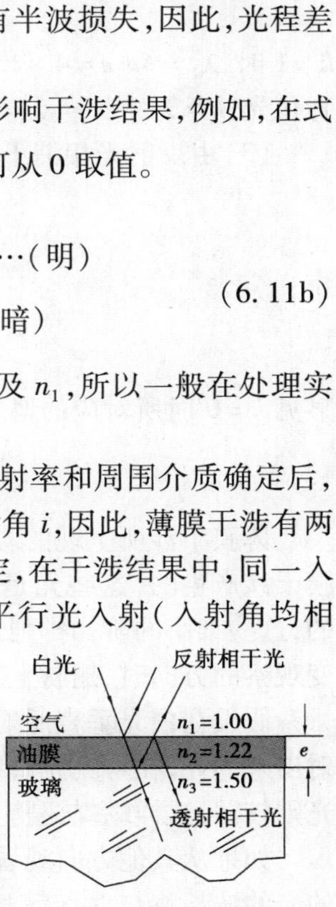

白光　反射相干光
空气　$n_1=1.00$
油膜　$n_2=1.22$　e
玻璃　$n_3=1.50$
透射相干光

图6.11　透明油膜的干涉

【案例6.7】　如图6.11所示,在折射率为1.50的平板玻璃板表面有一层厚度为300 nm、折射率为1.22的均匀透明油膜。用

白光垂直射向油膜。问:

(1)哪些波长的可见光在反射光中产生相长干涉(干涉加强)?

(2)哪些波长的可见光在透射光中产生相长干涉?

(3)若要使反射光中 $\lambda=550$ nm 的光产生相消干涉(干涉减弱),油膜的最小厚度为多少?

分析解答:(1)因为 $n_1<n_2<n_3$,两束光的反射条件相同,所以反射光的光程差中不计半波损失。垂直入射时 $i=0$,可得反射光相长干涉的条件为

$$\delta_{反}=2n_2e=k\lambda$$

若 $k=0$,则对应油膜厚度 $e=0$,没有意义,所以 $k=1,2,\cdots$。由上式得

$$\lambda=\frac{2n_2e}{k}$$

$k=1$ 时,$\lambda_1=2\times1.22\times300$ nm $=732$ nm,是红光;$k=2$ 时,$\lambda_2=1.22\times300$ nm $=366$ nm,不是可见光。故反射光中红光产生相长干涉。

(2)因透射的两束光的反射条件不同,故透射光的光程差中应计入半波损失,透射光相长干涉的条件为

$$\delta_{透}=2n_2e+\frac{\lambda}{2}=k\lambda$$

可得

$$\lambda=\frac{4n_2e}{2k-1},k=1,2,3,\cdots$$

$k=1$ 时,$\lambda_1=4n_2e=4\times1.22\times300$ nm $=1\ 464$ nm,不是可见光;$k=2$ 时,$\lambda_2=\lambda_1/3=488$ nm,是青色光;$k=3$ 时,$\lambda_3=\lambda_1/5=293$ nm,不是可见光。故透射光中青色光产生相长干涉。

(3)由反射光相消干涉条件

$$\delta_{反}=2n_2e=(2k+1)\frac{\lambda}{2}$$

得

$$e=\frac{(2k+1)\lambda}{4n_2},k=0,1,2,\cdots$$

显见 $k=0$ 时所对应的厚度最小,故

$$e_{\min}=\frac{\lambda}{4n_2}=\frac{550}{4\times1.22}\ \text{nm}=113\ \text{nm}$$

薄膜干涉所呈现的彩色被称为彩虹。Morpho 蝴蝶翅膀的上表面的彩虹,就是由于光的薄膜干涉产生的(这些光是由蝴蝶翅膀上的像角质的透明材料构成的许多细小阶梯反射出来的,这些细小的阶梯排列得像垂直于翅面伸展的树样结构的宽而平展的枝)。这是因为当改变观察的方向时,翅膀上同一处的彩色也随之发生变化。

假设在白光垂直照射翅膀时,垂直向下观察这些细小的阶梯构成的平面,那么这些阶梯反射出来的光,在可见光谱中的蓝绿光中形成干涉极大,而在光谱另一端的红色和黄色区域中的光则较弱,这样蝴蝶翅膀上表面就呈现蓝绿色。

如果从其他方向观看翅膀上反射的光,这些光斜向透过这些小阶梯。因此,产生干涉极大的光的波长将与垂直反射产生干涉极大的光的波长有所不同,于是,当翅膀在你的视场中摆动时,你观察它的角度是变化的,翅膀上最亮的彩色也将有些变化,这就产生了翅膀上的彩虹。

6.2.5　薄膜的等厚干涉

前面介绍了薄膜厚度均匀时的等倾干涉现象，下面介绍两种典型的等厚干涉现象。如前所述，等厚干涉即对某一波长 λ 来说，两相干光的光程差 δ 只由薄膜的厚度决定，因此膜厚相同处的反射相干光将有相同的光程差，产生同一级干涉条纹。或者说，同一级干涉条纹是由薄膜上厚度相同处薄膜所产生的反射光形成的，这样的条纹称为**等厚干涉条纹**。

薄膜的等厚干涉是测量和检验精密机械零件和光学元件的重要方法，在现代科学技术中应用较广。

(1)**劈尖干涉**

劈尖是指薄膜两面互不平行，且成很小角度的劈形膜，如图6.12所示。图6.12(a)所示的是干涉条纹在劈尖的下方 P 处，而图6.12(b)则说明干涉条纹在劈尖的上方 P 处。当劈形膜很薄时，只要光在膜面的入射角不大，则可认为条纹位于膜的表面。

用单色平行光垂直照射折射率为 n 的劈尖时，由式(6.11)，代入 $i=0$，可得因干涉而产生的明暗条纹条件为

$$\delta = 2ne + \frac{\lambda}{2} = \begin{cases} k\lambda, & k = 1,2,\cdots(\text{明}) \\ (2k+1)\dfrac{\lambda}{2}, & k = 0,1,2,\cdots(\text{暗}) \end{cases} \tag{6.12}$$

在计算光程差时一定要注意分析膜与相邻介质折射率之间的关系，以便确认在光程差中是否计入半波损失。

由于等厚干涉的条纹形状取决于薄膜上厚度相同处的轨迹，因此劈尖的等厚条纹是一系列明暗相间的与棱边平行的等间距直条纹，如图6.13所示。

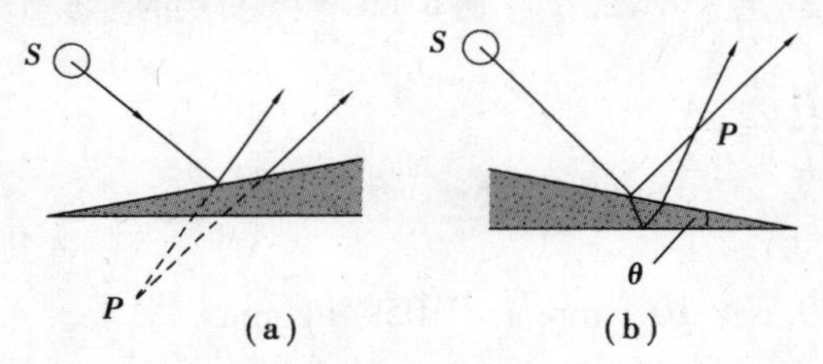

图6.12　劈尖干涉

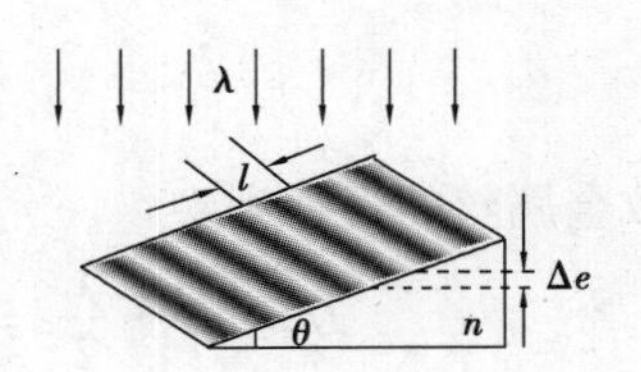

图6.13　劈尖干涉的条纹

设相邻明纹或相邻暗纹之间劈形膜的厚度差为 Δe，则由式(6.12)，可得

$$\Delta e = e_{k+1} - e_k = \frac{\lambda}{2n} \tag{6.13}$$

在没有半波损失，即 $\delta=2ne$ 时，式(6.13)也成立。

设明纹或暗纹间距为 l，则有

$$\Delta e = l\sin\theta \approx l\theta$$

由此得

$$l = \frac{\lambda}{2n\theta} \tag{6.14}$$

显然，劈尖角 θ 越大则条纹越密，条纹过密则人眼不能分辨。通常 $\theta<1°$。

图6.14(a)表示用两块平板玻璃以很小夹角使其间的空气形成劈尖。因空气的折射率 $n=1$，固有 $\Delta e=\lambda/2$。这表明相邻明纹或相邻暗纹所对应的空气层厚度差等于半个波长。空

气劈尖的条纹间距为 $l=\lambda/2\theta$。

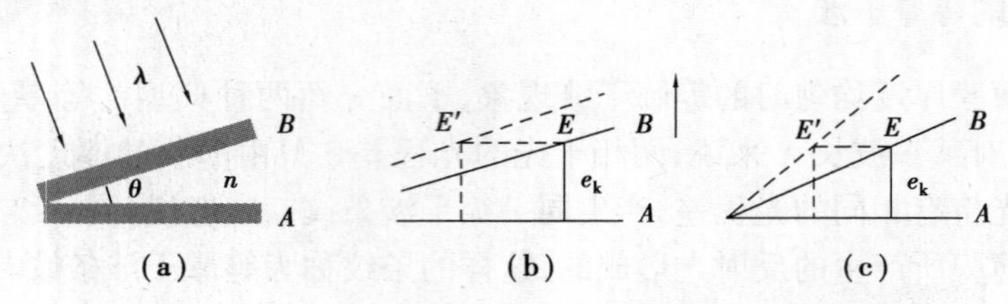

图 6.14　劈尖干涉条纹的移动

空气劈尖的棱边即两块玻璃板相交处，$e=0$，$\delta=\lambda/2$，满足暗纹条件，所以棱边呈现暗纹。当将玻璃板 B 向上平移时，如图 6.14(b) 所示，空气层厚度增大，原来处在厚度 e_k 处的条纹 E 向左移动到了 E' 位置。所以，当空气层厚度增加时，等厚干涉条纹向棱边方向移动。反之，当厚度减小时，条纹将向远离棱边方向移动。当玻璃板 B 绕棱边向上转动时，如图 6.14(c) 所示，条纹在向棱边移动的同时，由式(6.14)可知，条纹间距也在缩小。

【案例 6.8】　为了测量一根金属细丝的直径 D，按图 6.15 的方法形成空气劈尖。用单色光照射形成等厚干涉条纹，用读数显微镜测出干涉条纹的间距就可以算出 D。已知 $\lambda=589.3$ nm，测量的结果是：金属丝距劈尖顶点 $L=28.880$ mm，第 1 条明纹到第 31 条明纹的距离为 4.295 mm，求 D。

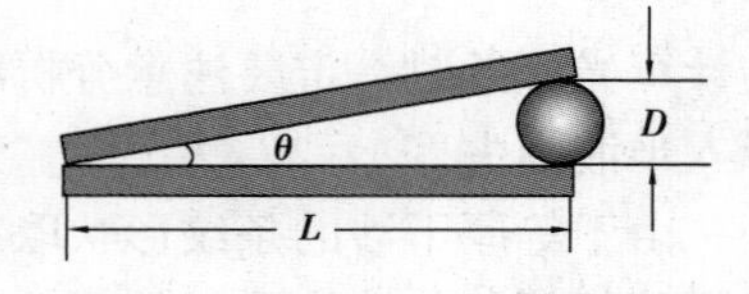

图 6.15　空气劈尖的干涉

分析解答：干涉图样第 1 条到第 31 条之间的距离等于 30 个条纹间距。由题意得相邻明纹的间距为

$$l=\frac{4.295}{30}\ \text{mm}=0.143\ 17\ \text{mm}$$

因劈角 θ 很小，故可取 $\sin\theta\approx\dfrac{D}{L}$。由式(6.14)有

$$l\sin\theta\approx l\frac{D}{L}=\frac{\lambda}{2}$$

故金属丝的直径为

$$D=\frac{L}{l}\cdot\frac{\lambda}{2}=\frac{28.880}{0.143\ 17}\times\frac{1}{2}\times 589.3\times10^{-6}\ \text{mm}=0.059\ 44\ \text{mm}$$

【问题聚焦】　空气中有一厚度均匀的肥皂膜。在它经历了由厚变薄的过程中颜色在不断变化，最后破裂的瞬间，你看到的却是黑色。这是为什么？请说明。

(2)**牛顿环**

将一曲率半径很大的平凸透镜的曲面与一平板玻璃接触，在其中间会形成一层平凹球面形的薄膜，如图 6.16(a) 所示。显然，这种薄膜厚度相同处的轨迹是以接触点为中心的同心圆。因此，若以单色光平行光垂直透射于透镜上，则会在反射光中观察到一系列以接触点 O 为中心的明暗相间的同心圆环。这种等厚干涉称为**牛顿环**，如图 6.16(b) 所示。

设透镜球面的球心为 O'，半径为 R，距 O 为 r 处薄膜厚度为 e。由几何关系得

$$(R-e)^2+r^2=R^2$$

因为 $R\gg e$，所以上式展开后略去高阶小量 e^2，可得 $e=r^2/2R$，设薄膜折射率为 n，则在有半波损失时光程差 δ 与 r 的关系为

$$\delta=2ne+\frac{\lambda}{2}=\frac{nr^2}{R}+\frac{\lambda}{2}\tag{6.15}$$

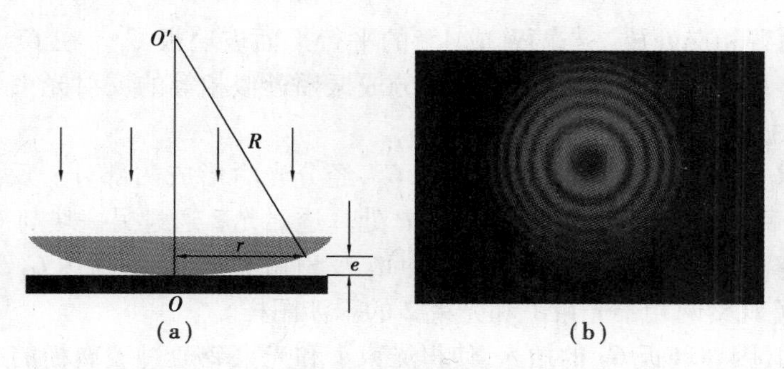

图 6.16　牛顿环

将相长干涉条件 $\delta = k\lambda$ 及相消干涉条件 $\delta = (2k+1)\lambda/2$ 分别代入式(6.15)，可得牛顿环半径为

$$r = \begin{cases} \sqrt{\left(k - \dfrac{1}{2}\right)\dfrac{R\lambda}{n}}, & k = 1,2,3,\cdots(\text{明}) \\ \sqrt{k\dfrac{R\lambda}{n}}, & k = 0,1,2,3,\cdots(\text{暗}) \end{cases} \tag{6.16}$$

由此可知，暗环的半径 r 与 k 的平方根成正比，随着 k 的增加，相邻明环或暗环的半径之差越来越小，所以牛顿环是一系列内疏外密的同心圆环。

如果连续增大平凸透镜与平板玻璃间的距离，则能观察到圆环条纹向内收缩，不断向中心湮灭；反之，则观察到圆环条纹一个个从中心冒出，并向外扩张。

【问题聚焦】　在实验室中，常用牛顿环测定光波波长或平凸透镜的曲率半径。从式(6.16)的推导过程看，由于透镜与玻璃板接触，$k=0$ 对应的牛顿环中心位置，即牛顿环中心是暗斑。如果你在读数显微镜下看到牛顿环中心是明斑，在测牛顿环半径时，式(6.16)还适用吗？如何处理？

6.2.6　迈克尔逊干涉仪

【历史资料】　迈克尔逊干涉仪是美国光学家迈克尔逊(A. A. Michelson)在1881年设计和制作的。迈克尔逊干涉仪为人类的科学事业作出了不可磨灭的贡献。首先，它证实了星光(含太阳光)也是可以实现干涉的(其原名叫迈克尔逊测星干涉仪)；其次，否定了以太的存在，证明了光速不变，有力地支持了爱因斯坦相对论的正确性；最后，它和单色光一道确定了标准米，使人类丢掉了累赘的米原器。

迈克尔逊干涉仪可以称得上是现代干涉仪之父。它独特的结构使两相干光束在空间是完全分开的，互不相扰成为其他干涉仪借鉴的对象。例如，太曼干涉仪、瑞利干涉仪、雅敏干涉仪等。百年历史证明，迈克尔逊干涉仪是一款优秀的干涉仪。目前它仍是世界各高校干涉实验的首选。

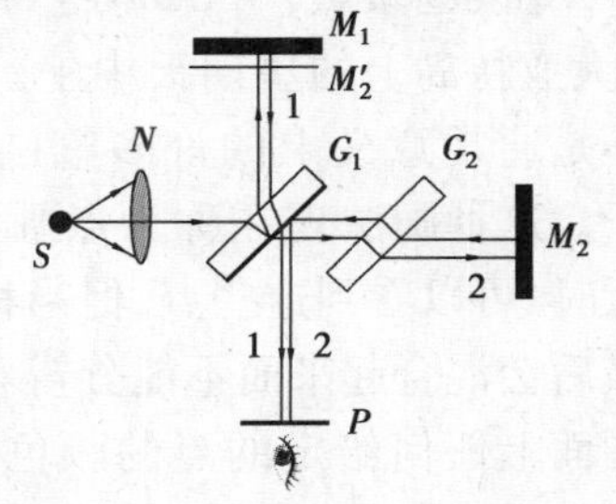

图 6.17　迈克尔逊干涉仪

迈克尔逊干涉仪是用分振幅法产生双光束干涉的一种干涉仪器，其构造示意图如图6.17所示。图中 S 为光源，N 为毛玻璃片，M_1 和 M_2 是两块精密磨光的平面反射镜，分别安装在相互垂直的两臂上。其中 M_1 固定，M_2 通过精密丝杠的带动，可以沿臂

轴方向移动。在两臂相交处放一与两臂成45°的平行平面玻璃板 G_1。在 G_1 的后表面镀有一层半反射的薄银膜,银膜的作用是将入射光束分成振幅近似相等的反射光束1和透射光束2。因此,G_1 称为分光板。

由扩展面光源 S 发出的光,射向为分光板 G_1,经分光后形成两部分。反射光1垂直地射到平面反射镜 M_1 后,经 M_1 反射透过 G_1 射到 P 处。透射光2通过另一块与 G_1 完全相同且平行于 G_1 放置的玻璃板 G_2(无银膜)射向 M_2,经 M_2 反射后又经过 G_2 到达 G_1,再经半反射后到达 P 处。在 P 处可观察两相干光束1和光束2的干涉图样。

由光路图可知,因玻璃板 G_2 的插入,使得光束1和光束2通过玻璃板的次数相同,都为3次。这样一来,两束光的光程差就和玻璃板中的光程无关。因此,称玻璃板 G_2 为补偿板。

由于分光板第二平面的半反射膜实质上是反射镜,它使 M_2 在 M_1 附近形成一个虚像 M_2'。因而,光在迈克尔逊干涉仪中自 M_1 和 M_2 的反射,相当于自 M_1 和 M_2'的反射。于是,迈克尔逊干涉仪中所产生的干涉图样就如同由 M_1 和 M_2'之间的空气薄膜产生的一样。当 M_1 和 M_2 严格垂直时,M_1 和 M_2'之间形成平行平面空气膜,这时可以观察到等倾干涉条纹;当 M_1 和 M_2 不严格垂直时,M_1 和 M_2'之间形成空气劈尖,则可观察到等厚干涉条纹。由以上介绍可知,利用迈克尔逊干涉仪能完成多种干涉实验。

因干涉条纹的位置取决于光程差,所以当 M_2 移动时,在 P 处能观察到干涉条纹位置的变化。当 M_1 和 M_2'严格平行时,这种位置变化表现为等倾干涉的圆环形条纹不断地从中心冒出或向中心收缩。当 M_1 和 M_2'不严格平行时,则表现为等厚干涉条纹相继移过视场中的某一标记位置。由于光在空气膜中经历往返过程,因此,当 M_2 平移 $\lambda/2$ 距离时,相应的光程差就改变一个波长 λ,条纹将移过一个条纹间距。由此得到动镜 M_2 平移的距离与条纹移动数 N 的关系为 $d = N\lambda/2$。

迈克尔逊干涉仪的最大优点是两相干光束在空间是完全分开的,互不扰乱,因此,可用移动反射镜或在单独的某一光路中加入其他光学元件的方法改变两光束的光程差,这就使干涉仪具有广泛的应用。如用于测长度、测折射率和检查光学元件表面的平整度等,测量的精度很高。迈克尔逊干涉仪及其变形在近代科技中所展示的功能也是多种多样的。例如,光调制的实现、光拍频的实现以及激光波长的测量等。

6.3 光的衍射现象

【问题聚焦】 Georges Seurat 的一幅著名的油画《大亚特岛上的星期天中午》(见图6.18),他运用的不是通常意义上的许多笔画,而是无数的小彩色点子。这种画法现在称为点画法。当站在离画面足够近时,可以看到这些点,但当移向远处时,这些小彩点最后会混合起来而不能分辨。还有,当远离时看到的画面上任何给定的点的颜色会改变——这就是为什么 Seurat 用点来作画的原因。

图6.18 油画《大亚特岛上的星期天中午》

那么,是什么原因使得画面的颜色发生了这种变化呢?(答案将在本节中获得)

衍射现象和干涉现象一样，是所有波动过程的基本特征。人类研究光的衍射问题经历了漫长（近3个世纪）而曲折的过程。原因是多方面的，但归结起来有以下几条：

①牛顿的微粒说长期统治着科学界，束缚了人们的思想。

②光波与人们熟悉的声波、水波、绳波完全不同，它产生的机理深奥得多。它的波长很短，以致人们一直认为它是直线传播。

③人类一直未获得一个强度高、单色性好、高度相干的理想光源，以致光的衍射实验不甚理想。但在历代科学家们不懈努力下有关光的衍射的一切实验与理论问题都于20世纪60年代获得解决。

6.3.1　光的衍射现象

在日常生活中，人们对水波和声波的衍射现象是比较熟悉的。在房间里，人们即使不能直接看见窗外的发声物体，却能听到从窗外传来的喧闹声。在一堵高墙两侧的人，也能听到对方说的话。这些现象表明，声波能绕过障碍物传播。粗略地讲，当波遇到障碍物时，它将偏离直线传播，这种现象称为**波的衍射**。

一束平行光通过一个宽度可调的狭缝时，若缝的宽度比光的波长大很多，则屏上会呈现出与缝等宽且边界清晰的光斑，两侧是几何阴影，如图6.19(a)所示，这是光的直线传播性质的表现。若将缝的宽度不断缩小，当缝宽达到很窄时，光将进入几何阴影区域，这时光斑亮度降低而范围扩大，并且在中央亮斑两侧的阴影区域出现明暗相间的条纹，如图6.19(b)所示。这种光波遇到障碍物时偏离直线传播，进入几何阴影区域，使光强重新分布的现象称为**光的衍射**。

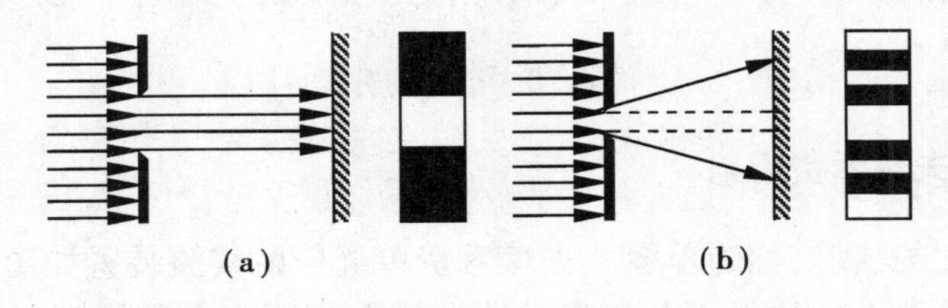

图6.19　光的衍射现象

光遇到小孔、小圆屏等其他障碍物时也能发生衍射。衍射现象是否显著，取决于障碍物的线度ρ，还与观察的距离和方式、光源的强度等多方面的因素有关。ρ的数量级大体可作以下划分：

①当线度$\rho > 10^3\lambda$时，衍射效应不明显，近乎直线传播。

②当线度为$10\lambda \sim 10^3\lambda$时，衍射现象明显，光分布突破上述阴影区，但亮度逐渐降低，呈明暗相间分布，不再是明斑。

③当线度$\rho < 10\lambda$时，衍射向散射过度，衍射范围弥漫整个视场。

正因如此，在日常生活中，光的衍射现象不易为人们所察觉。与此相反，光的直线传播行为留给人们的印象却很深。这是由于光的波长很短，以及普通光源是不相干的面光源。以上两个方面的原因使得在通常的条件下光的衍射现象很不显著。

6.3.2　惠更斯-菲涅耳原理

惠更斯原理可以定性地从某时刻的已知波阵面求出其后另一时刻的波阵面。但因惠更斯原理的子波假设不涉及子波的强度和相位，所以不能解释衍射形成的光强不均匀的分布现象。

菲涅耳(A. J. Fresnel)在惠更斯的子波假设基础上,提出了"子波相干叠加"的思想,从而建立了反映光的衍射规律的**惠更斯-菲涅耳原理**。该原理指出:**波阵面上任意一点均可视为能发光的衍射子波的波源,它们所发出的子波在空间相干叠加,产生明、暗条纹,波阵面前方空间某点处的光振动的振幅取决于到达该点的所有子波在该点处的叠加结果**。由于菲涅耳理论太过专业化这里我们不再介绍。

6.3.3 衍射的分类

根据光源、障碍物、观察屏三者的相对位置,可将衍射分为两类。当光源和屏,或两者之一与障碍物之间的距离为有限远时,所产生的衍射称为**菲涅耳衍射**,如图 6.20(a)所示。当光源和屏与障碍物之间的距离均为无限远时,所产生的衍射称为**夫琅禾费衍射**,如图 6.20(b)所示。这时,光到达障碍物和到达观察屏的都是平行光,显然可用透镜实现夫琅禾费衍射。如图 6.20(c)所示,这种衍射称为实验室中的夫琅禾费衍射。本书只讨论夫琅禾费衍射,因为这种衍射计算比较简单,且有一定的实用价值。

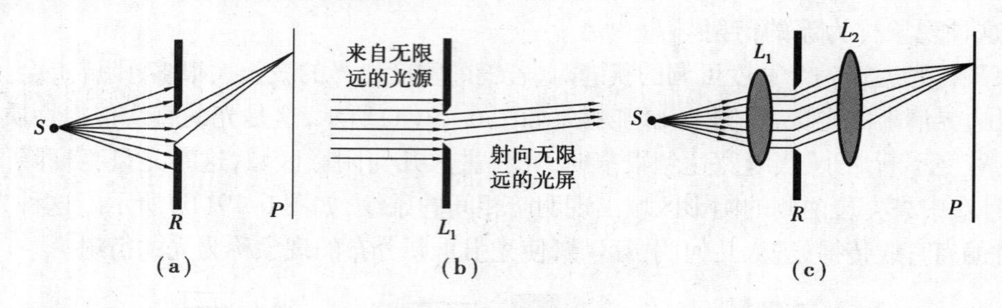

图 6.20 衍射的分类

6.3.4 单缝的夫琅禾费衍射

宽度远小于长度的狭缝,称为单缝。夫琅禾费单缝衍射实验装置如图 6.21 所示。当单色平行光垂直入射到单缝上由缝平面上各面元发出的向不同方向传播的平行光束被透镜 L_2 会聚到焦平面上,在位于焦平面的观察屏 H 上形成一组平行于狭缝的明暗相间的衍射条纹,中央明纹最宽最亮,其他明纹的光强随级次增大而迅速减小。

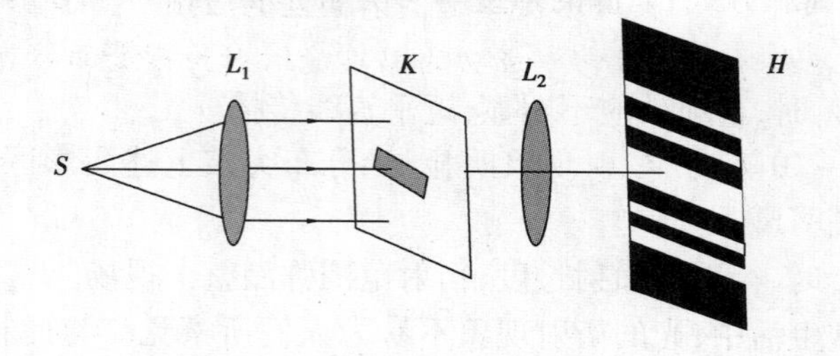

图 6.21 夫琅禾费单缝衍射实验装置

根据菲涅耳半波带法(从略)可以获得确定明暗纹条件并用数学式表示为

$$a \sin \theta = \pm 2k \frac{\lambda}{2}, k = 1,2,\cdots \quad \text{(暗纹)} \tag{6.17}$$

$$a \sin \theta = \pm (2k+1) \frac{\lambda}{2}, k = 1,2,\cdots \text{(明纹)} \tag{6.18}$$

式中,a 为单缝的宽度;θ 是衍射角,为衍射后的平行[illegible]束的夹角;k 称为衍射级次($k \neq 0$),$2k$ 和 $2k+1$ 是单缝上可分出的半波带数目,对应于 $k=1,2,\cdots$,分别称为第一级明、暗条纹,第二级明、暗条纹、……式中正负号表示各级明暗条纹对称分布在中央明条纹两侧。

衍射图样的特点:

按上述讨论可知,单缝衍射条纹是这样分布的:在中央明纹的两侧,对称分布着第一级、第二级、……暗条纹,两暗条纹中间为明条纹,明条纹的亮度随级次 k 的增大而迅速减小。

由式(6.18),取 $k=1$,可得中央明纹的半角宽度为

$$\theta_0 \approx \sin\theta_0 = \frac{\lambda}{a} \tag{6.19}$$

设透镜的焦距为 f,因透镜靠近单缝,所以中央明纹的线宽度为

$$\Delta x_0 = 2f\tan\theta_0 \approx 2f\frac{\lambda}{a} \tag{6.20}$$

同理,其他明纹宽(相邻暗纹中心间距)为

$$\Delta x = \theta_{k+1}f - \theta_k f = \left[\frac{(k+1)\lambda}{a} - \frac{k\lambda}{a}\right]f = \frac{\lambda}{a}f \tag{6.21}$$

由此可知,除中央明纹外,**所有其他明纹均有同样的宽度,而中央明纹的宽度为其他明纹宽度的两倍**。

从式(6.21)中可以看出,当单缝宽度 a 越小时,条纹分布越疏,光的衍射作用越明显。当 a 变大时,条纹变密;当单缝很宽($a \gg \lambda$)时,各级衍射条纹都密集于中央明条纹附近而分辨不清,只能观察到一条亮纹,它就是单缝的像。这时,光可以看成是直线传播的。

当缝宽 a 一定时,入射光的波长 λ 越大,衍射角也越大。因此,若以白光照射,因各种波长的光在屏上 O 点都因干涉而加强,所以中央明纹将是白色的,而其两侧则呈现出一系列内紫外红的彩色条纹。

另外,式(6.17)中 $k \neq 0$,是因为如果 $k=0$,必有 $\theta=0$,而对应这一衍射角处,应是中央明纹所在位置。式(6.18)中,如果 $k=0$,$\sin\theta = \lambda/2a$,而中央明纹的半角宽是 $\theta_0 = \sin\theta_0 = \lambda/a$,即这一区域仍是中央明纹所在区域。

【知识拓展】

夫琅禾费单缝衍射模型的应用

以下是几则笔者在光学专业教学中成功的以单缝衍射为模型的传感器实例示意图:

(1)微小位移传感器示意图

微小位移传感器示意图如图 6.22 所示。

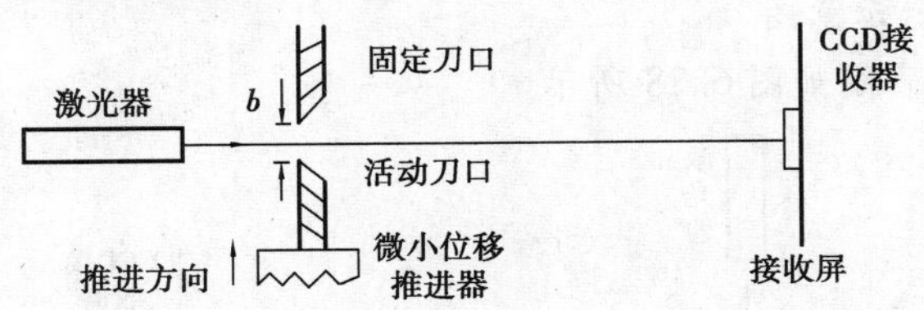

图 6.22　微小位移传感器

(2)温度传感器示意图

温度传感器如图 6.23 和图 6.24 所示。

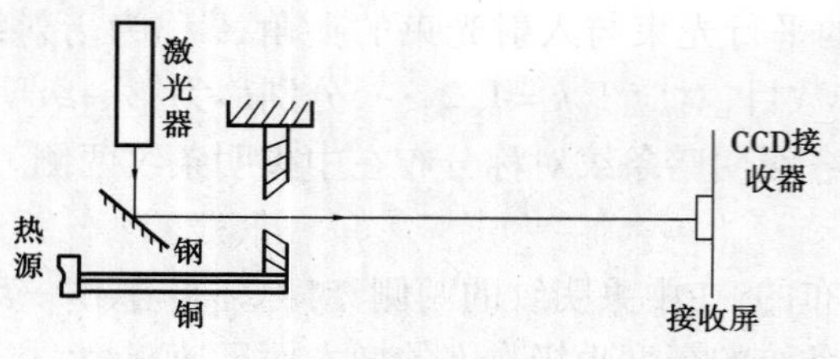

图 6.23　温度传感器 A

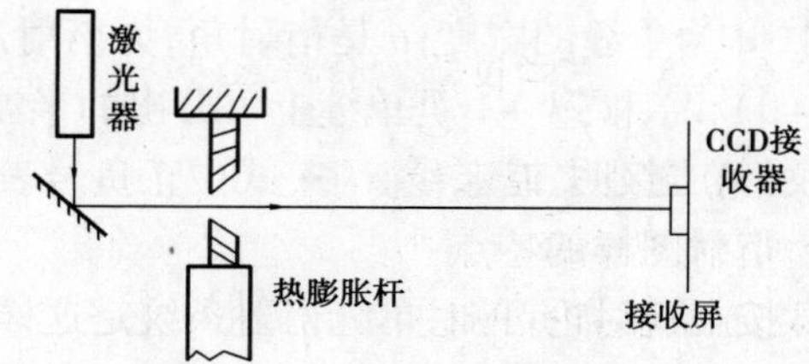

图 6.24　温度传感器 B

(3)压力(压强)传感器示意图

压力(压强)传感器示意图如图 6.25 所示。

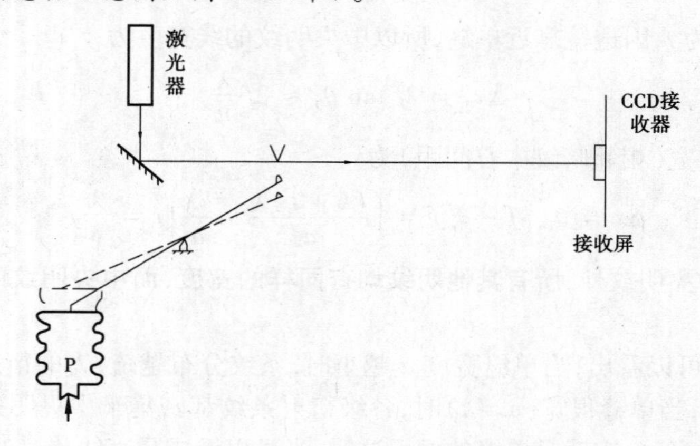

图 6.25　压力(压强)传感器

(4)液(气)体折射率传感器示意图

液(气)体折射率传感器示意图如图 6.26 所示。

(5)质量(重量)传感器示意图

质量(重量)传感器示意图如图 6.27 所示。

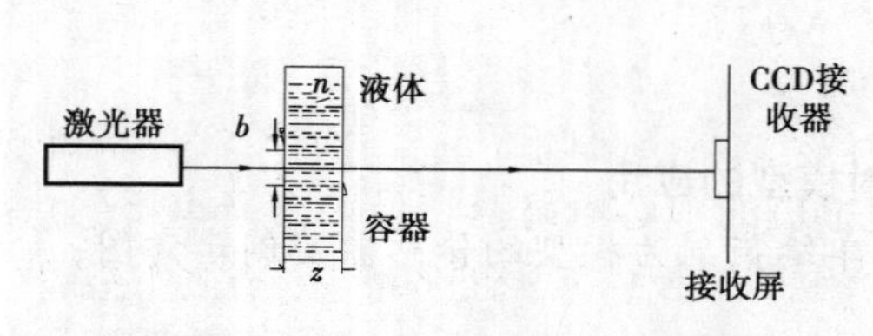

图 6.26　液(气)体折射率传感器

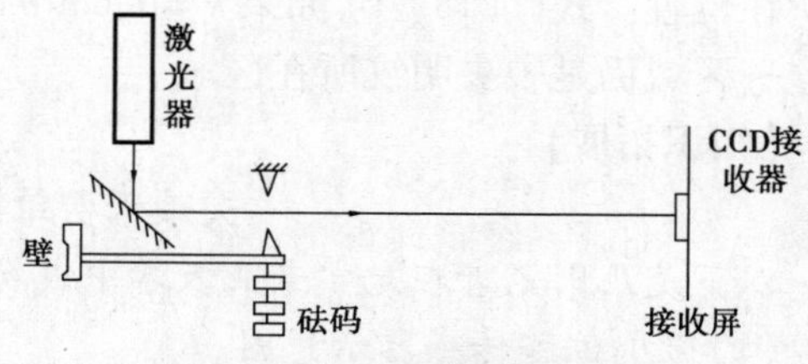

图 6.27　质量(重量)传感器

(6)振动振幅传感器示意图

振动振幅传感器示意图如图 6.28 所示。

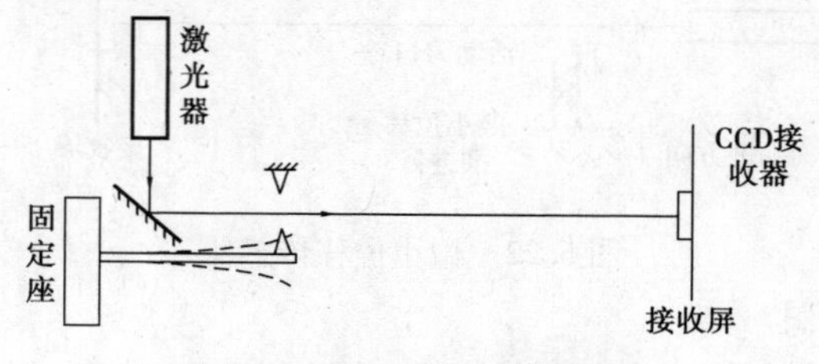

图 6.28　振动振幅传感器

6.3.5　光学仪器的分辨本领

(1)圆孔夫琅禾费衍射

将夫琅禾费衍射中的单缝改作圆孔,圆孔直径为 D,则可发现观察屏上形成的并不是简单的集合圆斑,而是一些明暗相间的同心圆环,如图 6.29 所示。这种现象称为**圆孔夫琅禾费衍射**。在圆孔衍射中,圆环中心的亮斑最亮,称为爱里(Airy)斑。其相对透镜中心张角一半为 θ。利用菲涅耳积分公式(从略)解相关方程可得

$$\sin\theta = 1.22\frac{\lambda}{D} \tag{6.22}$$

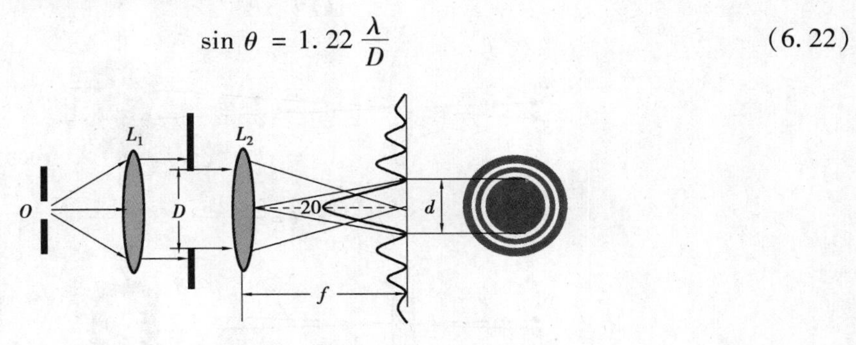

图 6.29　圆孔夫琅禾费衍射

因 84% 左右的光能均集中在爱里斑区域,因 $\sin\theta\approx\tan\theta=\dfrac{d}{2f}$,所以,全角 $2\theta\approx 2\sin\theta\approx 2\tan\theta=\dfrac{d}{f}=2.44\dfrac{\lambda}{D}$。

(2)光学仪器的分辨本领

透镜包括人眼都相当于透光圆孔,而光在通过圆孔时发生衍射,物点不再成像为一个点,而是一个斑,而斑的重叠程度就影响了仪器对像的分辨。通常用发光强度相同的两个物点 S_1、S_2 对透镜光心的张角 θ 的大小衡量爱里斑的重叠程度。当 θ 大于某个角度 θ_0 时,如图 6.30(a)所示,两爱里斑只有小部分重叠,因而可以分辨出这是两个物点形成的爱里斑。当 $\theta<\theta_0$ 时,如图 6.30(c)所示,两爱里斑因重叠过多而无法分辨。当 $\theta=\theta_0$ 时,如图 6.30(b)所示,从衍射图样来看,这时 S_1 的爱里斑中心恰好与 S_2 的第一级暗环重合,而 S_2 的爱里斑中心恰好与 S_1 的第一级暗环重合。也就是说,一个爱里斑的中心恰好落在另一个爱里斑的边缘。这时,两个衍射图样重叠中心处的光强约为单个衍射图样最大光强的 80%,在这种情况下,对视力正常的人来说,恰好能分辨出是两个物点。瑞利(L. Rayleigh)据此提出了作为确定光学仪器分辨极限的标准,称为**瑞利判据**。这个判据规定:**如果一个物点衍射图样的中央最亮处,恰好与另一个物点衍射图样的第一级暗纹重合,则这两个物点恰好能被光学仪器所分辨**。这时两物点对透镜光心的张角 θ_0 称为光学仪器的**最小分辨角**,其倒数 $\dfrac{1}{\theta_0}$ 称为光学仪器的分辨本领或**分辨率**。显然,θ_0 等于爱里斑半径对透镜光心的张角,由式(6.22)可得最小分辨角为

$$\theta_0 = 1.22\frac{\lambda}{D} \tag{6.23}$$

分辨本领(分辨率)为

$$\frac{1}{\theta_0} = \frac{D}{1.22\lambda} \tag{6.24}$$

由式(6.24)可知,提高光学仪器的分辨本领,可通过增大透镜的直径或减小入射光的波长来实现。电子显微镜由于它的波长较短,可以观察更细微的结构。

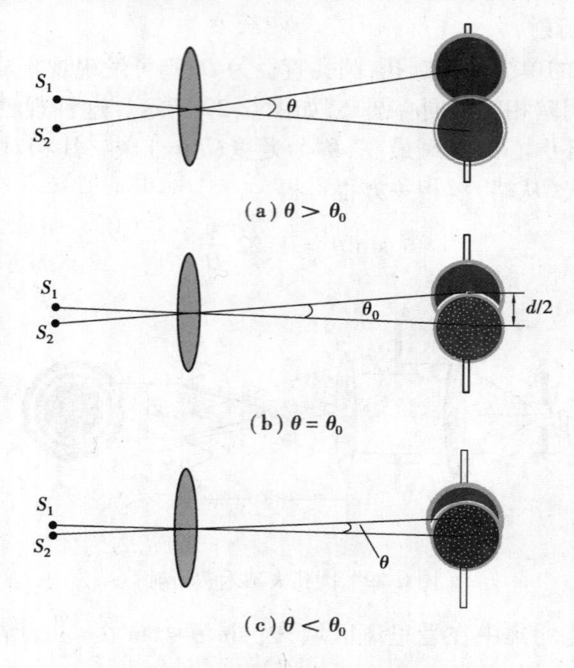

图6.30 光学仪器的分辨本领

【知识拓展】

哈勃太空望远镜

哈勃太空望远镜1990年升空服役。直径为2.4 m,耗资近30亿美元,在距地面600 km的轨道上运行,这是目前世界上最大的太空望远镜。目前,由美国宇航局、欧洲航天局和加拿大太空局合作研制的詹姆斯·韦伯太空望远镜(哈勃太空望远镜的继任者),如图6.31所示,由于制造和经费等方面的问题,发射时间一再推迟,镜片直径也由原来设计的8 m缩水至6.5 m(这是观察宇宙大爆炸信息的最低要求),或许最晚于2018年10月发射升空。该望远镜轨道高度将达到150万km。分辨率是哈勃望远镜的约2.7倍。

图6.31 詹姆斯·韦伯太空望远镜

【案例6.9】 若人眼在正常照度下的瞳孔直径约为$D=3$ mm,而在可见光中,对人眼最敏感的波长是$\lambda=550$ nm(黄绿光),试问:

(1)人眼的最小分辨角是多少?

(2)教室黑板上有一等于号“=”,在什么情况下,在10 m远处的学生才不至于将“=”看成“-”。

分析与解答:(1)通常情况下,人眼观察的距离远大于瞳孔直径,瞳孔相当于小孔。可近似用瑞利判据计算瞳孔的最小分辨角

$$\theta_0 = 1.22\frac{\lambda}{D} = 1.22 \times \frac{5.5 \times 10^{-7}}{3 \times 10^{-3}}\ \text{rad} = 2.2 \times 10^{-4}\ \text{rad}$$

(2)在 $l = 10$ m 处，等号中两个横线的最短距离为

$$s = l\theta_0 = 10 \times 2.2 \times 10^{-4}\ \text{m} = 2.2\ \text{mm}$$

回看 Seurat 的《大亚特岛上的星期天中午》，可以发现当你离画面足够近时，相邻点之间的角距离 θ 比 θ_0 大，因而这些点能被一个个地看出来。它们的颜色是 Seurat 用的颜色。然而当你站得离画面足够远时，角距离 θ 比 θ_0 小因而各点不能单独地看清楚。由此引起的从任何一组点反射到你眼睛的颜色的混合可以使你的大脑对该群质点“制造”一种颜色——一种在该群中实际上可能不存在的颜色。以这种方式，Seurat 利用你的视觉系统去创造他的艺术品的颜色。

6.4　光的偏振特性、马吕斯定律

干涉和衍射是波动的共同特征。前面所讨论的光的干涉和衍射有力证明了光具有波动性。由于电磁波是横波，所以光波中光矢量的振动方向和光的传播方向垂直，由于在传播过程中总要遇到介质而发生反射、折射等现象，引起光振动相对于传播方向的不对称性，这种不对称性称为**光的偏振**，偏振是横波特有的属性。根据光矢量对传播方向的对称情况，可分为自然光、线偏振光、部分偏振光以及椭圆偏振光和圆偏振光。

6.4.1　自然光

一个原子或分子在某一瞬间发出的光是有确定光振动方向的光波列，但由于普通光源中大量分子或原子发光是无序、间歇和随机的，所以平均看，光矢量相对于传播方向呈轴对称分布，没有哪一个方向的光振动更有优势，光矢量的分布各向均匀，各个方向光振动的振幅都相同。这种光称为**自然光**，面对光的传播方向看，如图6.32(a)所示。将自然光中各光矢量沿两个相互垂直方向分解，所以，从垂直于光的传播方向看，自然光也可表示成如图6.32(b)所示的形式。两个相互垂直方向的光振动没有固定的相位关系。

图6.32　自然光

6.4.2　线偏振光

如果光矢量只沿一个固定的方向振动，这种光就是**线偏振光**，又称为平面偏振光或完全偏振光。线偏振光的光矢量方向和光的传播方向构成的平面称为振动面，如图6.33(a)所示。图6.33(b)是线偏振光的表示方法，短线表示光的光振动面在纸面内，圆点表示光振动垂直于纸面。显然，发光体中一个原子发出的一列光波是线偏振光，激光是良好的线偏振光光源。

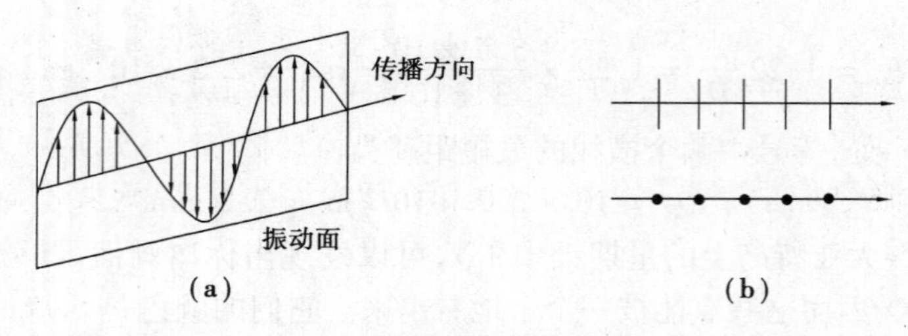

图 6.33　线偏振光

6.4.3　部分偏振光

若在垂直于光传播方向的平面内，各个方向的光振动都存在，但不同方向的振幅不等，在某一方向的振幅最大，而在与之垂直的方向上的振幅最小，则这种光称为**部分偏振光**，如图 6.34(a)所示，表示方法如图 6.34(b)所示。显然，部分偏振光介于线偏振光与自然光之间，可看成由自然光和线偏振光混合而成。对于部分偏振光，两个相互垂直的光振动也没有固定的相位关系。

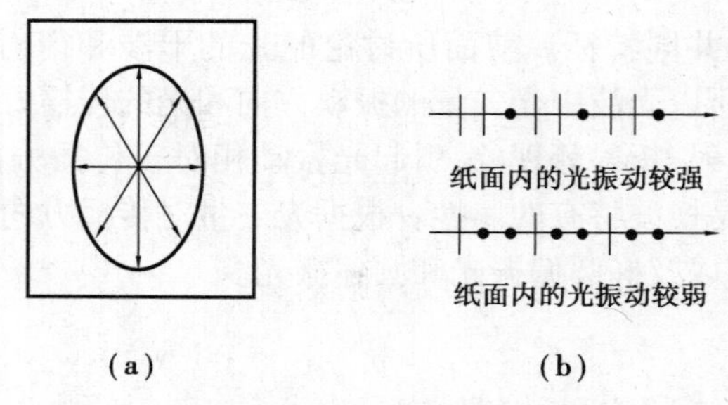

图 6.34　部分偏振光

若与最大振幅和最小振幅对应的光强分别为 I_{max} 和 I_{min}，则**偏振度**定义为

$$P = \frac{I_{max} - I_{min}}{I_{max} + I_{min}} \tag{6.25}$$

自然光 $I_{max} - I_{min}$，偏振度为零；线偏振光 $I_{min} = 0, P = 1$，偏振度最大；部分偏振光 $0 < P < 1$。

6.4.4　椭圆偏振光和圆偏振光

在垂直于光传播方向的平面内，光矢量 $\boldsymbol{E}$ 的端点的轨迹是椭圆的称为椭圆偏振光，轨迹为圆的则称为圆偏振光。根据光矢量的旋转方向还分为右旋(迎着光的传播方向看为顺时针旋转)和左旋(逆时针旋转)偏振光。

6.4.5　起偏和检偏、马吕斯定律

(1) **起偏和检偏**

普通光源发出的光具有随机性，决定了其各方向振动平权和等价，出射光为自然光。用于将自然光转化为偏振光的器件称为**起偏器**，常用的起偏器有偏振片、尼科耳棱镜等。用于鉴别光的偏振态的器件为**检偏器**。起偏器和检偏器的种类很多，这里介绍常用的一种偏振片。

某些物质对不同方向的光振动具有选择吸收的性质，如天然的电气石晶体、硫酸碘奎宁晶体等，它们能吸收某方向的光振动而仅让与此方向垂直的光振动通过，这种性质称为警惕体的

二向色性。如将硫酸碘奎宁晶粒涂于透明薄片上，就可制成偏振片。某偏振片所允许通过的光振动方向称为该偏振片的偏振化方向。偏振片既可用作起偏器，又可作检偏器。图6.35(a)中，P_1为偏振片，"↕"表示偏振化方向。当入射到起偏器的自然光光强为I_0时，若不考虑起偏器对平行于偏振化方向光振动分量的吸收和介质表面的反射，则从起偏器出射的线偏振光的光强为$I_1 = I_0/2$。

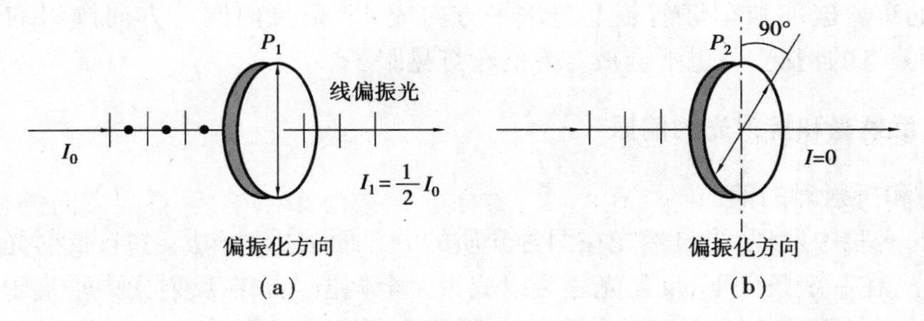

图6.35　偏振片的起偏和检偏

起偏器不但能使自然光变为线偏振光，还可用来检查某束光是否为线偏振光。如图6.35(b)所示，若偏振片P_1、P_2的偏振化方向相互平行，则透过P_1的线偏振光将全部透过P_2，透射光强最强，照射到P_2后面的屏幕上则为最明；若P_1、P_2的偏振化方向相互垂直，则透过P_1的线偏振光完全不能透过P_2，透射光强为零(无光，称为消光现象)。因此，将P_2以光的传播方向为轴旋转，如果透过P_2的光强呈现出"最明→无光→最明→无光→最明"交替变化，那么，照射到P_2上的就是线偏振光，否则就不是线偏振光。

(2)**马吕斯定律**

如图6.36(a)所示，起偏器P_1与检偏器P_2的偏振化方向的夹角为α。自然光通过P_1后为线偏振光。以E_0表示线偏振光的光矢量的振幅，则E_0可分解为平行和垂直P_2的偏振化方向的两个分量，如图6.36(b)所示。所以有

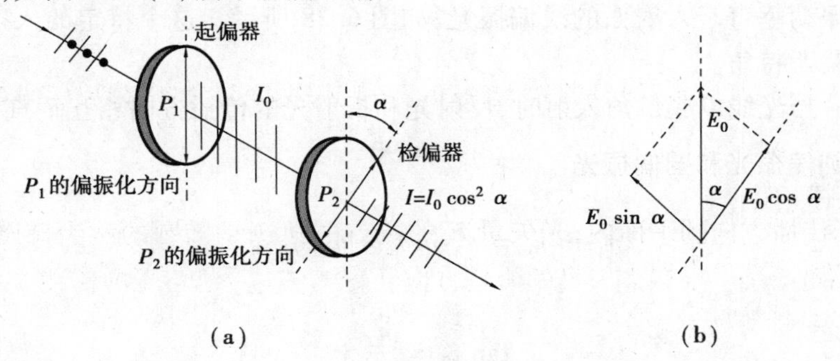

图6.36　马吕斯定律

$$E_{/\!/} = E_0\cos\alpha, E_{\perp} = E_0\sin\alpha$$

由于只有平行分量可通过检偏器，故通过P_2的透射光的振幅为$E_0\cos\alpha$。因此，以I_0表示入射线偏振光的光强，则透过检偏器后的光强为

$$I = I_0\cos^2\alpha \tag{6.26}$$

式(6.26)称为**马吕斯定律**。式中α为起偏器与检偏器偏振化方向之间的夹角。

由马吕斯定律可知，当起偏器与检偏器的偏振化方向平行，即$\alpha=0$或$\alpha=\pi$时，则$I=I_0$，

光强最大。若起偏振器与检偏振器的偏振化方向互相垂直,即当 $\alpha=\frac{\pi}{2}$ 或 $\alpha=\frac{3\pi}{2}$ 时,则 $I=0$,光强为零,这时没有光从检偏振器中射出。若 α 介于上述各值之间,则光强在最大和零之间。因此,可以利用检偏振器来检查入射光是否为偏振光,并且还可确定出偏振化的方向。

偏振片的应用很广。如汽车在夜间行车时为了避免对方汽车灯光晃眼以保证安全行车,可以在汽车的车窗玻璃和车灯前装上与水平方向成45°角且向同一方向倾斜的偏振片。这样,即使在不关灯的情况下,也不会被对方的车灯晃眼了。

6.4.6 反射光和折射光的偏振

(1)反射和折射时的偏振

从大量的实验中发现,当自然光在两种介质的分界面被折射和反射时,反射光和折射光都是部分偏振光,在一定条件下,反射光还可以成为完全偏振光。在反射光中垂直于入射面的光振动强于平行入射面的光振动,而在折射光中平行入射面的光振动强于垂直入射面的光振动,如图6.37所示。

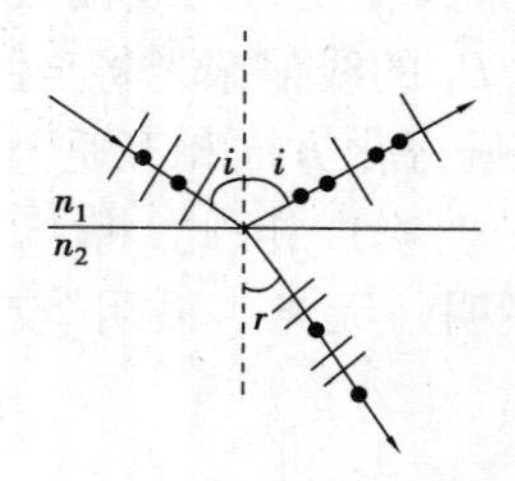

图6.37 反射光和折射光的偏振

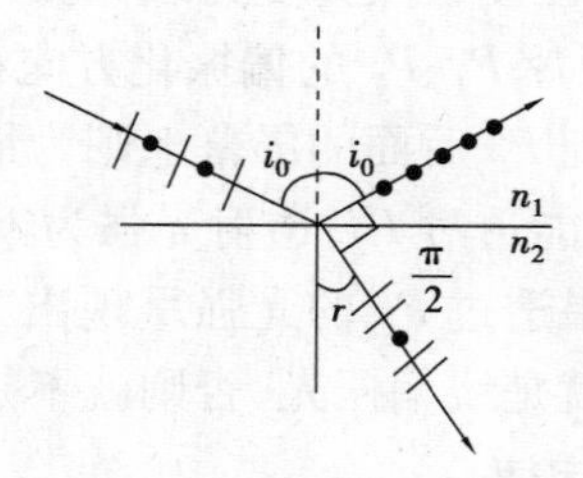

图6.38 布儒斯特定律

(2)布儒斯特定律

理论和实验都证明,反射光的偏振化程度和入射角有关。当入射角等于某一特定值 i_0 时,反射光是光振动垂直于入射面的线偏振光,如图6.38所示。这个特定的入射角 i_0 称为**起偏角**,或称为**布儒斯特角**。

实验还发现,当光线以起偏角入射时,反射光和折射光的传播方向相互垂直,即

$$i_0+r=90^\circ$$

根据折射定律,有

$$n_1\sin i_0=n_2\sin r=n_2\cos i_0$$

即

$$\tan i_0=\frac{n_2}{n_1}\tag{6.27}$$

式(6.27)称为**布儒斯特定律**,n_1 和 n_2 分别为入射光和折射光所在介质的折射率。

对于不同的介质,布儒斯特角是不同的。自然光从空气射到折射率为1.50的玻璃片上,根据式(6.27)算得布儒斯特角为56.3°;自然光从空气射到折射率为1.33的水上,布儒斯特角为53.1°。当自然光以起偏角 i_0 入射时,由于反射光中只有垂直于入射面的光振动,所以入射光中平行于入射面的光振动全部被折射。又由于垂直于入射面的光振动也大部分被折射,而反射的仅是其中的一部分,所以,反射光虽然是完全偏振的,但光强较弱,而折射光是部分偏振的,光强却很强。为了增加反射光的强度和折射光的偏振化程度,把许多相互平行的玻璃片

叠放在一起，构成一玻璃片堆，如图6.39所示。自然光以起偏角 i_0 入射玻璃片堆时，光在各层玻璃面上反射和折射，这样就可以使反射光的光强得到加强，同时折射光中的垂直分量也因多次被反射而减小。当玻璃片足够多时，透射光就接近完全偏振光了，而且透射偏振光的振动面和反射偏振光的振动面相互垂直。利用玻璃片堆可作起偏器，也可作检偏器。

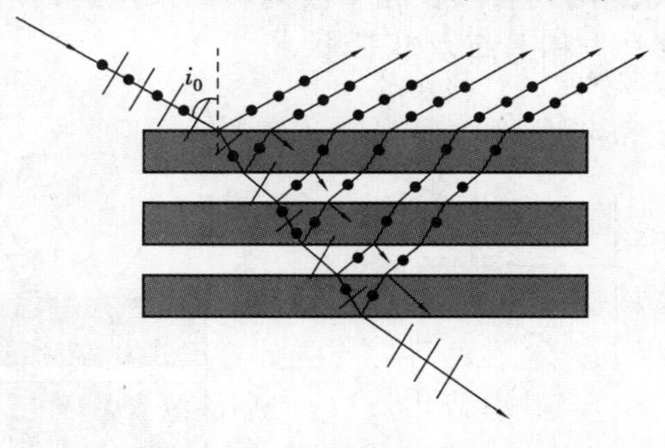

图6.39　玻璃片堆

反射光的偏振现象在生活中随处可见。比如偏振片可用于制成太阳镜和照相机的滤光镜（见图6.40）。有的太阳镜，特别是观看立体电影的眼镜的左右两个镜片就是用偏振片做的，它们的偏振化方向互相垂直。由于射光都是不同程度的部分偏振光，加了偏振化方向相互垂直的偏振片，可以使相互垂直的光振动信息尽可能在底片上或视网膜上清晰成像。

(a)照相机镜头前没加偏振片　　(b)照相机镜头前加偏振片

图6.40　照相机有无偏振片的区别

6.5 光　源

人类从事与光科学有关的研究和实验的活动总离不开光源。在很多情况下，有没有好的光源决定实验的成败。因此，有必要对光学实验中常用的光源进行介绍。另外，在介绍光源前还应知道光源的时间相干性和空间相干性等光学术语的含义。

6.5.1　光源的相干性

前面介绍了产生光干涉现象的必要条件和获得相干光的基本方法，然而，这并不意味着凡是有相干光传播的空间都一定能产生干涉现象。因为光干涉现象能否发生，还与光源发光过程的时间特性以及光源上不同部分发光的空间特性有关，这两者可分别归结为光源的时间相干性和空间相干性。

(1)**时间相干性**

时间相干性问题来源于光源中微观发光过程在时间上的非连续性,也就是说,从光源中发出的各个独立波列的长度是有限的。图 6.41(a)表示从光源 S 发出的一列有限长的光波,经双缝 S_1、S_2 分割波阵面后得到两列有限长相干波列。如果这两列沿 S_1P 和 S_2P 两波线传播,光程差较小,他们有机会在 P 点相遇而发生干涉。

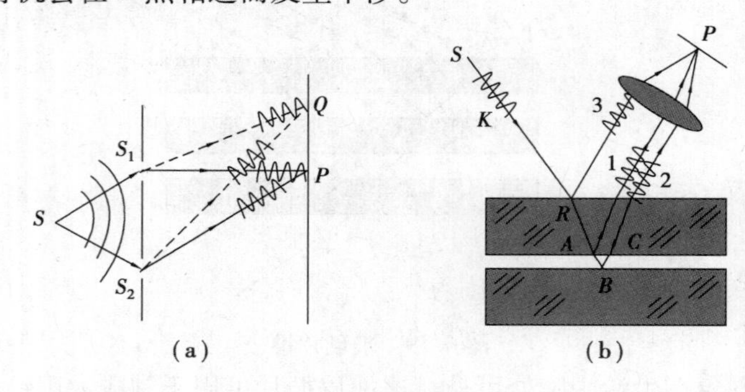

图 6.41　时间相干性

如果沿 S_1Q 和 S_2Q 波线传播,光程差较大,以致其中一个波列已完全通过 Q 点时,另一个波列尚未到达,它们因为没有机会相遇而无法发生干涉。图 6.41(b)是分振幅干涉中的情形,波列 1、波列 2 和波列 3 都是由同一入射波列 K 经不同界面分振幅而获得的相干波列。当上面一块玻璃板较厚而两玻璃板间的空气层很薄时,波列 1 和波列 2 的光程差较小,能在 P 点相遇而发生干涉。但它们到达 P 点,波列 3 则早已通过 P 点,因而没有机会与 1、2 波列相遇,从而无法参与干涉。这就是用普通光源观察薄膜干涉时,要求膜很薄的原因所在。

为了便于分析,将光源中原子每次发光的持续时间称为**相干时间**,用 τ_0 表示,则每一波列在真空中的长度为 $L_0 = c\tau_0$,c 为真空中的光速,L_0 称为光源的**相干长度**,它等于真空中的波列长度。由图 6.41(a)、(b)所示的两种情况可知,若两相干波列传播路径的光程差为 δ,则只有在 $L_0 > \delta$ 时两波列才有机会相遇而发生干涉。所以 L_0 越长,发生干涉所允许的光程差就越大,而 L_0 的长短取决于光源的相干时间 τ_0。将光源的这种相干性称为**时间相干性**。普通光源的相干长度只有毫米到厘米数量级。激光的相干长度较长,但因激光器的类型及设计标准不同而有较大差异,从米数量级到百米或更高的数量级,所以激光的时间相干性好。

另外,从光谱分析的理论和实验发现,光源的时间相干性与光源的光谱结构特点有密切关系。相干长度较长的光源,其频率成分较单纯,即以某一中心频率的光强为主,而高于和低于这一中心主频率的其他光波的光强下降得很快,亦即所谓光源的单色性好。由此可知,单色性好的光源,其时间相干性也好。

(2)**空间相干性**

在使用普通光源作杨氏双缝干涉实验时,总是先用一条狭缝对光源进行限制,才能获得清晰的干涉条纹。如果将狭缝的宽度逐渐增大,将会发现干涉条纹逐渐变得模糊,当缝宽达到一定程度时,干涉条纹完全消失。这就是所谓的空间相干性问题。

如图 6.42 所示,S 是一宽光源。假定当入射屏 P_1 上的缝宽扩大到 b 时,观察屏上的干涉条纹恰好完全消失。这时,可以针对图中的光路,对这一现象作如下解释:在宽度为 b 的光源上各点独立发出波长为 λ 的光波，经双缝 S_1、S_2 分波阵面后，各自在观察屏上产生自己的一套干涉条纹，其在 x 轴上的条纹间距 $\Delta x=\frac{D\lambda}{d}$。若 b 上任取一对相距为$\frac{b}{2}$的点光源，例如，图中 S' 和 S''，它们在 x 轴上产生的零级明纹恰好相互错开半个条纹间距，即 $O'O''=\frac{\Delta x}{2}$。此时一组干涉条纹的明纹与另一组干涉条纹的暗纹相互重叠（如图6.42中的虚线曲线与实线曲线所示），结果就观察不到这两组干涉条纹。由于在 b 上连续分布的各对间距为$\frac{b}{2}$的点光源都发生上述情况，所以在屏上只能看到均匀的光强分布。由图中几何关系并考虑通常的实验条件是 $b \ll R$ 和 $\Delta x \ll D$，可以得出

$$\frac{\frac{b}{2}}{R}=\frac{\frac{\Delta x}{2}}{D}$$

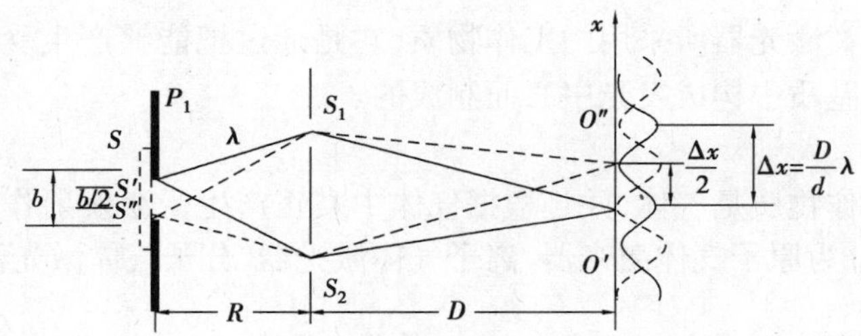

图6.42　空间相干性

将 $\Delta x=D\lambda/d$ 代入上式，得到干涉条纹恰好消失时，光源的最大宽度为

$$b=\frac{R}{d}\lambda \tag{6.28}$$

当缝宽等于或大于 b 时，就不能观察到干涉条纹。当 R、d、λ 给定时，可由式(6.28)算出 b 值，从而对光源宽度作出限制。反之，对于某一宽度为 b 的光源（它发出波长为 λ 的光波），要想在杨氏双缝干涉实验中观察到干涉条纹，则应对比值 R/d 作出限制。

6.5.2　单色光源

所谓**单色光源**是指光源发出的光其光波长较统一、分布范围小这样的光源。常见的单色光源有各类激光器、钠光灯及氪灯等。

(1)激光光源（激光器）

激光器的发明是20世纪科学技术的一项重大成就。它使人们终于有能力驾驭尺度极小、数量极大、运动极混乱的分子和原子的发光过程，从而获得产生、放大相干的红外线、可见光线和紫外线（以致X射线和 γ 射线）的能力。激光科学技术的兴起使人类对光的认识和利用达到了一个崭新的水平，图6.43为一种激光器。

用来实现粒子数反转并产生光的受激辐射放大作用的工作物质，称为激光增益介媒质，它们可以是固体（晶体、玻璃）、气体（原子气体、离子气体、分子气体）、半导体和液体等介质。根据激光工作物质的不同可把激光器分为以下几类：

图 6.43　激光器

1) 固体激光器

晶体和玻璃是这类激光器所采用的工作物质,它是通过把能够产生受激辐射作用的金属离子掺入晶体或玻璃基质中构成发光中心而制成的。

2) 气体激光器

它们所采用的工作物质是气体,并且根据气体中真正产生受激发射作用的工作粒子性质的不同,而进一步区分为原子气体激光器、离子气体激光器、分子气体激光器、准分子气体激光器等。

3) 液体激光器

液体激光器所采用的工作物质主要包括两类:一类是有机荧光染料溶液;另一类是含有稀土金属离子的无机化合物溶液,其中金属离子(如 Nd)起工作粒子的作用,而无机化合物液体(如 $SeOCl_2$)则起基质的作用。

4) 半导体激光器

半导体激光器是以一定的半导体材料做工作物质而产生受激发射作用,其原理是通过一定的激励方式(电注入、光泵或高能电子束注入),在半导体物质的能带之间或能带与杂质能级之间,激发非平衡载流子而实现粒子数反转,从而产生光的受激发射作用。

5) 自由电子激光器

自由电子激光器是一种特殊类型的新型激光器,工作物质为在空间周期变化磁场中高速运动的定向自由电子束,只要改变自由电子束的速度就可产生可调谐的相干电磁辐射,原则上其相干辐射谱可从 X 射线波段过渡到微波区域,因此,具有很诱人的前景。

作为高校光学实验常使用的是以下几种激光器:

1) 气体激光器

介质是气体的激光器,此种激光器通过放电得到激发。

①He-Ne 氦氖激光器。输出 632.8 nm 的红光,该激光具有单色性好,光束发散角小,单横模式,光束质量高,适合作各种干涉实验、全息实验、光信息处理实验等。激光功率有 2、5、8、25、40 mW。

②Ar 离子激光器。输出 488、514.5、546.1 nm 波长的几种光束,适合作全息实验。激光器功率有 100、5、8 W。

2）固体激光器

介质是固体的激光器，此种工作物质通过灯、半导体激光器阵列、其他激光器光照泵浦得到激发。热透镜效应是大多数固体激光器的一项缺陷。

①红宝石激光器：激光工作波长一般为694.3 nm，工作状态是单次脉冲式，每脉冲在1 ms量级。适合作动态全息实验。输出能量为焦耳数量级。

②掺钕钇铝石榴石激光器（Nd：YAG）：为最常用的固体激光器，工作波长一般为1 064 nm，倍频后输出532 nm绿光。适合作激光倍频、调Q等实验。

3）半导体激光器

半导体激光器也称为半导体激光二极管，或简称“激光二极管”（Laser Diode，LD）。半导体激光器是以一定的半导体材料做工作物质而产生受激发射作用的器件。半导体激光器波长覆盖范围为紫外至红外波段，常使用的是输出650 nm（红光）、532 nm（绿光）的激光器。半导体激光器输出的激光束的光学质量虽比不上He-Ne激光，但它具有能量转换效率高、超小型化、结构简单、使用寿命长、工作电压低（安全）等突出特点，使其成为最重要、最具应用价值的一类激光器。

【知识拓展】

激光武器

激光武器（Laser Weapon）是一种定向高能武器，利用强大的定向发射的激光束直接毁伤目标或使之失效（见图6.44）。它是利用高亮度强激光束携带的巨大能量摧毁或杀伤敌方飞机、导弹、卫星和人员等目标的高技术新概念武器。强激光武器有着其他武器无可比拟的优点，强激光武器具有速度快、精度高、拦截距离远、火力转移迅速、不受外界电磁波干扰、持续战斗力强等优点。美、俄、英、德、法、以色列等许多西方国家都在积极发展强激光武器。激光武器经过三十多年的研究，已经日趋成熟并将在战场上发挥越来越重要的作用。

图6.44　激光武器

高度集束的激光，能量也非常集中。举例说明，在日常生活中认为太阳是非常亮的，但一台巨脉冲红宝石激光器发出的激光却比太阳还亮200亿倍。当然，激光比太阳还亮，并不是因为它的总能量比太阳还大，而是由于它的能量非常集中。例如，红宝石激光器发出的激光射束，能穿透一张3 cm厚的钢板，但总能量却不足以煮熟一个鸡蛋。

激光武器具有攻击速度快、转向灵活、可实现精确打击、不受电磁干扰等优点，但也存在易受天气和环境影响等弱点。激光武器主要指高功率强激光武器，它是一种利用激光束摧毁飞机、导弹、卫星等目标或使之失效的定向能武器。按搭载的载体不同，激光武器可分为：舰载式、车载式、机载式、地基式、星载式（天基）激光武器系统。

激光武器作用的面积很小，但破坏在目标的关键部位上，可造成目标的毁灭性破坏。这和惊天动地的核武器相比，完全是两种风格。

战术激光武器的突出优点是反应时间短，可拦击突然发现的低空目标。用激光拦击多目标时，能迅速变换射击对象，灵活地对付多个目标。

激光武器的缺点是不能全天候作战，受限于大雾、大雪、大雨，而且激光发射系统属精密光学系统，在战场上的生存能力有待考验。

传统陆军的快速发射高炮的炮管寿命短,连续发射几分钟后就要更换,而激光武器不存在多次发射的寿命问题。可以预计,未来在弹炮结合防空武器系统的基础上,将出现将新型防空导弹、高炮和激光武器三结合的对空防御系统。其中,激光武器主要拦截从低空、超低空突然来袭的近距离目标,这有可能大大提高对精确武器的拦截概率,解决当前存在的极近程防空问题,并可用于保卫重要目标,如重要机构、指挥中心、通信和动力中枢等。

激光武器分为3类:一是致盲型。前面讲过的机载致盲武器,就属于这一类。二是近距离战术型,可用来击落导弹和飞机。1978年,美国进行的用激光打陶式反坦克导弹的试验,就是用的这种机载激光武器。三是远距离战略型。这类的研制困难最大,一旦成功,作用也最大,它可以反卫星、反洲际弹道导弹,成为最先进的防御武器。发达国家的大型水面舰只已开始采用核能作为动力,中型水面舰只的电动化改进也已进入实质阶段,这都为激光武器在舰艇上的应用铺平了道路。

激光武器它分为战术激光武器和战略激光武器两种。它将是一种常规威慑力量。

1)战术激光武器

战术激光武器是利用激光作为能量,是像常规武器那样直接杀伤敌方人员、击毁坦克、飞机等,打击距离一般可达20 km。这种武器的主要代表有激光枪和激光炮,它们能够发出很强的激光束来打击敌人。激光枪的样式与普通步枪没有太大区别,主要由4部分组成:激光器、激励器、击发器和枪托。国外已有一种红宝石袖珍式激光枪,外形和大小与美国的派克钢笔相当。但它能在距人几米之外烧毁衣服、烧穿皮肉,且无声响,能在不知不觉中致人死命,并可在一定的距离内,使火药爆炸,使夜视仪、红外或激光测距仪等光电设备失效。还有一种稍大质量与机枪相仿的小巧激光枪,能击穿铜盔,在1 500 m的距离上烧伤皮肉、灼瞎眼睛等。战术激光武器的“挖眼术”不但能造成飞机失控、机毁人亡,或使炮手丧失战斗能力,而且由于参战士兵不知对方激光武器会在何时何地出现,常常受到沉重的心理压力。因此,激光武器又具有常规武器所不具备的威慑作用。1982年,英阿马岛战争中,英国在航空母舰和各类护卫舰上就安装有激光致盲武器,曾使阿根廷的多架飞机失控、坠毁或误入英军的射击火网。

2)战略激光武器

战略激光武器可攻击数千千米之外的洲际导弹;可攻击太空中的侦察卫星和通信卫星等。例如,1975年11月,美国的两颗用于监视导弹发射井的侦察卫星在飞抵西伯利亚上空时,被苏联的“反卫星”陆基激光武器击中,并变成“瞎子”。因此,高基高能激光武器是夺取宇宙空间优势的理想武器之一,也是军事大国不惜耗费巨资进行激烈争夺的根本原因。自20世纪70年代以来,美、俄两国都分别以多种名义进行了数十次反卫星激光武器的试验。反战略导弹激光武器的研制种类有化学激光器、准分子激光器、自由电子激光器和调射线激光器。例如,自由电子激光器具有输出功率大、光束质量好、转换效率高、可调范围宽等优点。但是,自由电子激光器体积庞大,只适宜安装在地面上,供陆基激光武器使用。作战时,强激光束首先射到处于空间高轨道上的中断反射镜。中断反射镜将激光束反射到处于低轨道的作战反射镜,作战反射镜再使激光束瞄准目标,实施攻击。通过这样的两次反射,设置在地面的自由电子激光武器,就可攻击从世界上任何地方发射的战略导弹。高基高能激光武器是高能激光武器与航天器相结合的产物。当这种激光器沿着空间轨道游弋时,一旦发现对方目标,即可投入战斗。由于它部署在宇宙空间,居高临下,视野广阔,更是如虎添翼。在实际战斗中,可用它对对方的空中目标实施闪电般的攻击,以摧毁对方的侦察卫星、预警卫星、通信卫星、气象卫星,甚至能将对方的洲际导弹摧毁在助推的上升阶段。

（2）**钠光灯**

实验室常使用的是低压钠光灯。采用有扼流圈的专用电源供电。管内金属钠因通电熔化后发出589.0 nm、589.6 nm两条谱线的黄光。适合作光的干涉、衍射及光谱实验。钠光灯启辉慢，特别是冬天。废钠光管不能乱扔，钠光管破后金属钠外露污染很厉害，应专门处理。

6.5.3 非相干复色光源

（1）**普通白炽灯**

白炽灯由灯泡、钨丝和插接头组成。灯泡内被抽成真空，接上电源后钨丝被加热成白炽状态并发出可见光。在光谱仪的测定下白炽灯光谱集中于红黄区域，色温低，因此不是真正的白光。白炽灯缺点很多：一是，光电转换效率低，只有约7%。二是，灯泡内的钨丝在白炽状态下会蒸发，后果是泡壁逐渐发黑，灯的亮度降低。被蒸发后的灯丝越来越细，最终断掉。三是，相干长度仅几个波长，通常被视为非相干光。在实验室它通常作为辅助光源。由于效率低面临淘汰。

（2）**卤钨灯**

在白炽灯中充入卤族元素或卤化物，利用卤钨循环原理可消除白炽灯的玻壳发黑现象。这就是卤素灯的来由（见图6.45）。

卤素灯与白炽灯的最大差别在于，卤素灯的玻璃壳中充有一些卤族元素气体（通常是碘或溴），其工作原理为：当灯丝发热时，钨原子被蒸发后向玻璃管壁方向移动，当接近玻璃管壁时，钨蒸气被冷却到大约800 ℃并和卤素原子结合在一起，形成卤化钨（碘化钨或溴化钨）。卤化钨向玻璃管中央移动，又重新回到被氧化的灯丝上，由于卤化钨是一种很不稳定的化合物，其遇热后又会重新分解成卤素蒸气和钨，这样钨又在灯丝上沉积下来，弥补被蒸发掉的部分。通过这种再生循环过程，灯丝的使用寿命不仅得到了大大延长（几乎是白炽灯的4倍），同时由于灯丝可以工作在更高温度下，从而得到了更高的亮度、更高的色温和更高的发光效率。

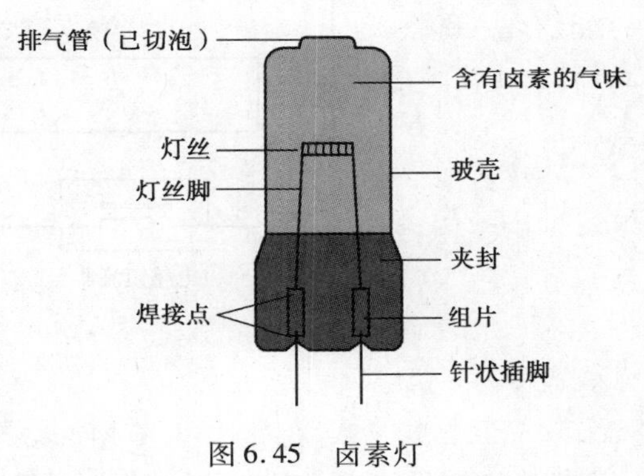

图6.45 卤素灯

卤钨灯分为主高压卤钨灯（可直接接入220～240 V电源）及低电压卤钨灯（需配相应的变压器）两种，低电压卤钨灯具有相对更长的寿命、安全性能等优点。

选择卤钨灯的秘诀：灯的色温，寿命，安全性及是否隔除紫外线。

为提高白炽灯的发光效率，必须提高钨丝的温度，但相应会造成钨的蒸发，使玻壳发黑。但在为确保卤钨循环的正常进行，必须大大缩小玻壳尺寸，以提高玻壳温度（一般要求碘钨灯的玻壳温度为250～600 ℃，溴钨灯的玻壳温度为200～1 100 ℃），使灯内卤化钨处于气态。因此，卤素灯的玻壳必须使用耐高温和机械强度高的石英玻璃。

卤素灯的结构有双端直管形、单端圆柱形和反射形。由于使用石英玻璃作玻壳，卤素灯又常称为石英灯。其中反射形卤素灯因带有反射杯，又常称为杯灯。

卤钨灯功率有5、10、15、20、25、30、35、40、45、50、60、70、100、150、200和250 W等多种。工作电压有6、12、24、28、110和220 V等多种。灯头有螺口式（E10、E11、E14等）、插入式（GU5.3、GX5.3、GY6.35、GZ4和G8等）和直接引出式。

使用中应注意以下几点：

①安装卤钨灯泡时，请将电源关闭，并利用塑料套保护灯泡玻璃壳清洁，不要用手触摸，如不慎触摸，请用酒精擦拭干净。

②卤钨灯泡使用耐高温的石英玻璃制成，如粘到手或油污，将使石英玻璃失去光泽，变成白浊色而降低亮度，缩短寿命，甚至玻璃壳破裂。

③卤钨灯泡点亮时，封口处的温度不可超过 350 ℃，否则会缩短卤钨灯泡的寿命，故卤钨灯具通风散热必须良好。

④卤钨灯泡点亮时，避免冷气直接吹向灯泡。

⑤卤钨灯泡点亮中，避免受到冲击或震动。

⑥卤钨灯泡点亮中或刚熄灭后，因灯泡温度仍然很高，绝对不可用手去触摸。

(3)**普通日光灯**

日光灯两端各有一灯丝，灯管内被抽成真空，充有微量的氩和稀薄的液态水银及汞蒸气，灯管内壁上涂有荧光粉，两个灯丝之间的气体导电时发出紫外线，使荧光粉发出柔和的可见光。图 6.46 为普通日光灯电路图。

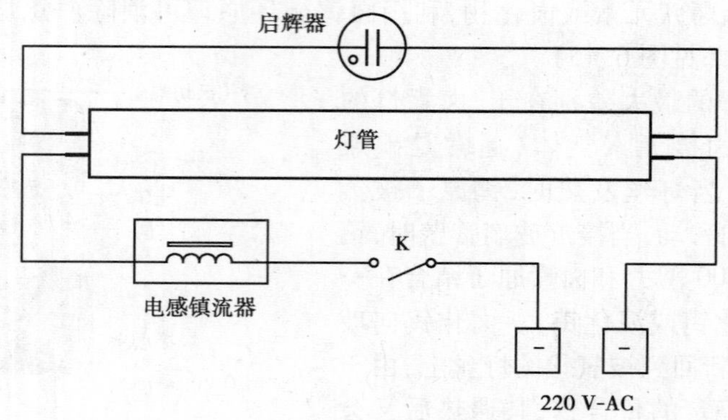

图 6.46　普通日光灯电路

日光灯工作特点：灯管开始点燃时需要一个高电压，正常发光时只允许通过不大的电流，这时灯管两端的电压低于电源电压。

整个日光灯电路由日光灯管、电感镇流器和启辉器组成。电感镇流器是一个铁芯电感线圈，电感的性质是当线圈中的电流发生变化时，则在线圈中将引起磁通的变化，从而产生感应电动势，其方向与电流的方向相反，因而阻碍电流变化。电感镇流器的作用是起稳定电路中电流的作用。启辉器在电路中起开关作用，它由一个氖气放电管与一个电容并联而成，电容的作用为消除对电源的电磁的干扰并与镇流器形成振荡回路，增加启动脉冲电压幅度。放电管中一个电极用双金属片组成，利用氖泡放电加热，使双金属片在开闭时，引起电感镇流器电流突变并产生高压脉冲加到灯管两端。

当日光灯接入电路以后，启辉器两个电极间开始辉光放电，使双金属片受热膨胀而与静触极接触，于是电源、镇流器、灯丝和启辉器构成一个闭合回路，电流使灯丝预热，当受热时间 1 ~ 3 s后，启辉器的两个电极间的辉光放电熄灭，随之双金属片冷却而与静触极断开，当两个电极断开的瞬间，电路中的电流突然消失，于是镇流器产生一个高压脉冲，它与电源叠加后，加到灯管两端，使灯管内的惰性气体电离而引起弧光放电，在正常发光过程中，镇流器的自感还起着稳定电路中电流的作用。

(4)LED 灯

LED(Light Emitting Diode)也称发光二极管,是一种能够将电能转化为可见光的固态半导体器件。由于能输出白光的 LED 灯已经成熟,因此,这里主要介绍非相干的 LED,LED 的核心是一个半导体的晶片,晶片的一端固定在一个支架上。一端是负极,另一端连接电源的正极。整个晶片被环氧树脂封装起来。半导体晶片由两部分组成,一部分是 P 型半导体,在它里面空穴占主导地位,另一部分是 N 型半导体,在这里主要是电子。但这两种半导体连接起来时,它们之间就形成一个 P-N 结。当电流通过导线作用于这个晶片时,电子就会被推向 P 区,在 P 区里电子跟空穴复合,然后就会以光子的形式发出辐射,这就是 LED 灯发光的原理。输出光的波长(也就是光的颜色)是由晶片 P-N 结的材料决定的。

LED 灯符合节能的大趋势,其特点和优点也很突出。但笔者长期从事光学实验的经验告诉我们,在瓦级以上的使用时它的发热是相当厉害的。就这一点来说,要进入实验室,还需要很长一段时间。

LED 灯的特点:

①节能。白光 LED 的能耗仅为白炽灯的 1/10,节能灯的 1/4,相同功率下亮度是白炽灯的 10 倍。

②LED 采用高可靠的先进封装工艺——共晶焊,充分保障 LED 的超长寿命,在正常情况下,寿命可达 10 万 h 以上,对普通家庭照明可谓"一劳永逸"。

③可以工作在高速状态。节能灯如果频繁的启动或关闭灯丝就会发黑很快坏掉。

④固态封装。属于冷光源类型。所以便于运输和安装,可以被装置在任何微型和封闭的设备中,不怕振动,基本上不用考虑散热。

⑤环保。不含铅、钠、汞等污染元素,对环境没有任何污染,对人体无伤害、无辐射。不用厂家专门回收。

⑥LED 点光源扩展为面光源,增大发光面,消除眩光,升华视觉效果,消除视觉疲劳。

⑦透镜与灯罩一体化设计。透镜同时具备聚光与防护作用,避免了光的重复浪费,让产品更加简洁美观。

⑧无频闪。纯直流工作,消除了传统光源频闪引起的视觉疲劳。

⑨耐冲击,抗雷能力强,无紫外线(UV)和红外线(IR)辐射。无灯丝及玻璃外壳,没有传统灯管碎裂问题。

⑩低热电压下工作,安全可靠。表面温度不高于 60 ℃(环境温度 T_a = 25 ℃时)。

⑪宽电压范围,全球通用。85 ~ 264 V 全电压范围恒流,保证寿命及亮度不受电压波动影响。

⑫通用标准灯头,可直接替换现有卤素灯、白炽灯、荧光灯。

⑬发光效率可高达 801 m/W,多种 LED 灯色温可选,显色指数高,显色性好。

很明显,只要 LED 灯的成本随 LED 技术的不断提高而降低,节能灯及白炽灯必然会被 LED 灯具所取代。

LED 的缺点:

①散热问题,如果散热不佳会大幅缩短寿命。

②低端 LED 灯的省电性还是低于节能灯(冷阴极管、CCFL)。

③因 LED 光源方向性很强,灯具设计需要考虑 LED 特殊光学特性。

思考题

1. 自行车的尾灯里面没有灯泡也没有电源,为何会能发光?尾灯的外壳多由红色塑料制成,为何选用红色而不是蓝色?尾灯内部有一个个突起的角锥体,为何制成这种形状?

2. 为什么月光照亮的物体缺乏颜色?

3. 在引入光程及光程差后,计算出的光波波长是光在相应的介质中的波长,这种说法对吗?

4. 在杨氏双缝试验中,如果使两缝之间的距离逐渐增大或者使光屏与两缝之间的距离逐渐减小时,光屏上的干涉条纹分别如何变化?如果遮住某一个缝,光屏中间的光强将如何变化?

5. 对空气中和水中的双缝实验,哪一种情况下条纹的间距较大?

6. 当单色光照到双缝干涉装置上,在光屏上得到明暗相间的干涉条纹,明条纹为什么中心部分最亮,而远离中心时,变得越来越暗?

7. 为什么无线电波能绕过障碍物,而光波则不能?

8. 用白光照射空气中的肥皂水薄膜,随着薄膜的厚度变薄,膜上会出现颜色,当膜快要破裂的时候,从反射方向上看膜是暗的,为什么?

9. 在单缝衍射中,中央明条纹的宽度与哪些因素有关?若把实验装置放置在水中进行,中央明条纹有什么变化?

10. 在迎面驶来的汽车上,两盏前灯相距 1.2 m,请问汽车在与人的距离多远时,人眼恰能分辨这两盏灯?设夜间人眼瞳孔直径为 5 mm,入射波长 500.0 mm,且只考虑人眼圆形瞳孔的衍射效应。

11. 什么是偏振现象?为什么偏振现象能说明光是横波?

12. 光的振动方向指的是什么?自然光、完全偏振光和部分偏振光有何不同?

13. 为什么偏振片太阳镜可以减少眩光,而非偏振片太阳镜只是减少到达眼睛光的总量?

14. 对于哈勃太空望远镜,红光、绿光、蓝光或紫外光,哪一种光能更好地看到遥远天体上的细节?

15. 光源的相干性指的是什么?包含哪几类?单色光与相干光有什么区别?

16. 为什么在难以到达的地方,如在很高的天花板上,选择使用 LED 灯?

练习题

1. 为了使双缝干涉的条纹间距变大,可以采取的方法是(　　)。

A. 使光屏靠近双缝　　B. 使两缝的间距变小

C. 使两缝的宽度稍微变窄　　D. 改用波长较小的单色光源

2. 在垂直照射的劈尖干涉实验中,当劈尖的夹角变大时,干涉条纹将(　　)。

A. 远离劈棱方向移动　　B. 向劈棱方向移动

C. 相邻条纹间的距离将变宽　　D. 条纹位置和间距不变

3. 观察屏幕上得到的单缝夫琅禾费衍射图样，当入射光波长变大时，中央条纹的宽度将(　　)。

A. 变小　　B. 变大　　C. 不变　　D. 不确定

4. 关于光学仪器的分辨率，下列说法中正确的是(　　)。

A. 与仪器的孔径成正比，而与光的波长成反比

B. 与仪器的孔径成反比，而与光的波长成正比

C. 与仪器的孔径和光的波长成正比

D. 与仪器的孔径和光的波长成反比

5. 一束自然光 I_0 垂直穿过两个偏振片，已知两偏振片的偏振化方向夹角为45°，则穿过两偏振片后的光强为(　　)。

A. $\frac{\sqrt{2}I_0}{4}$　　B. $\frac{I_0}{2}$　　C. $\frac{I_0}{4}$　　D. $\frac{\sqrt{2}I_0}{2}$

6. 一束自然光通过一偏振片后，射到一折射率为$\sqrt{3}$的玻璃片上，若转动玻璃片，使反射光消失，这时入射角等于(　　)。

A. 15°　　B. 45°　　C. 30°　　D. 60°

7. 在双缝干涉实验中，已知双缝与屏幕间的距离 $d=120$ cm，双缝的间距 $a=0.45$ mm，屏幕上相邻明条纹间距离 1.5 mm，求单色光的波长。

8. 波长 $\lambda=550$ nm 的单色光照射到缝间距 $a=2\times10^{-4}$ m 的双缝上，双缝到屏幕的距离 $d=2$ m 求：

(1)相邻明条纹之间的距离；

(2)第五级明条纹到中央明条纹的距离。

9. 用波长 $\lambda=650$ nm 的单色光，垂直照射到折射率 $n=1.33$ 的肥皂劈尖膜上，求第一级明条纹处肥皂膜厚度及该单色光在膜中的波长。

10. 白光垂直照射到空气中一厚度为380 nm 的肥皂膜上，设肥皂的折射率 $n=1.32$。求该膜的正面呈现的颜色。

11. 用波长 $\lambda=632.8$ nm 的激光垂直照射单缝时，其夫琅禾费衍射图样的第1级小于单缝法线的夹角为5°，求该缝的缝宽。

12. 波长为600 nm 的单色光垂直入射到单缝上，设透镜的焦距$f=1$ m，中央明条纹的宽度为4 mm，求单缝的宽度。

13. 已知石英玻璃的折射率为1.458 5，计算它的布儒斯特角以及反射光为完全偏振时的折射角。

14. 一束太阳光以某一入射到平面玻璃上，这时的反射光为线偏振光，透射光的折射光为32°，试问：

(1)太阳光的入射角是多少？

(2)玻璃的折射率是多少？

第7章 核物理及应用

7.1 核物理简介及发展历程

7.1.1 核物理学简介及研究内容

核物理学又称**原子核物理学**,是20世纪新建立的一个物理学分支。它研究的是原子核的结构、运动和变化规律,射线束的产生、探测和分析技术及与核能、核技术应用有关的物理问题。它是一门既有深刻理论意义,又具有重大实践意义的学科。在原子核物理学诞生、发展和壮大的全过程中,通过核技术的应用,核物理和其他学科及生产、医疗、军事等领域建立了广泛的联系,相互配合取得了不菲的成果;核物理基础研究又为核技术的应用不断开辟新的途径。核基础研究和核技术应用的需要,推进了粒子加速技术和核物理实验技术的发展;反过来,这两门技术的新发展,又有力地促进了核物理的基础和应用研究向纵深方向发展。

7.1.2 发展历程

(1)初期

1896年,贝可勒尔发现天然放射性物质,这是人类第一次观察到的核现象。通常就把这一重大发现看成是核物理学的开端。此后的40多年,人们主要从事放射性衰变规律和射线性质的研究,并且利用放射性射线对原子核作了初步的探讨,这是核物理发展的初期阶段。在这一时期,人们为了探测各种射线,鉴别其种类并测定其能量,初步创建了一系列探测方法和测量仪器。1911年,卢瑟福等人利用α射线轰击各种原子,观测α射线所发生的偏折,从而确立了原子的核结构,提出了原子结构的行星模型,这一成就为原子结构的研究奠定了基础。此后不久,人们便初步弄清了原子的壳层结构和电子的运动规律,建立和发展了描述微观世界物质运动规律的量子力学。1919年,卢瑟福等又发现用α粒子轰击氮核会放出质子,这是首次用人工方法实现的核蜕变反应。此后用射线轰击原子核来引起核反应的方法逐渐成为研究原子核的主要手段。在初期的核反应研究中,最主要的成果是1932年中子的发现和1934年人工放射性核素的合成。原子核是由中子和质子组成的,中子的发现为核结构的研究提供了必要的前提。中子不带电荷,不受核电荷的排斥,容易进入原子核而引起核反应。因此,中子核反应成为研究原子核的重要手段。在20世纪30年代,人们还通过对宇宙线的研究发现了正电子和介子,这些发现是粒子物理学的先河。

(2)**大发展期**

20世纪40年代前后,核物理进入一个大发展的阶段。1939年,哈恩和斯特拉斯曼发现了核裂变现象;1942年,费米建立了第一个链式裂变反应堆,这是人类掌握核能源的开端。20世纪40年代以来,粒子探测技术也有了很大的发展。半导体探测器的应用大大提高了测定射线能量的分辨率。核电子学和计算技术的飞速发展从根本上改善了获取和处理实验数据的能力,同时也大大扩展了理论计算的范围。所有这一切,开拓了可观测的核现象的范围,提高了观测的精度和理论分析的能力,从而大大促进了核物理研究和核技术的应用。

通过大量的实验和理论研究,人们对原子核的基本结构和变化规律有了较深入的认识。基本弄清了核子(质子和中子的统称)之间的相互作用的各种性质,对稳定核素或寿命较长的放射性核素的基态和低激发态的性质已积累了较系统的实验数据。并通过理论分析,建立了各种适用的模型。

通过核反应,已经人工合成了17种原子序数大于92的超铀元素和上千种新的放射性核素。这种研究进一步表明,元素仅仅是在一定条件下相对稳定的物质结构单位,并不是永恒不变的。

天体物理的研究表明,核过程是天体演化中起关键作用的过程,核能就是天体能量的主要来源。人们还初步了解到在天体演化过程中各种原子核的形成和演变的过程。在自然界中,各种元素都有一个发展变化的过程,都处于永恒的变化之中。

在过去,通过对宏观物体的研究,人们知道物质之间有电磁相互作用和万有引力(引力相互作用)两种长程的相互作用;通过对原子核的深入研究,才发现物质之间还有两种短程的相互作用,即强相互作用和弱相互作用。在弱相互作用下宇称不守恒现象的发现,是对传统的物理学时空观的一次重大突破。研究这4种相互作用的规律和它们之间可能的联系,探索可能存在的力的相互作用,已成为粒子物理学的一个重要课题。毫无疑问,核物理研究还将在这一方面作出新的重要贡献。

核物理的发展,不断地为核能装置的设计提供日益精确的数据,从而提高了核能利用的效率和经济指标,并为更大规模的核能利用准备了条件。人工制备的各种同位素的应用已遍及理、工、农、医各部门。新的核技术,如核磁共振、穆斯堡尔谱学、晶体的沟道效应和阻塞效应,以及扰动角关联技术等都迅速得到应用。核技术的广泛应用已成为现代化科学技术的标志之一。

(3)**成熟的阶段到完善和提高**

20世纪70年代以来,由于粒子物理逐渐成为一门独立的学科,核物理已不再是研究物质结构的最前沿。核能利用方面也不像过去那样迫切,核物理进入了一个纵深发展和广泛应用的新的更成熟的阶段。在这一阶段,粒子加速技术已有了新的进展。由于重离子加速技术的发展,人们已能有效地加速从氢到铀所有元素的离子,其能量可达到十亿电子伏特每核子。这就大大扩充了人们变革原子核的手段,使重离子核物理的研究得到全面发展。

随着高能物理的发展,人们已能建造强束流的中高能加速器。这类加速器不仅能提供直接加速的离子流,还可提供次级粒子束。这些高能粒子流从另一方面扩充了人们研究原子核的手段,使高能核物理成为富有生气的研究方面。

从核物理基础研究看,主要目标在两个方面:一是通过核现象研究粒子的性质和相互作用,特别是核子间的相互作用;二是核多体系的运动形态的研究。很明显,核运动形态的研究将在相当长的时期内占据着核物理基础研究的主要部分。

7.2 两个重要的反应

7.2.1 核裂变链式反应

由于重原子核的比结合能小于中等质量原子核的比结合能,这一事实告诉我们,在使一个重原子核分裂成两个或两个以上中等质量原子核的过程中将释放出巨大的能量,这一过程称为**重核的裂变**,它是获得核能的重要途径之一。1939 年,哈恩和斯特拉斯曼发现了核裂变现象。科学家们发现铀-235 和钚-239 此类重原子核在中子的轰击后,通常会分裂变成两个中等质量的核,同时再放出 2 ~3 个中子和 200 MeV 的能量。在裂变中放出的中子,一些在裂变系统中损耗了,而一些则继续进行重核裂变(继续轰击重原子核)反应。只要在每一次的核裂变中所裂变出的中子数平均多余一个(即中子的增值系数大于 1),那么核裂变即可继续进行。一次次的反应后,裂变出的中子总数以指数形式增长,而产生的能量也随之剧增。如果不加控制,最终,这个裂变系统会变为一个剧烈的链式裂变反应。在此类重核裂变反应中,系统可以在极短的时间内释放出大量的能量。

由于核物理学具有很强的应用能力。这一现象的发现把人们的思路带向两个方向:一个是利用瞬间内释放出大量的能量制造大规模杀伤性武器——原子弹;另一个是控制反应速度从而缓慢释放出大量能量。这些能量成为了人们获得的可控的核能。

图 7.1 是链式裂变反应示意图,一个中子撞击 U235 核,重核分裂为两个碎块,即 Kr92 和 Ba141,在放出大量能量的同时放出 3 个二代快中子。二代快中子又重复上述过程使链式裂变反应继续下去。

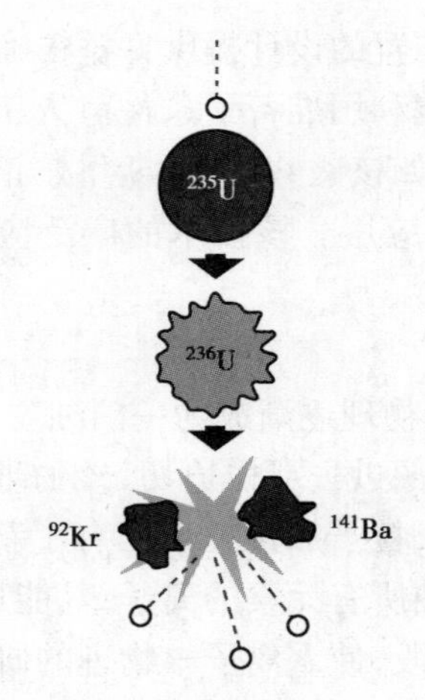

图 7.1 链式裂变反应示意图

【知识拓展】

大规模杀伤性武器——原子弹

原子弹又称裂变弹(Atomic Bomb)是一种利用核裂变原理制成的大规模杀伤性武器。美国是最先研制原子弹成功的国家。原子弹具有非常强的破坏力与杀伤力,在爆炸的同时会放出强烈的核辐射,危害生物组织。

原子弹通常是利用铀-235或钚-239等较容易裂变的重原子核在核裂变瞬间可以产生巨大能量的原理而制成的。在此类重核裂变反应中,系统可以在极短的时间内释放出大量的能量。当“下一代”中子数定位两个时,在不到1 μs的时间内,1 kg的铀或钚中会有2.5×10^{24}个原子核发生裂变反应,而就在这不到1 μs的时间内,此反应所产生出能量相当于2万t TNT当量(指核爆炸时所释放的能量相当于2万t TNT炸药爆炸所释放的能量)。这也是原子弹极具破坏性威力的来源。

在原子弹的实际使用及爆炸中,需要提高爆炸的威力。为了利用“快中子裂变体系”,需要使用高浓度的裂变物质作为核炸药,同时装药量必须远远超过临界质量,使得中子的增值系数远远大于1。

原子弹是由核材料铀-235(或钚-239,被制成两部分。2块铀,一块大,一块小)以及一个普通炸弹组成。两个铀块被分放在一个管状容器的两端(距离大于1 m)。平时,分离的核材料内部虽有中子不停轰击,由于2块铀分离的,没有达到临界体积(或临界质量),无论中子怎么轰击都是不会发生链式反应的。当需要引爆原子弹时,只需引爆其内部的普通炸弹,通过普通炸弹产生的冲击力使这端的铀-235材料推向另一端与大铀块合二为一,从而达到临界体积,于是核裂变反应发生。炸弹爆炸产生的能量迅速提升原子弹内部温度,于是链式反应发生,重核裂变不停止直至铀完全耗尽,瞬间释放出巨大能量,一场核灾难就发生了!

原子弹爆炸具有非常强的破坏力与杀伤力。爆炸中心的温度超过万度,爆炸会产生强大的爆炸云——蘑菇云,可上升至数千米高的高空。原子弹爆炸的影响分几个批次:首先是光辐射(也称核辐射)、高温、冲击波以及核污染,其中核污染是长期的。

图7.2　我国第一颗原子弹爆炸成功

战略大国都有原子弹。20世纪60年代,为了打破美苏的核垄断和核讹诈,我国也研发了原子弹。我国在1964年10月16日成功爆炸了第一颗原子弹(见图7.2)。根据解密的资料,为了这颗原子弹的爆炸,我国一共花费了28亿元人民币。

7.2.2　核聚变反应

从比结合能曲线可知,轻核的比结合能小于中等质量原子核的比结合能。因此,在使两个轻核聚合变成为一个稍重原子核的过程中也会释放出巨大的能量,这是取得核能的又一个重要途径。**核聚变**(Nuclear Fusion),又称**核融合**,或**聚变反应**。轻核是指质量小的轻原子核,主要是指氢原子的同位素氘或氚,在一定条件(如超高温和高压)下,轻原子核发生互相聚合作用,生成新的质量更重的原子核(如氦),并伴随着巨大的能量释放的一种核反应形式。如下热核反应是4个常见的重要轻核聚变反应之一(见图7.3):

$$ {}_1^3\text{H} + {}_1^2\text{H} \longrightarrow {}_2^4\text{He} + {}_0^1n + 1.76\times10^7\ \text{eV}(\text{氚}+\text{氘}\longrightarrow\text{氦}+\text{中子}+\text{能量}) $$

如果温度足够高,将有6个氘生成2个氦核和2个质子、2个中子,并放出43.15 MeV的能量。有人作过这样的计算:地球表面海水中有1/7为重水,若令其中氘核全部发生核聚变,其释放的能量可供人类使用100亿年,可见核聚变释放能量之巨大。聚变反应造成的污染较裂变反应要小得多,也不产生放射性废料。因此,安全获得核聚变释放的能量是人类今后努力的方向。

为什么要在一定的条件(几万度的高温)下核聚变反应才能进行呢?由于参加聚变的轻核带正电荷,它们之间存在长程的库仑斥力,而核力是短程力,因此两个轻核为了靠短程的核力聚合必须克服长程的库仑斥力。要实现轻核聚变反应,参加反应的核必须具有一定的初始能量,通常需要约几千电子伏或更高的能量。注意,轻核聚变过程中要释放出能量,这些能量就能维持后续轻核聚变所需的初始能量。通常采用将聚变材料(氘、氚等)加热到几千万度至几亿度,这时材料物质全被电离为原子核和自由电子的混合体(等离子体)。这样靠核的热运动能足以克服库仑斥力而相互靠近,产生聚变反应。由于核聚变要在高温下进行,因此称为热核反应。

怎么才能控制核聚变呢?人们目前正在为之苦苦探索。受控核聚变人们尚须解决一个问题,即把处于高温的等离子体约束在一定范围内,以使它不能因热运动而散开。太阳与其他恒星之所以能不断放出光芒就靠核聚变。由于高温太阳内部的各种原子已电离成等离子体,太阳靠自己巨大的质量通过引力将等离子体约束在自己的一个半径为70万km的"大容器"内,以十分缓慢的速率进行着聚变反应。反应中释放的能量一部分用于维持太阳的高温;另一部分向周围空间辐射,其中一部分到达地球,这部分就是我们见到的太阳光。人工受控核聚变就没那么简单,不可能采用常规的容器装这些高温等离子体。把处于高温的等离子体约束在一定范围内,以使它不能因热运动而扩散和逃逸。这是一个棘手的问题,大家都在苦苦思索。令人欣慰的是中国科技大学研发的装置受控核聚变持续时间已达1 000 ms,走在了世界的前列!

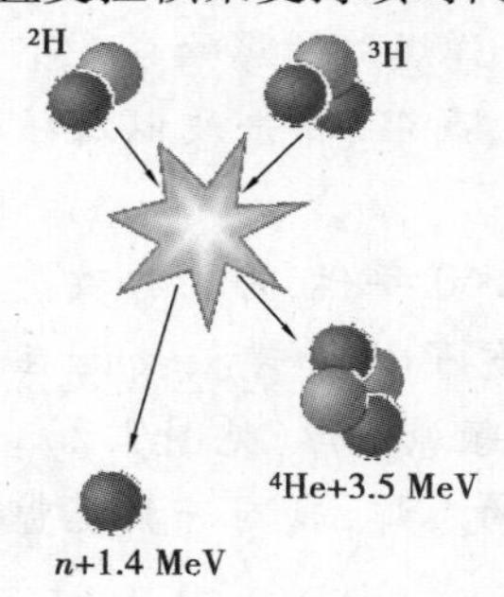

图7.3　核聚变反应示意图

【知识拓展】

大规模杀伤性武器——氢弹

氢弹也是一种核武器。它是利用原子弹爆炸的能量点燃氢的同位素氘(D)、氚(T)等质量较轻的原子的原子核发生核聚变反应(热核反应),瞬间释放出巨大能量的核武器。它又被称为聚变弹、热核弹、热核武器。氢弹的杀伤破坏因素与原子弹相同,但威力比原子弹大得多。原子弹的威力通常为几千至几万吨级TNT当量,氢弹的威力则可大至几千万吨级TNT当量。例如,苏联研制过5 000万吨级TNT当量的氢弹。氢弹爆炸达到的温度约为3.5亿℃,远远高于太阳中心温度(约6 000 万℃)。

我国于1967年6月17日成功进行了氢弹爆炸试验(见图7.4),打破了超级大国的核垄断、核讹诈。

图7.4　氢弹爆炸时升起的蘑菇云

7.3　和平利用核技术

核物理研究之所以受到人们的重视,得到社会的大力支持,是和它具有广泛而重要的应用价值密切相关的。几乎没有一个核物理实验室不在从事核技术的应用研究。有些设备甚至主要从事核技术应用工作。

7.3.1　核能开发

核技术应用主要为核能源的开发服务,如提供更精确的核数据和探索更有效地利用核能的途径等。目前开发规模最大的是可控核裂变应用于发电;另外,前景最诱人的是可控核聚变。现分别介绍如下:

(1)可控核裂变应用于发电

物理学家们早就发现1 kg U235 全部裂变释放的可利用的能量,约相当于2 500 t 标准煤释放的热量。在利用核裂变原理制成大规模杀伤性武器原子弹的同时人们就想到了将裂变能量用于日常科研和生产实际,即所谓和平利用。但是,还得解决如何控制裂变反应速度的问题。从发现核裂变到人工控制链式反应堆的建立,只花了不到4年的时间,从科研到技术有这样快的转移速度,在现代史上是空前的!目前,反应堆已广泛应用于工、农、医等领域,核电站是人们利用核能最成功的实例之一。各国使用核电的比例各不相同,法国72.7%的电能是核电。

但在这里不得不指出核裂变反应堆的安全问题。苏联切尔诺贝利核电站和日本福岛核电站的核灾难给了我们警示!

(2)可控核聚变的研发

可控核聚变是指人们可以控制核聚变的开启和停止,以及随时可以对核聚变的反应速度进行控制。简单地说,就像火药可以用来做成炸弹,使光能量瞬间爆发,也可以掺点杂质,做成蜂窝煤,使其可以当作一个煤炉子来缓慢释放能量。然而,当火药换成核聚变的原料时,对其控制就变得很棘手了。这里面存在两个问题。一个问题是怎样将核聚变的原料加热到核聚变的反应条件,即极高的温度。从20世纪60年代开始,激光器的发明,为如何将物质加热到极高能量这一问题打开了一条门缝。

最早是苏联专家开始考虑使用激光加热核聚变的原料,因为该方法能量大,而且无须与被加热物质接触。但是单个激光器的能量太低,所以为了解决这样的问题,需要将多个激光器的能量聚焦于同一点。该问题看似简单,实则非常困难。因为必须保证在短暂的加热时间内,被加热物体的所有方向受热均匀,一致向球心坍缩。这不仅需要每个激光器对准的方向控制地异常精确,也需要在这一极短的时间内每个激光器的能量大小需要严格控制。目前在该领域美国的研究进展是最快的,其"国家点火装置"正在实验将192个激光器聚焦于同一个点。我国的"神光三号"项目正在试验将32个激光器聚焦,下一步目标是48个。另一个问题是拿什么来装上亿度的达到核聚变反应条件的原料。我国研制的"超导托卡马克"装置就是盛放核聚变反应原料的装置。它是通过将这些原料约束在一个密闭的环中使其高速旋转来将其固定在一个密闭的空间中,从而实现变相的盛放原料。然而很多问题还未得到解决,需要一代代地科学家不断努力!

7.3.2 加速器及同位素辐射应用

加速器及同位素辐射源已广泛应用于工业、农业、食品、医疗卫生、计量和军事等方面。例如:

①工业的无损检测中最广泛、最形象直观的检测就是射线照相检测。其中γ射线检测就是利用放射性同位素发出的γ射线对工业材料、元件等进行照相检测,使胶片感光来显示缺陷的存在。无损检测避免了无谓的加工,保证了产品的质量。

②农业上利用γ射线辐射玉米种子,提高玉米种子的发芽率。这项工作对大面积的播种来说,其经济效益是很显著的。

③计量部门对煤的在线计量是个棘手的问题。采用γ射线的料位仪就能胜任这项工作。每天计量上万吨煤也是小菜一碟。

④食品业处理食品的方法是加热和冷冻。这种传统的方法缺点很多,如量小、空间有限、耗能等。若采用放射性同位素辐射就不同了:处理速度快、处理量大、节能、不改变口感等。

⑤CT技术的应用也是放射性同位素成功应用的范例。CT技术全名为γ射线计算机层析扫描技术(现在也有采用X射线透照的)。CT的应用主要在两个方面:即医院里病人的疾病诊断和工业上的无损检测(也称ICT)。

为了研究辐射与物质的相互作用以及辐照技术,已经建立了辐射物理、辐射化学等边缘学科以及辐照工艺等技术部门。

特别指出的是,由于中子不带电,很容易穿过原子核,因此具有贯穿力强的特点,在物质结构、固体物理、高分子物理等方面有广泛应用。例如,目前航天领域在火箭发射前要检测一项指标,即燃料与容器壁是否有间隙。诸多方案中,用中子照相的办法是最准确、最有效的。另外,火箭燃料的水分检测,则只有中子照相的办法能够完成。中子照相检测的唯一缺点是价格昂贵。目前,人们建立了专用的高中子通量的反应堆来提供强中子束。中子束还应用于辐照、分析、测井及探矿等方面。中子的生物效应是一个重要的研究方向,快中子治癌已取得了一定的疗效。

7.3.3　核安全及射线的防护

谈到核技术应用不能不谈到核安全问题，因为在核技术的应用中总会涉及同位素放射源以及源所辐射出的射线。通常涉及的有α射线、β射线、X射线、γ射线和中子射线。以上这些射线对生物和人都是有伤害的。它们会破坏人体的染色体，对人体造成不可逆转的伤害。通常α射线、β射线是带电粒子，它们的作用距离较小，容易通过距离防护而避免受到伤害。X射线只有在打开X光机时才会产生，不开机就没有X射线产生。现在要说的是γ射线。只要装γ射线源的盒子被打开，γ射线就会由源向四周空间辐射，就像太阳发出光芒一样。由于γ射线光子的能量比一般X射线光子能量高2个数量级（即高100倍），因此它对人的伤害则更大，应加倍注意。我国对射线源的管理和使用有严格的规范制度，一定要严格执行。笔者有从事过十多年与射线源有关的工作的经历，因此，根据自己的体会，把一些经验介绍给大家，可能会对大家有所启发：

①严格按国家关于放射源的管理和使用的法规办事。

②使用射线源的单位一定要有健全、严格执行的管理制度。很多出事的单位都是有制度而不执行，最终酿成大事故。

③不要相信记忆力，人的记忆力都是有限的，一定要按制度办事。射线源领用人和管理人要双方签字，有借用时间、归还时间。归还时也要双方签字，以备出事后能查找责任方。

④实验完后领用人应立即将射线源送回并双方签字。实验完后领用人不及时送回射线源是极其错误的，很容易导致射线源丢失，害已害人。

⑤不要迷信防护服，最好、最有效、最经济的防护是距离防护。射线强度与距离的平方成反比。举个例子，若人与源的距离是1 m，这时射线强度是1 U；当距离是2 m时，射线强度是1/4 U；当距离是3 m时，射线强度是1/9 U；当距离是4 m时，射线强度是1/16 U；当距离是5 m时，射线强度是1/25 U；当距离是10 m时，射线强度是1/100 U，这时对人的影响就可忽略了。

⑥一个人一年承受射线辐射的安全剂量是一个常数，是按叠加计算的。若一季度接触射线多，已接近年剂量，那么二、三、四季度就应少接触或不接触，这样他仍处于安全范围内。

总之，要认识到射线对人是有伤害的，但只要按制度办事，注意防护，又是很安全的。

思考题

1. 什么是核物理？其发展历程是怎样的？
2. 试想核裂变与核聚变有什么相似之处？主要区别是什么？
3. 化学燃烧与核聚变有什么相似之处？
4. 查阅相关材料，请回答：目前世界上有多少核弹（原子弹与氢弹）？分布在哪些国家？中子弹的原理是什么？
5. 查阅相关材料，试想核能与常规能源相比有什么优缺点？
6. 查阅相关材料，苏联切尔诺贝利核电站和日本福岛核电站的核灾难给我们什么启示？
7. 试想，加速器及同位素辐射源有哪些应用？

8. 天然辐射对人体的影响如何？如何进行有效的辐射防护？

练习题

1. 在原子核物理学诞生、发展和壮大的全过程中，通过核技术的应用，核物理和其他学科及生产、____________、____________等领域建立了广泛的联系，相互配合取得了不菲的成果。

2. 1919 年，卢瑟福等发现了用 α 粒子轰击氮核会放出质子，这是首次用人工方法实现的____________反应。

3. 1939 年，哈恩和斯特拉斯曼发现了____________核裂变现象。

4. 通过对原子核的深入研究，发现了物质之间还有两种短程的相互作用，即强相互作用和____________作用。

5. 在核事件中最基本的能量释放方程为____________。

6. 在氢弹和受控核聚变反应堆中，一个重要的聚变反应是“DT 反应”，在这个反应中氘和氚结合形成一个 α 粒子和一个中子并释放出大量的能量。利用动量定理解释，为什么这种反应产生出中子得到了大约 80% 的能量，而 α 粒子只能得到 20% 左右的能量。

第8章 量子物理的诞生、发展与应用

8.1 量子力学简介

19世纪后期,工业化的大发展促进了科学技术的大发展,量子物理正是在这一背景下诞生的。科学家们称,这是一场革命,是物理学发展史上的一场最为彻底、最具反叛性、也是最富有传奇和史诗般色彩的革命。量子物理是描述微观世界结构、运动与变化规律的物理科学。它是20世纪人类文明发展的一个重大飞跃,量子物理的发现引发了一系列划时代的科学发现与技术发明,对人类社会的进步作出重要贡献。

量子物理也称量子力学(Quantum Mechanics)。**量子力学**是研究微观粒子的运动规律的物理学分支学科,它主要研究原子、分子、凝聚态物质,以及原子核和基本粒子的结构、性质、相互作用以其规律的基础理论(见图8.1)。它与相对论一起被认为是现代物理学的两大基本支柱,构成了现代物理学的理论基础。许多物理学理论和学科,如原子物理学、固体物理学、核物理学与粒子物理学以及其他相关的学科都是以量子力学为基础而诞生和发展起来的。量子力学不仅是近代物理学的基础理论之一,而且在化学等有关学科和许多近代技术中也得到了广泛应用。

19世纪末,经典力学和经典电动力学在描述微观系统时的不足越来越明显。量子力学是在20世纪初由马克斯·普朗克、尼尔斯·玻尔、沃纳·海森堡、埃尔温·薛定谔、沃尔夫冈·泡利、路易·德布罗意、马克斯·玻恩、恩里科·费米、保罗·狄拉克、阿尔伯特·爱因斯坦、康普顿等一大批物理学家共同创立的。通过量子力学的发展人们对物质的结构以及其相互作用的见解被革命化地改变。通过量子力学,许多现象才得以真正地被解释,新的、无法直觉想象出来的现象被预言,但是这些现象可以通过量子力学被精确地计算出来,而且后来也获得了非常精确的实验证明。除通过广义相对论描写的引力外,至今所有其他物理基本相互作用均可以在量子力学的框架内描写。图8.2为电子云图。

随着量子力学的诞生和发展,人类对微观世界的物质运动规律的认知达到了前所未有的程度,物理学对科学技术的发展和人类文明的进步作出了重要贡献。

20世纪之所以被称为物理学的世纪,相对论和量子力学起了主要作用。量子力学理论被

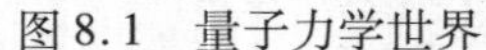

图 8.1　量子力学世界

图 8.2　电子云图

广泛地应用到物理学的所有领域，并对其他自然科学学科的发展和生产技术领域的进步也产生了重大的影响。现代宇宙学、现代光学、量子信息学、生物遗传工程、量子化学、激光和超导等领域都在量子力学的基础上得到飞速发展。量子场论、相对论量子力学、规范场理论、量子固体理论等理论的发展与成熟，也为量子力学理论的深入发展注入了新的活力和强劲的动力。量子力学在各个科技领域取得的成就，深化了人类对微观世界的认识，极大地增强了人类对自然的支配能力，同时也成为人类处理微观世界问题最重要的理论，成为几乎所有高等学校相关专业涉及微观领域必学的一门专业基础课程。

8.2　学科简史

量子力学是在旧量子论的基础上发展起来的。旧量子论包括普朗克的量子假说、爱因斯坦的光量子理论和玻尔的原子理论。

1900 年，普朗克提出辐射量子假说，假定电磁场和物质交换能量是以间断的形式（能量子）实现的，能量子的大小同辐射频率成正比，比例常数称为**普朗克常数**，从而得出普朗克公式，正确地给出了黑体辐射能量分布。

1905 年，爱因斯坦引进光量子（光子）的概念，并给出了光子的能量、动量与辐射的频率和波长的关系，成功地解释了**光电效应**。其后，他又提出固体的振动能量也是量子化的，从而解释了低温下固体比热问题。

1913 年，玻尔在卢瑟福原有核原子模型的基础上建立起原子的量子理论。按照这个理论，原子中的电子只能在分立的轨道上运动，在轨道上运动时电子既不吸收能量，也不放出能量。原子具有确定的能量，它所处的这种状态称为“**定态**”，而且原子只有从一个定态到另一个定态，才能吸收或辐射能量。这个理论虽然有许多成功之处，但对于进一步解释实验现象还有许多困难。

在人们认识到光具有波动和微粒的二象性之后，为了解释一些经典理论无法解释的现象，法国物理学家德布罗意于 1923 年提出了**物质波**这一概念。认为一切微观粒子均伴随着一个波，这就是所谓的**德布罗意波**。

德布罗意的物质波方程：$E=\hbar\omega$，$p=h/\lambda$，其中 $\hbar=h/2\pi$，可以由 $E=\dfrac{p^2}{2m}$ 得到

$$\lambda = \frac{h}{\sqrt{2mE}}$$

由于微观粒子具有波粒二象性,微观粒子所遵循的运动规律就不同于宏观物体的运动规律,描述微观粒子运动规律的量子力学也就不同于描述宏观物体运动规律的经典力学。当粒子的大小由微观过渡到宏观时,它所遵循的规律也由量子力学过渡到经典力学。

1925 年,海森堡基于物理理论只处理可观察量的认识,抛弃了不可观察的轨道概念,并从可观察的辐射频率及其强度出发和玻恩、约尔当一起建立起**矩阵力学**。

1926 年,薛定谔基于量子性是微观体系波动性的反映这一认识,找到了微观体系的运动方程,从而建立起**波动力学**,其后不久还证明了波动力学和矩阵力学的数学等价性;狄拉克和约尔当各自独立地发展了一种普遍的变换理论,给出量子力学简洁、完善的数学表达形式。当微观粒子处于某一状态时,它的力学量(如坐标、动量、角动量、能量等)一般不具有确定的数值,而具有一系列可能值,每个可能值以一定的概率出现。当粒子所处的状态确定时,力学量具有某一可能值的概率也就完全确定。

这就是 1927 年,海森堡得出的测不准关系,同时玻尔提出了互补原理,对量子力学给出了进一步的阐释。

量子力学和狭义相对论的结合产生了相对论量子力学。经狄拉克、海森堡和泡利等人的工作发展了量子电动力学。

20 世纪 30 年代以后,形成了描述各种粒子场的量子化理论——量子场论,它构成了描述基本粒子现象的理论基础。

海森堡还提出了**测不准原理**,该原理的表达式为

$$\Delta x \Delta p \geqslant \hbar/2 = h/4\pi$$

8.3　量子力学的诞生是科学发展的需要

8.3.1　经典物理的无奈

19 世纪末 20 世纪初,经典物理已经发展到了相当完善的地步,但在实验方面又遇到了一些严重的困难,这些困难被看成是“晴朗天空的几朵乌云”,正是这几朵乌云引发了物理界的变革——量子力学的诞生。下面简述几个困难:

(1)黑体辐射问题

19 世纪末,许多物理学家对黑体辐射非常感兴趣。黑体是一个理想化了的物体,它可以吸收所有照射到它上面的辐射,并将这些辐射转化为热辐射,这个热辐射的光谱特征仅与该黑体的温度有关。使用经典物理学这个关系无法被解释。通过将物体中的原子看作微小的谐振子,马克斯·普朗克(见图 8.3)得以获得了一个黑体辐射的普朗克公式。但是在引导这个公式时,他不得不假设这些原子谐振子的能量不是连续的(这与经典物理学的观点相违背),而是离散的:

$$E_n = nh\nu$$

这里 n 是一个整数,h 是一个自然常数(后来证明正确的公式,应该以 $n + 1/2$ 来代替 n)。

1900 年,普朗克在描述他的辐射能量子化时非常的小心,他仅假设被吸收和放射的辐射能是量子化的。今天这个新的自然常数被称为普朗克常数来纪念普朗克的贡献。其值为

$$h = 6.626\,176 \times 10^{-34}\ \mathrm{J \cdot s}$$

(2)光电效应实验

如图 8.4 所示,当紫外线照射在光电管上,大量电子从光电管的碱金属表面逸出,电路中有电流流过。经研究发现,光电效应呈现以下几个特点:

图 8.3 马克斯·普朗克

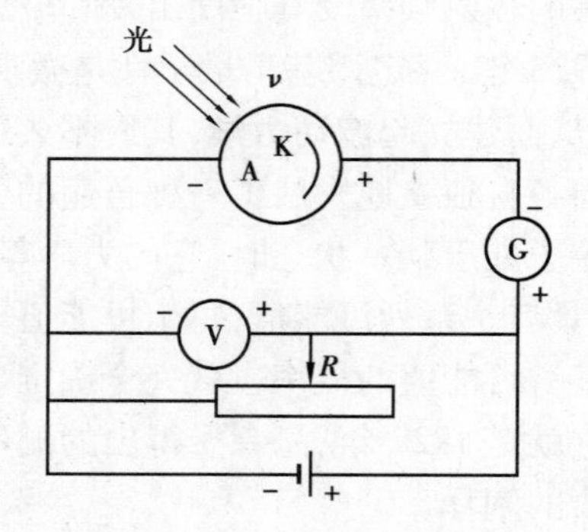

图 8.4 光电效应实验

①有一个确定的临界频率,只有入射光的频率大于临界频率,才会有光电子逸出。

②每个光电子的能量只与照射光的频率有关。

③入射光频率大于临界频率时,只要入射光一照上,几乎立刻观测到光电子。

以上 3 个特点,③是定量上的问题,而①和②在原则上无法用经典物理学来解释。

(3)原子光谱学

光谱分析积累了相当丰富的资料,不少科学家对它们进行了整理与分析,发现原子光谱是呈分立的线状光谱而不是连续分布。谱线的波长也有一个很简单的规律。

卢瑟福原子结构模型发现后,按照经典电动力学,加速运动的带电粒子将不断辐射而丧失能量。因此,围绕原子核运动的电子终会因大量丧失能量而"掉到"原子核中去。这样原子也就崩溃了。但现实世界表明,原子是稳定地存在着。

(4)能量均分定理

在温度很低的时候能量均分定理不适用。

8.3.2 量子力学登上历史舞台

(1)光量子理论

量子理论是首先在黑体辐射问题上突破的。普朗克(Planck)为了从理论上推导他的公式,提出了量子的概念,不过在当时没有引起很多人的注意。爱因斯坦(Einstein)利用量子假设提出了光量子的概念,从而解决了光电效应的问题。爱因斯坦还进一步把能量不连续的概念用到了固体中原子的振动上去,成功地解决了固体比热在热力学温度趋于 0 K 时趋于 0 的现象。光量子概念在康普顿(Compton)散射实验中得到了直接的验证。

(2)玻尔的量子论

玻尔把普朗克-爱因斯坦的概念创造性地用来解决原子结构和原子光谱的问题,提出了他的原子的量子论。主要包括两个方面:

①原子能且只能稳定地存在分立的能量相对应的一系列的状态中，这些状态称为定态。

②原子在两个定态之间跃迁时，吸收或发射的频率 γ 是唯一的，由 $h\gamma = E_n - E_m$ 给出。玻尔的理论取得了很大的成功，首次打开了人们认识原子结构的大门，它存在的问题和局限性也逐渐为人们发现。

(3)德布罗意波

在普朗克-爱因斯坦的光量子理论及玻尔的原子量子论的启发下，考虑光具有波粒二象性，德布罗意(de Broglie)根据类比的原则，设想实物粒子也具有波粒二象性。他提出这个假设，一方面企图把实物粒子与光统一起来，另一方面是为了更自然地去理解能量的不连续性，以克服玻尔量子化条件带有人为性质的缺点。实物粒子波动性的直接证明，是在 1927 年的电子衍射实验中实现的。

(4)量子物理学

量子力学本身是在 1923—1927 年的一段时间中建立起来的。两个等价的理论——矩阵力学和波动力学几乎同时提出。矩阵力学的提出与玻尔的早期量子论有很密切的关系。海森堡一方面继承了早期量子论中合理的内核，如能量量子化、定态、跃迁等概念，同时又摒弃了一些没有实验根据的概念，如电子轨道的概念。海森堡、波恩和约尔当的矩阵力学，从物理上可观测量，赋予每一个物理量一个矩阵，它们的代数运算规则与经典物理量不同，遵守乘法不可易的代数。波动力学来源于物质波的思想。薛定谔在物质波的启发下，找到一个量子体系物质波的运动方程——薛定谔方程，它是波动力学的核心。后来薛定谔还证明，矩阵力学与波动力学完全等价，是同一种力学规律的两种不同形式的表述。事实上，量子理论还可以更为普遍的表述出来。

量子物理学的建立是许多物理学家共同努力的结晶，它标志着物理学研究工作第一次集体的胜利。

8.4　量子力学促进现代科技的发展

在许多现代技术装备中，量子物理学的效应起着重要的作用。从激光、电子显微镜、原子钟到核磁共振的医学图像显示装置，都关键地依靠了量子力学的原理和效应。对半导体的研究导致了二极管和三极管的发明，CCD 器件的走红，最后为现代的电子工业铺平了道路。在核武器的发明过程中，量子力学的概念也起了一个关键的作用。

在上述这些发明创造中，量子力学的概念和数学描述，往往不仅是直接起了一个孤立的作用，而是全局性的作用。例如，固体物理学、化学、材料科学或者核物理学的概念和规则的确立，起了主要作用。但是，在所有这些学科中，量子力学均是其基础，这些学科的基本理论，全部是建立在量子力学之上的。以下仅能列举出一些最显著的量子力学的应用，而且，这些例子，仅是量子力学应用的冰山之一角。

(1)量子信息学

量子信息科学诞生于 20 世纪下半叶，由于各种因素的促发，如电子产品不断微型化、信息理论中热能耗问题、经典计算机模拟能力的拓展、对于量子理论的深入思考等，在 20 世纪 90 年代时由于彼得 · 肖尔提出利用量子逻辑有效提高大树因子分子的速度，对正在广泛使用的

RSA 公钥体系造成威胁,于是量子信息科学成为热点学科。量子信息科学主要有量子计算、量子通信、量子信息理论 3 个方向。

研究的焦点在于一个可靠的、处理量子状态的方法。由于量子状态可以叠加的特性。理论上,量子计算机可以高度平行运算。它可以应用在密码学中。理论上,量子密码术可以产生完全可靠的密码。但是,实际上,这个技术目前还非常不可靠。另一个当前的研究项目,是将量子状态传送到远处的量子隐形传送。

(2)**量子计算机**

量子计算机(Quantum Computer)是一类遵循量子力学规律进行高速数学和逻辑运算、存储及处理量子信息的物理装置。当某个装置处理和计算的是量子信息,运行的是量子算法时,它就是量子计算机。量子计算机的概念源于对可逆计算机的研究。研究可逆计算机的目的是为了解决计算机中的能耗问题。

(3)**原子核物理学**

原子核物理学是研究原子核性质的物理学分支。原子核及以下层面的问题只能用量子力学的观点和原理来解决。原子核物理学主要有三大领域:研究各类次原子粒子与它们之间的关系、分类与分析原子核的结构、带动相应的核子技术进展。

(4)**固体物理学**

为什么金刚石硬、脆、透明,而同样由碳组成的石墨却软而不透明?为什么金属导热、导电,有金属光泽?发光二极管、二极管和三极管的工作原理是什么?铁为什么有铁磁性?超导的原理是什么?以上这些例子,可以使人想象固体物理学的多样性、广泛性。事实上,凝聚态物理学是物理学中最大的分支,而所有凝聚态物理学中的现象,使用经典物理,顶多只能从表面上和现象上提出一部分肤浅的解释。从微观角度上讲,都只有通过量子力学才能正确地被解释。

以下列出了一些量子效应特别强的现象,见表 8.1。

表 8.1　量子效应现象

晶格现象	音子、热传导
静电现象	压电效应
电导	绝缘体、导体
磁性	铁磁性
低温态	玻色
维效应	量子线、量子点

(5)**原子物理化学**

任何物质的化学特性,均是由其原子和分子的电子结构所决定的。通过解析包括了所有相关的原子核和电子的多粒子薛定谔方程,可以计算出该原子或分子的电子结构。在实践中,人们认识到,要计算这样的方程实在太复杂,而且在许多情况下,只需使用简化的模型和规则,就足以确定物质的化学特性了。在建立这样的简化模型中,量子力学起了一个非常重要的作用。

一个在化学中很常用的模型是原子轨道。在这个模型中,分子的电子的多粒子状态,通过将每个原子的电子单粒子状态加到一起形成。这个模型包含着许多不同的近似(比如忽略电子之间的排斥力、电子运动与原子核运动脱离等)，但是它可以近似地、准确地描写原子的能级。除比较简单的计算过程外，这个模型还可以直觉地给出电子排布以及轨道的图像描述。

通过原子轨道，人们可以使用非常简单的原则(洪德定则)来区分电子排布。化学稳定性的规则(八隅律、幻数)也很容易从这个量子力学模型中推导出来。

通过将数个原子轨道加在一起，可以将这个模型扩展为分子轨道。由于分子一般不是球对称的，因此这个计算要比原子轨道复杂得多。理论化学中的分支，量子化学和计算机化学，专门使用近似的薛定谔方程来计算复杂的分子结构及其化学特性的学科。

思考题

1. 日常生活中所观察到的物体运动具有波动性吗？请举例说明。

2. 德布罗意的物质波方程是仅用于基本粒子(如电子、中子之类)的还是同样适用于具有内部结构的复杂体系？

3. 对于日常生活中所观察到的物体运动，为什么海森堡测不准关系不明显？

4. 试想物质波与机械波、电磁波有什么异同？

5. 刚粉刷完的房间从房外看，即使在白天，它开着的窗口也是黑色的，为什么？

6. 经典物理学在解释黑体辐射现象时遇到了什么困难？它导致了什么理论的诞生？

7. 什么是光电效应？有什么特点？

8. 在光电效应中，是亮度还是频率决定了发射电子的动能？谁决定了发出电子的数量？

9. 经典物理学在解释原子光谱时遇到了什么困难？

10. 查阅相关材料，浅谈量子力学的应用。

练习题

1. 量子力学是研究微观粒子的运动规律的物理学分支学科，它主要研究____________、____________、____________物质，以及原子核和基本粒子的结构、性质、相互作用以其规律的基础理论。

2. 爱因斯坦利用量子假设提出了____________的概念，从而解决了光电效应的问题。

3. 海森堡基于物理理论只处理可观察量的认识，抛弃了不可观察的轨道概念，并从可观察的辐射频率及其强度出发和玻恩、约尔当一起建立起____________。

4. 薛定谔基于量子性是微观体系波动性的反映的认识，找到了微观体系的运动方程，从而建立起____________。

5. 利用德布罗意物质波的假设，计算动能为 8 MeV 核子的波长，并与原子核的尺度进行比较。

6. 波长为 100 nm 的紫外光照射在钼上，已知钼的逸出功为 4.15 eV，求逸出电子的最大速率。

第9章

爱因斯坦的相对论

相对论(Theory of Relativity)是关于时空和引力的理论。主要由伟大的物理学家爱因斯坦(见图9.1)创立,依其研究对象的不同可分为狭义相对论(见图9.2)和广义相对论。

20世纪初,相对论和量子力学的诞生与发展给物理学带来了革命性的变化,它们共同奠定了现代物理学的基础。相对论极大地改变了人类认识宇宙和自然的"常识性"观念,提出了"同时的相对性""四维时空""弯曲时空"等全新的概念,指出奠定经典物理学基础的经典力学不适用于高速运动的物体和微观条件下的物体。这些全新的概念不但解决了人类在经典物理学中长期不能解决的问题,更主要地使人类认识问题的思维豁然开朗。随之而来的是现代物理学、现代天文学、量子力学、原子物理、宇宙学等科学的诞生和飞速发展。

爱因斯坦的相对论理论主要体现在两个方面:一是高速运动(可与光速比拟的高速);二是强引力场(发挥着指导性的意义)。

图9.1 爱因斯坦的一生

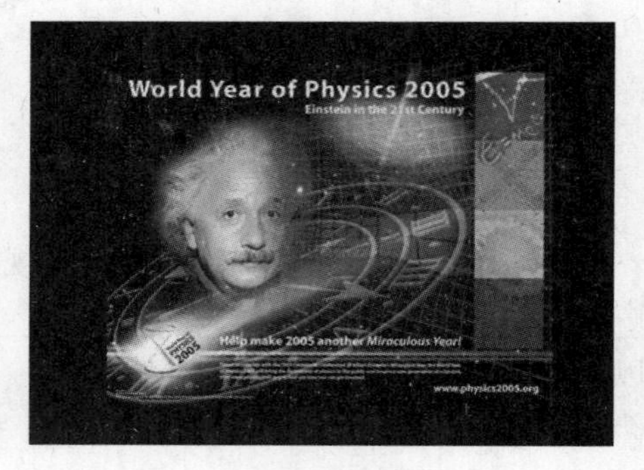

图9.2 狭义相对论发表100周年纪念

9.1 相对论的诞生

9.1.1 诞生背景

(1)一个著名的实验

19世纪后期,麦克斯韦电磁理论取得了巨大成功,光的电磁本质说被广泛接受。但同时,电磁波速作为一个不变的常数出现，且恰好又与光速相吻合，恰恰又违背了经典力学的相对性原理。现实的矛盾出现了，要么不附加任何条件承认光速不变；要么恪守陈规承认光速也满足一般的速度叠加，这便必须否定麦克斯韦方程。由于赫兹电磁波实验的成功，显然有更充分的理由相信前者。这样，自然要设想光也必须在一种特殊的绝对静止的介质（参考系）中传播。由于光是横波，传播速度快，那么这种介质就必须具有极高的切变弹性，以至于任何天体在其中穿行，也不会改变其性质。人们把这种奇怪甚至是不可思议的介质称为“以太”。

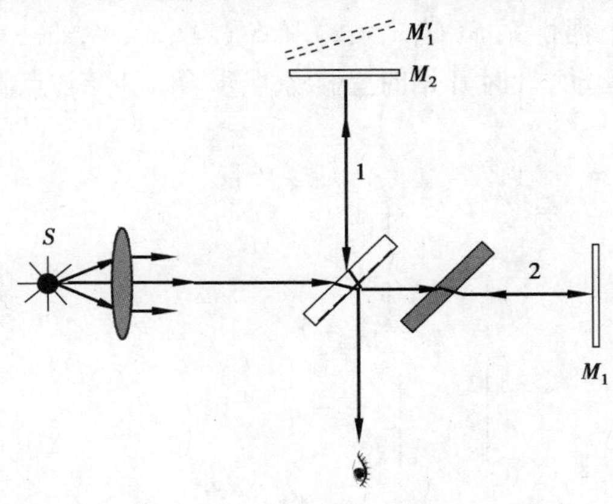

图9.3 迈克尔逊-莫雷实验

于是，紧随着这种机械的臆想，测量以太的跟风实验中最具代表性的实验，即迈克尔逊-莫雷实验诞生了。如图9.3所示，当M_1、M_2不严格垂直，且光线1和光线2的光程稍有差别时，M_1的像和M_2就组成了一个空气薄膜。根据等厚干涉的明纹条件，可得第k级和第$k+\Delta n$级明纹所满足关系式，分别为$2e_k+\lambda/2=k\lambda$和$2e_{k+\Delta n}+\lambda/2=(k+\Delta n)\lambda$，其中，$e$为空气膜厚，$2e+\lambda/2$为光线1和光线2在空气膜间产生的光程差。膜厚的变化为$\delta=\Delta e=\Delta n\lambda/2$。由此不难看出，膜厚的变化与光程差的变化以及条纹移动数目有关。光程差每变化$\lambda/2$，就将移动一条条纹，这样，便可通过观察条纹移动的数目反过来推算光程的变化。实验中，使干涉仪平稳转过90°，假设有以太这一绝对静止介质的存在，依据速度叠加原理，则在转动干涉仪前后，光对地球的传播速度必将发生变化，进而导致光程差改变并产生条纹移动。通过计算，预期的条纹移动数目为0.04，可是自1881年以后的十几年间，包括迈克尔逊和莫雷在内的很多人在不同纬度作了该实验，甚至为了提高精度，将干涉仪臂长增至十几米，均未获得预期的条纹移动。因此，可以得到这样的结论：以太风并不存在，光速不依赖于参照系的运动以及光的传播方向而变化。

迈克尔逊一直是光速测定的国际中心人物，因发明精密光学仪器和借助这些仪器在光谱学和度量学的研究工作中所作出的贡献，被授予了1907年度诺贝尔物理学奖，成为美国历史上第一位诺贝尔物理学奖得主。

1904年，洛伦兹提出了洛伦兹变换用于解释迈克尔逊-莫雷实验的结果。根据他的设想，观察者相对于以太以一定速度运动时，以太（即空间）长度在运动方向上发生收缩，抵消了不同方向上的光速差异，这样就解释了迈克尔逊-莫雷实验中条纹移动的零结果，这也间接说明了麦克斯韦方程的正确性。

综上所述，狭义相对论似乎具备了实验和理论基础，但在爱因斯坦看来，这是远远不够的。

他认为一个实验不足以确立一个新理论,并重新审视着经赫兹和洛伦兹发展的电动力学。基于他对"时间"与"空间"性质近10年的思考,一个全新的时空观即将诞生。

(2)**伽利略变换和经典力学时空观**

1)伽利略变换

现在把不同惯性参照系下同一运动的两组运动量的关系建立起来,从中观察、思考、总结经典时空观的内涵。

如图9.4所示,有两个惯性系 $S(O,x,y,z)$ 和 $S'(O',x',y',z')$,它们对应的坐标轴相互平行,设 S'相对 S 以速度 v 运动,计时开始时坐标原点重合,t 时刻,点 P 在两个惯性系中的位置坐标有如下关系

$$\begin{cases} x' = x - vt \\ y' = y \\ z' = z \\ t' = t \end{cases} \tag{9.1}$$

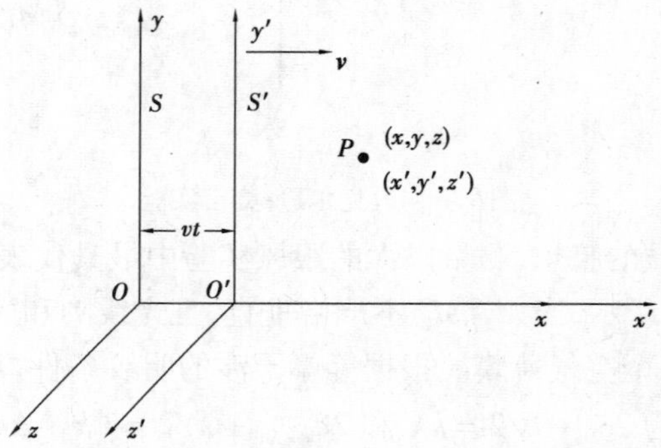

图9.4　伽利略变换

这就是经典力学(牛顿力学)中的**时空变换式**,也称**伽利略时空变换**。如果有一根细棒沿 S'运动方向放置,两个坐标系下的棒长分别为 $l = x_2 - x_1$ 和 $l' = x_2' - x_1'$,根据式(9.1)又有 $x_2 - x_1 = x_2' - x_1'$,因此必有

$$l = l'$$

即在两个惯性系中测量的棒长相等,与参照系无关。也就是说,**经典力学中,空间间隔和时间间隔是绝对的,与参照系选取无关**。

将式(9.1)前3式对时间求一阶导数,立即得到速度变换

$$\begin{cases} u_x' = u_x - v \\ u_y' = u_y \\ u_z' = u_z \end{cases} \tag{9.2a}$$

写成矢量式

$$\boldsymbol{u}' = \boldsymbol{u} - \boldsymbol{v} \tag{9.2b}$$

同理,加速度变换

$$\begin{cases} a'_x = a_x \\ a'_y = a_y \\ a'_z = a_z \end{cases} \tag{9.3a}$$

写成矢量式

$$\boldsymbol{a}' = \boldsymbol{a} \tag{9.3b}$$

式(9.1)、式(9.2)、式(9.3)分别称伽利略的时空变换、速度变换和加速度变换。由于经典力学认为质量是与运动状态无关的常量,那么,牛顿运动定律也具有相同形式,即

$$\boldsymbol{F} = m\boldsymbol{a}, \boldsymbol{F}' = m\boldsymbol{a}'$$

上述结果表明,对伽利略变换,牛顿第二定律具有不变形式,推广至其他惯性系,牛顿力学的规律都应具有相同形式。这也就是**牛顿力学的相对性原理**。它在宏观低速情况下,与实验结果相一致。

2)经典力学的绝对时空观

从上述分析过程不难看出,经典力学认为空间和时间与物质的运动毫不相干,各自独立存在,空间间隔与时间间隔与惯性系的选取无关。空间只不过是物质运动的场所,永恒不变,绝对静止。时间也是独立地、永恒地流逝着。

9.1.2　爱因斯坦关于时间和空间的十年思考

爱因斯坦于(见图9.5)1879年3月14日出生在德国乌尔姆市。少年时期就表现出非凡的数学才能,在这方面甚至可以说是"天才",16岁时就已经自学学会了解析几何和微积分。这一年,他从书本上了解到光是以很快速度前进的电磁波,由此便萌生了对时间和空间性质的思考。他设想了一个理想性实验:人如果以光的速度赛跑,将看到一幅什么样的景象呢?你看不到前进的光,只能看到在空间里振荡着却停滞不前的电磁场,这种事可能发生吗?依据经验和麦克斯韦方程都不会如此。

现在想来,这句话隐含了光速不变以及光速是物体极限速度的深邃内涵,不妨将它称为追光佯谬。

图9.5　爱因斯坦

爱因斯坦便是使物理学天空再现曙光的伟人。他认真研究了麦克斯韦电磁理论,特别是经过赫兹和洛伦兹发展和阐述的电动力学。爱因斯坦坚信电磁理论是完全正确的,但是有一个问题使他不安,这就是绝对参照系以太的存在。他阅读了许多名人的著作后发现,所有人试图证明以太存在的试验都是失败的。经过研究发现,以太在洛伦兹理论中已经没有实际意义,电磁场一定要有荷载物(介质)吗?这时他已开始怀疑以太存在的必要性。

爱因斯坦喜欢阅读哲学著作,并从哲学中汲取思想营养,他相信世界是完美、和谐、统一和对称的。当然,逻辑的一致性也是必然的,相对性原理已经在牛顿力学(经典力学)中被广泛证明,在经典电动力学(现在所称的电磁学)中却无法成立,对于物理学这两个理论体系在逻辑上的不一致,爱因斯坦提出了怀疑。他认为,相对性原理应该普遍成立,因此,电磁理论对于各个惯性系应该具有同样的形式,但在这里出现了光速的问题,光速是不变的量还是可变的量?成为相对性原理是否普遍成立的首要问题。当时的

物理学家一般都相信以太,也就是相信存在着绝对参照系,这是受到牛顿的绝对时空观念的影响。19 世纪末,马赫在所著的《发展中的力学》中,批判了牛顿的绝对时空观,这给爱因斯坦留下了深刻的印象。

1905 年 5 月的一天,爱因斯坦与一个朋友贝索讨论这个已探索了 10 年的问题,贝索按照马赫的观点阐述了自己的看法,两人讨论了很久,突然,爱因斯坦领悟到了什么,回到家经过反复思考,终于想明白了问题。第二天,他又来到贝索家,说:"谢谢你,我的问题解决了。"原来爱因斯坦想清楚了一件事:时间没有绝对的定义,时间与光信号的速度有一种不可分割的联系。他找到了开锁的钥匙,经过 5 个星期的努力工作,狭义相对论便由此诞生,从此开创了物理学的新纪元。这一年,爱因斯坦只有 26 岁。

9.2 相对论的基本原理

9.2.1 狭义相对论的基本原理和洛伦兹变换

狭义相对论是研究高速运动客体运动学和动力学规律的科学,诞生于 1905 年。它是建立在广义的相对性原理和光速不变原理基础上的一种全新的理论。狭义的相对性原理是指描述运动的两个参照系都是惯性参照系,即参照系之间相互作匀速直线运动。

1905 年 6 月 30 日,德国《物理学年鉴》接受了爱因斯坦的论文《论动体的电动力学》,在同年 9 月的该刊上发表。这篇论文是关于狭义相对论的第一篇文章,它包含了狭义相对论的基本思想和基本内容。

(1)狭义相对论的基本原理

1)相对性原理

在一切惯性系中所有物理定律(这里的定律指力学定律和电磁学定律)都是等价的。即**所有的惯性系对运动的描述都是等效的**。

2)光速不变原理

在所有惯性系中,真空中光速是常数,它与光源或观察者的运动无关。即**光速不依赖于惯性系的选择**。

这两条基本原理是爱因斯坦解决问题的出发点,它是狭义相对论的基础。正是由于他坚信世界的完美、和谐、统一和对称,所以相对性原理便是自然的结果,它是对经典力学相对性原理的发展,对这一原理,人们深信不疑。对于光速不变原理,在《论动体的电动力学》这篇文章中没有多讨论将其作为基本原理的根据,可以说,他最初提出光速不变只是一个大胆的假设,是从电磁理论和相对性原理的要求而提出来的。就爱因斯坦本人而言,提出这样的大胆设想与他本人的理性思考逻辑完全吻合,他曾有过这样的名言:"想象力比知识更重要,因为知识是有限的,而想象力概括着世界上的一切,推动着进步,并且是知识进步的源泉";还曾说过:"若无某种大胆放肆的猜想,一般是不可能有知识的进展的"。光速不变就是基于满足电磁理论和相对性原理要求下的大胆的假设、放肆的猜想。但很多人对这一原理感到惊异,甚至是怀疑,有学者试图将它去掉,通过证明麦克斯韦方程在所有惯性系下都成立,从而使光速不变成为一个推论而不是原理,但所有的尝试均告失败,无果而终。

其实,爱因斯坦的逻辑十分严密,他将光速不变原理量化,即可等价表述为:要满足相对性原理,即在两个惯性系中,要使物理规律具有不变形式,就必然存在一个相应的变换,而要使该变换确定并有意义,变换式中必须有一个常数存在,它就是光速 c。进一步的问题出现了,承认光速不变,空间和时间都不可能是相互独立的,这必然导致旧的时间和空间概念上的革命。

(2)洛伦兹变换

洛伦兹变换是洛伦兹为使麦克斯韦理论自洽,或者说是为协调麦克斯韦电磁理论与经典力学时空观的矛盾而提出的。对与该变换相适应的更深层物理学内涵并没有作更深入的探究。正是爱因斯坦基于对时间和空间性质长达10年的思考,以两条“原理”为前提,才赋予了它更深刻、更鲜活的物理内涵。

对于该变换,最合理,也是最自然的要求有三:一是该变换必须与广义的相对性原理、光速不变原理协调,或者说满足这两条原理;二是在物体运动速度远小于光速时,即 $v \ll c$ 时,该变换与伽利略变换一致,即符合伽利略变换;三是该变换一定要满足线性关系,这是因为 S、S' 系相互作匀速直线运动,所以坐标与时间就必须是线性关系。据此要求,该变换结果也就顺理成章了。

得到洛伦兹变换的正变换(推导从略)

$$\begin{cases} x' = \dfrac{x - vt}{\sqrt{1 - \dfrac{v^2}{c^2}}} \\ y' = y \\ z' = z \\ t' = \dfrac{t - \dfrac{vx}{c^2}}{\sqrt{1 - \dfrac{v^2}{c^2}}} \end{cases} \tag{9.4}$$

立即得到洛伦兹变换的逆变换

$$\begin{cases} x = \dfrac{x' + vt'}{\sqrt{1 - \dfrac{v^2}{c^2}}} \\ y = y' \\ z = z' \\ t = \dfrac{t' + \dfrac{vx'}{c^2}}{\sqrt{1 - \dfrac{v^2}{c^2}}} \end{cases} \tag{9.5}$$

对于洛伦兹变换有必要作以下两点说明:

①该变换直接依据相对性原理得出 $x' = k(x - vt)$、$x = k(x' + vt')$,并根据光速不变原理得到 $x' = ct'$、$x = ct$,可见两条基本原理的重要性,同时,这4个方程的表述形式本身彰显出和谐的对称美。更为重要的是该变换将时间和空间联系在一起,组成了全新的四维时空组合,为狭义相对论时空观的建立奠定了坚实基础。

②当 $v \ll c$ 时，$k=\frac{1}{\sqrt{1-v^2/c^2}}=1$，从中还可以看出，物体的极限速度是光速，即物体运动的速度永远追不上光速，所以在追光这一理想性实验中，人是永远追不上光的，总能看见光（电磁波）的存在。

9.2.2 狭义相对论的时空观

以洛伦兹变换为基础，可以得到许多与日常经验大相径庭、令人惊奇，甚至是不可思议的结论，而这些结论被后来的近代高能物理中许多实验所证实是正确的。

（1）同时性的相对性

如图 9.6 所示，在 S 系（地面）中的 x_1 和 x_2 处（$x_2>x_1$），同时发生两件事，即 $t_1=t_2$，在 S' 系（运动的车中）观察，利用洛伦兹变换，应有

$$t_1' = k\left(t_1-\frac{x_1 v}{c^2}\right), t_2' = k\left(t_2-\frac{x_2 v}{c^2}\right)$$

式中

$$k=\frac{1}{\sqrt{1-\frac{v^2}{c^2}}}$$

将两式两端相减得 $\Delta t' = t_2' - t_1' = kv(x_1-x_2)/c^2 \neq 0$，即 x_2 处的事件要早发生，不具有同时性。

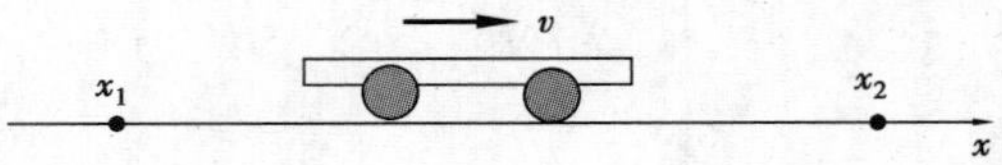

图 9.6　同时性的相对性

同样，若在运动的车中同时发生两件事，依据洛伦兹变换的逆变换，在地面看也有 $\Delta t \neq 0$，**即同时的相对性是互逆的**。

（2）长度收缩

运动的车上有一把相对车静止的尺子，尺沿运动方向放置。在车上测量其长度，得

$$\Delta l_0 = x_2' - x_1'$$

而在地面上要测尺的长度，一定要同时（$t_1=t_2$）测量尺子首尾坐标，由洛伦兹变换

$$x_1' = k(x_1 - vt_1), x_2' = k(x_2 - vt_2)$$

式中

$$k=\frac{1}{\sqrt{1-\frac{v^2}{c^2}}}$$

将两式相减得 $\Delta l_0 = x_2' - x_1' = k\Delta l$（其中，$\Delta l = x_2 - x_1$），即 $\Delta l = \sqrt{1-v^2/c^2}\,\Delta l_0$，运动的尺变短了，即**运动方向的长度收缩**。同样，把尺放在地面上，在车上测得尺的长度也变短，可见，**长度收缩效应是互逆的**。只有固有长度最长。

（3）时钟变慢（或时间膨胀）

在地面上的人认为运动的时钟变慢了，同样，静坐在地面上的人观察一件事持续一段时间，在运动的车上的人看也有同样的效应，只有**固有时间最短**。

综上所述，同时的相对性、长度收缩效应和时间延缓效应都是洛伦兹变换或逆变换下的自然产物。这也是爱因斯坦关于时间和空间性质思考近 10 年所取得的革命性成就。正如他本

人所认为的那样:根本不存在绝对静止的空间,同样不存在绝对同一的时间,所有时间和空间都是和物体的运动联系在一起的。

现在,让我们想象以下两个小实验:设想一火箭以相对地球 $v = 0.95c$ 的速度作直线运动,以火箭为参照系测得其固有长度为15 m ,则在地面上测,火箭长度仅为

$$\Delta l = \sqrt{1 - \frac{v^2}{c^2}} \Delta l_0 = 4.68 \text{ m}$$

同样,坐在该火箭上的宇航员观察夜空中的星斗,所用的固有时间为10 min,则在地面上看,用时为

$$\Delta t = \frac{\Delta t'}{\sqrt{1 - \frac{v^2}{c^2}}} = 32.01 \text{ min}$$

【问题聚焦】　双生子佯谬是一个有关狭相对论的思想实验。内容是这样的:前面提到的3个效应都是互逆的,以时间延缓效应为例,两个惯性系相互作匀速直线运动,甲和乙各在其中,甲认为乙的时钟慢,乙认为甲的时钟慢,当两人停下来比较时,情况会怎样?

今设有一对孪生兄弟甲和乙,甲在地面家中,乙乘飞船离去。甲认为自己和乙相比变老了,可乙用自己的时钟衡量,认为自己比甲老。如果乙一直飞下去,兄弟俩是见不到面的,两人的结论都对。可是甲、乙一旦想见面,飞船就必须掉头回飞,这便会产生加速度,惯性力(引力场)出现了,这就不是狭义相对论讨论的范畴了。广义相对论可以证明,当甲、乙见面时,乙的确要年轻些。1971年的模拟双生子佯谬实验中,确实发现飞机中的铯原子钟变慢了。

9.2.3　广义相对论的基本原理

广义相对论是爱因斯坦于1915年以几何语言建立而成的引力理论,综合了狭义相对论和牛顿的万有引力定律,将引力改描述成因时空中的物质与能量而弯曲的时空,以取代传统理论对于引力是一种力的看法。

该理论认为,引力是由空间——时间几何(也就是,不仅考虑空间中的点之间,而是考虑在空间和时间中的点之间距离的几何)的畸变引起的,因而引力场影响时间和距离的测量。

狭义相对论和万有引力定律,都只是广义相对论在特殊情况之下的特例。即狭义相对论是在没有重力时的情况,而万有引力定律则是在距离近、引力小和速度慢时的情况。

广义相对论基本原理:

①**广义相对论原理**:即自然定律在任何参考系中都可以表示为相同数学形式。

②**等价原理**:即在一个小体积范围内的万有引力和某一加速系统中的惯性力相互等效。

按照上述原理,万有引力的产生是由于物质的存在和一定的分布状况使时间空间性质变得不均匀(所谓时空弯曲),并由此建立了引力场理论;而狭义相对论则是广义相对论在引力场很弱时的特殊情况。

9.3　关于相对论的故事

爱因斯坦的相对论是科学而不是具体的技术,因此他的理论不可能像电视机一样进入千

千万万百姓家，但他的理论对相关领域的科学研究具有不可或缺的指导意义。下面是几则有关相对论的故事：

①在医院的放射治疗部，多数设有一台粒子加速器，用以产生高能粒子来制造放射性同位素，作治疗之用。由于粒子运动的速度接近光速（$0.9c \sim 0.999\,9c$），而粒子加速器的设计和使用必须考虑相对论效应。

②全球卫星定位系统卫星上的原子钟，对精确定位非常重要。原子时钟同时受狭义相对论因高速运动而导致的时间变慢（$-7.2\ \mu s/d$）和广义相对论因较地面物件承受着较弱的引力场而导致时间变快效应（$+45.9\ \mu s/d$）影响。相对论的净效应是这些原子时钟较地面的时钟运行得快。于是，这些卫星的软件设计需要考虑相对论效应带来的影响，确保定位准确。全球卫星定位系统的算法本身便是基于光速不变原理的，若光速不变原理不成立，则全球卫星定位系统则需要更换为不同的算法方能精确定位。

③过渡金属（如铂）的内层电子，运行速度极快，相对论效应不可忽略。在设计或研究新型的催化剂时，便需要考虑相对论效应对电子轨态能级的影响。同样，相对论也可解释为何铅的6s2惰性电子对效应。这个效应还可解释为何某些化学电池有着较高的能量密度，为设计更轻巧的电池提供理论根据。相对论也可解释为何水银在常温下是液体，而其他金属却不是。

④相对论指出，光速是信息传递速度的极限。超级计算机的总线时脉一般不能超越30 GHz，否则在脉冲到达超级计算机的另一端之前，另一脉冲就已经发出了。结果计算机内不同地方的元件不能协调工作。相对论为超级计算机的布线长度和时脉上限提供了理论基础。

⑤由广义相对论推导出来的引力透镜效应，让天文学家可以观察到黑洞和不发射电磁波的暗物质。1731年，英国的一位天文学爱好者用望远镜在南方夜空的金牛座上发现了一团云雾状的东西，外形像个螃蟹，人们称之为“蟹状星云”。后来的观测表明，这只“螃蟹”在膨胀。膨胀的速度为每年0.21 in（1 in = 2.54 cm）。到1920年，它的半径达到180 in，推算起来，其膨胀开始的时刻应该在860年之前，即公元1060年左右。人们相信，蟹状星云是900多年前的一次超新星爆炸中抛出的气体壳层。

9.4 相对论的指导意义

相对论的重要性主要体现在两个方面：一是高速运动（与光速可比拟的高速）；二是强引力场。上节已对涉及有关相对论的故事进行了介绍，下面再介绍几则有关相对论指导意义的事例：

①微观粒子的运动速度一般都比较快，有的接近甚至达到光速，所以人们在微观领域里的研究离不开相对论，质能关系式不仅为量子理论的建立和发展创造了必要的条件，而且为原子核物理学的发展和应用提供了根据。

②根据爱因斯坦的理论，空间和时间交织在一起，形成一种“时空”四维结构，而地球的质量会在这种结构上产生“凹陷”。科学家们将一个高精度陀螺仪送上地球轨道，使它的一个旋转轴指向一颗遥远的恒星作为参考点。在没有任何外力作用的情况下，这一旋转轴应当永远指向这一颗恒星。然而，如果空间是弯曲的，那么陀螺仪的指向会随时间推移发生改变。通过GPS对这种改变进行精密检测，科学家们发现地球周围确实存在时空漩涡，其各项测量参数与爱因斯坦“时空弯曲”的预言完全相符。

③爱因斯坦的广义相对论理论在天体物理学中有着非常重要的指导意义。它直接推导出一些大质量恒星会终结为一个黑洞。时空中的某些区域发生极度的扭曲,以致连光都无法逃逸出去。有证据表明恒星质量黑洞以及超大质量黑洞是某些天体,例如,活动星系核和微类星体发射高强度辐射的直接成因。光线在引力场中的偏折会形成引力透镜现象,这使得人们能够观察到处于遥远位置的同一个天体的多个像——正面、侧面甚至背面像。

④广义相对论还预言了引力波的存在,引力波已经被间接观测所证实,而直接观测则是当今世界上顶级科学家们努力的目标。如像激光干涉引力波、天文台的引力波观测计划的目标。此外,广义相对论还是现代宇宙学的膨胀宇宙模型的理论基础。

⑤广义相对论在实际生产和生活中的一个重要应用就是现在已经运行的 GPS 等卫星导航系统,广义相对论的效应直接影响 GPS 等卫星导航系统的测量精度。

⑥广义相对论彻底改变了有关宇宙起源和命运的讨论。一个静止的宇宙可能永远存在,或者可能在过去的某个时候以其目前的形式得到创造。另一方面,如果各星系今天正在不断分开,它们在过去必定彼此更接近。在大约 150 亿年前,它们可能彼此重叠,而它们的密度可能是无限的。根据广义相对论,宇宙大爆炸是宇宙和时间本身的开始。

思考题

1. 尝试说明伽利略相对性原理与狭义相对论的相对性原理之间的异同。
2. 简述相对论时空观和牛顿时空观的不同。
3. 爱因斯坦创立狭义相对论的基本思考线索是什么?
4. 在狭义相对论中,哪些量是具有绝对性的,即与惯性参考系的选择无关?
5. 女儿或者儿子有可能在生理年龄上比她或者他的父母更大吗?请解释。
6. 爱因斯坦广义相对论的两个基本原理是什么?
7. 查阅相关材料,浅谈相对论的应用。

练习题

1. 经典力学中,________________和________________是绝对的,与参照系选取无关。

2. 狭义相对论的基本原理包括________________和________________________。

3. 天津和北京相距 120 km。在北京于某日上午 9 时整有一工厂因过载而断电,同日在天津于 9 时 0 分 0.003 秒有一自行车与卡车相撞。试求在以 $u=0.8c$ 的速度沿北京到天津方向飞行的飞船中,观察到的这两个事件之间的时间间隔。哪个事件发生在前?

4. 在惯性系 K 系中观察到两个事件同时发生在 x 轴上,其间距离是 1 m,在另一惯性系 K' 中观察这两个事件之间的空间距离是 2 m,求在 K' 系中这两个事件的时间间隔。

5. 一粒子的动能等于它的静止能量时,其速率是多少?

第10章 天体物理及宇宙的演变

10.1 天体物理学和天体物理研究的对象

10.1.1 天体物理学及其任务

天体物理学是研究宇宙的物理学,这包括星体的光度、密度、温度、化学成分等物理性质和星体与星体之间的相互作用。天体物理学是应用物理学的理论与方法探讨太阳系的起源、恒星结构、恒星演化以及许多跟宇宙学相关的问题。

天体物理学既是历史最悠久的古老传统科学,也是一门涉及多领域学问的前沿学科。天文物理学通常涉及的学术领域,包括力学、电磁学、统计力学、量子力学、相对论、粒子物理学等。由于近年来跨学科的发展,天体物理学与化学、生物、历史、计算机、工程、古生物学、考古学、气象学等学科的交叉结合,目前已发展成300~500门主要专业分支,并成为物理学中最庞大的前沿学科之一。

天体物理学是采用物理学的理论、方法、手段和技术来研究分析来自天体的电磁辐射,获得天体的各种物理参数,根据这些参数运用物理学理论来阐明发生在天体上的物理过程及其演变是天体物理学的任务。

以研究手段与方法来说,天体物理学可分为实验天体物理学和理论天体物理学。前者研究天体物理学中基本观测技术、各种仪器设备的原理和结构,以及观测资料的分析处理,从而为理论研究提供资料或者检验理论模型。光学天文学是实测天体物理学的重要组成部分。理论天体物理学则是对观测资料进行理论分析,建立理论模型。同时,还可预言尚未观测到的天体和天象。

必需指出的是,理论物理学中的相对论、辐射、原子核、引力、等离子体、固体和基本粒子等理论,为研究类星体、宇宙线、黑洞脉冲星、星际尘埃、超新星爆发奠定了基础,使天体物理学不断向广度和深度发展。

人类对宇宙的认识不断深化,不仅使人们越来越深入地了解宇宙的结构和演化规律,同时也促使物理学在揭示微观世界的奥秘方面取得进展。如氦元素就是首先在太阳上发现的,过了25年后才在地球上找到。又如,热核聚变概念是在研究恒星能源时提出的。由于地面条件的限制,某些物理规律的验证只有通过宇宙这个“实验室”才能进行。各种各样的恒星,为研究恒星的形成和演化规律提供了样品,也为某些物理规律的验证提供了样品。20世纪60年代,天文学的四大发现——类星体、脉冲星、星际分子和微波背景辐射,促进了高能天体物理学、宇宙化学、天体生物学和天体演化学的发展,也向物理学、化学和生物学提出了新的课题。

天体上特殊的物理条件,在地球上往往并不具备,所以利用天体现象探索物理规律,是天体物理学的重要职能。

10.1.2　天体物理学研究的对象

宇宙是现已知晓的天体的总称,它是浩瀚的天穹。例如,我们所生活的地球仅是太阳系的一隅,而太阳系也仅是银河系的千亿分之一。银河系有1千亿~2千亿颗恒星,其物理状态千差万别。球状体、红外星、天体微波激射源、赫比格-阿罗天体,可能都是从星际云到恒星之间的过渡天体。与河外天体相比银河系又是九牛一毛。因此探索、研究宇宙是人类的一项既艰巨而又责无旁贷的任务。若将天体物理学的研究内容进行归类,那么天体物理学的研究对象就具体了:

(1)太阳学科

1)太阳物理学

研究太阳表面的各种现象、太阳内部结构、能量来源、化学组成等。太阳同地球有着密切的关系。研究太阳对地球的影响也是太阳物理学的一个重要方面。

2)太阳系物理学

研究太阳系内除太阳以外的各种天体,如行星、卫星、小行星、流星、陨星、彗星和行星际物质等的性质、结构、化学组成等。

(2)恒星学科

1)恒星物理学

研究各种恒星的性质、结构、物理状况、化学组成、起源和演化等。银河系的恒星有1千亿~2千亿颗,其物理状况千差万别。有些恒星上具有非常特殊的条件,如超高温、超高压、超高密、超强磁场等,这些条件地球上并不具备。利用恒星上的特殊物理条件探索物理规律是恒星物理学的重要任务。

2)恒星天文学

研究银河系内的恒星、星团、星云、星际物质等的空间分布和运动特性,从而深入探讨银河系的结构和本质。

(3)星系学科

1)行星物理学

研究各种恒星的性质、结构、物理状况、化学组成、起源和演化等。

2)星系天文学

星系天文学又称河外天文学,研究星系(包括银河系)、星系团、星系际空间等的形态、结构、运动、组成、物理性质等。

(4)**宇宙学科**

1)宇宙学

从整体的角度来研究宇宙的结构和演化。包括侧重于发现宇宙大尺度观测特征的观测宇宙学和侧重于研究宇宙的运动学和动力学以及建立宇宙模型的理论宇宙学。

2)宇宙化学

研究宇宙结构的化学组成和演化带来的化学组成变化。

3)天体演化学

研究天体的起源和演化。对太阳系的起源和演化的研究起步最早。虽然已取得许多重要成果,但还没有一个学说被认为是完善的而被普遍接受。恒星的样品丰富多彩,对恒星的起源和演化的研究取得了重大进展,恒星演化理论已被普遍接受。对星系的起源和演化的研究还处于探索阶段。

天体物理学的各分支学科是互相关联、互相交叉的。随着新技术、新方法、新理论的出现和应用,天体物理学中涌现了一些新的分支学科,如射电天文学、红外天文学、紫外天文学、X射线天文学等。天体物理学同其他学科也是互相交叉、互相渗透的。也出现了一些交叉性的学科,如天体化学、天体生物学等。

(5)**其他相关学科**

1)射电天文学

射电天文学是通过观测天体的无线电波来研究天文现象的一门学科。由于地球大气的阻拦和过滤,从天体来的电磁电波只有波长的1 mm~30 m才能到达地面,迄今为止,绝大部分的射电天文研究都是在这个波段内进行的。射电天文学以无线电接收技术为观测手段,观测的对象遍及所有天体:从近处的太阳系天体到银河系中的各种对象,直到极其遥远的银河系以外的目标。射电天文波段的无线电技术,到20世纪40年代才真正开始发展。

2)空间天文学

通过在高层大气和大气外层空间进行天文探测,收集资料,进行天文研究的学科。天文学和空间科学的边缘学科。天体在不断发出γ射线、X射线、紫外光、可见光、红外光、射电波等不同波长的电磁波,但只有可见光和它两侧的近红外光、近紫外光,1 mm~30 m的射电波,以及红外波段中的几小段波长区间的辐射能到达地面,其余都被地球大气吸收或反射了。人造卫星上天后,人们得以完全克服地球大气的屏障,开始了对天体整个电磁波段的观测,导致了空间天文学的诞生。空间天文学采用高空飞机、平流层气球、探空火箭、人造地球卫星、行星际探测器、航天器等各种运载工具。20世纪60年代以后,对太阳系天体的空间探测成果丰硕:阿波罗飞船6次把宇航员送上月球,进行了实地考察;行星际探测器多次实现了对水星、金星、火星、木星、土星、天王星和海王星的考察,有许多重大发现,还获得了行星际空间有关太阳风、行星际介质、行星际磁场等的大量珍贵资料。

3)高能天体物理学

高能天体物理学是天体物理学的一个分支学科。主要任务是研究天体上发生的各种高能现象和高能过程。它涉及的面很广,既包括有高能粒子(或高能光子)参与的各种天文现象和物理过程,也包括有大量能量的产生和释放的天文现象和物理过程。最早,高能天体物理学主要限于宇宙线的探测和研究,真正作为一门学科是20世纪60年代后才建立起来的。60年代以后,各种新的探测手段应用到天文研究中,一大批新天体、新天象的发现,使高能天体物理学得到了迅速发展。高能天体物理学的研究对象包括类星体和活动星系核、脉冲星、超新星爆发、黑洞理论、X射线源、γ射线源、宇宙线、各种中微子过程和高能粒子过程等。

10.2　望远镜的结构和哈勃望远镜

10.2.1　望远镜的结构简介

人眼的分辨能力是有限的。当人眼观察远处目标时必须借助成像光学仪器——望远镜。望远镜分两大类,即透射式与反射式。透射式望远镜又分开普勒望远镜和伽利略望远镜。开普勒望远镜由正物镜 L_0 和正目镜 L_e 组成,其基本光路如图10.1所示。远处物体经物镜后在物镜像方焦平面上成一倒立缩小的实像,再经目镜将此实像放大并成像于无穷远处,使其视角增大。

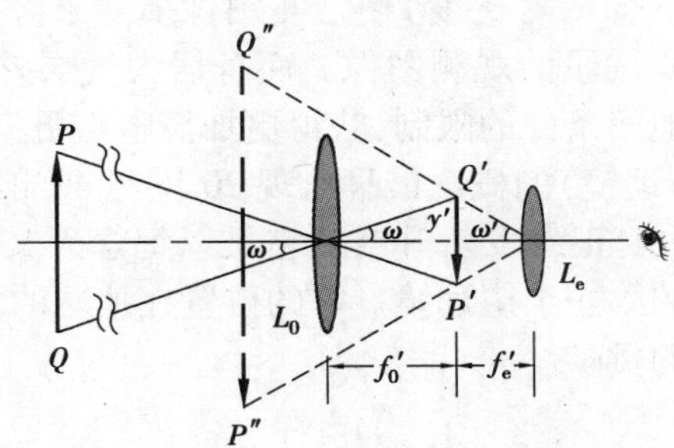

图10.1　开普勒望远镜

望远镜的视放大率定义为:目视光学仪器所成的像对人眼的张角 ω' 的正切与直接用眼睛观察时物体的像对人眼的张角 ω 的正切之比,即

$$M = \frac{\tan \omega'}{\tan \omega} \tag{10.1}$$

由图10.1所示,当物体位于无穷远处时,物直接对人眼的张角等于物对望远镜的张角 ω,根据几何光路可知,$\tan \omega = y'/f_0'$,$\tan \omega' = y'/f_e'$,则望远镜的视放大率

$$M = \frac{\tan \omega'}{\tan \omega} = \frac{\dfrac{y'}{f'_e}}{\dfrac{y'}{f'_0}} = \frac{f'_0}{f'_e} \tag{10.2}$$

因此,为了获得足够大的放大率,望远镜物镜的焦距一般较长,而目镜的焦距较短。

应该指出实际的天文望远镜绝没有图10.1所示的这样简单。首先,望远镜物镜必须是消色差和球差的,因而它必须是由多个透镜(至少一正一负)组成。另外,天文望远镜的孔径很大,要制作这么大的透镜,光学材料没有相位缺陷难度很大,成本自然惊人,于是人们往往采用反射式天文望远镜。

反射式天文望远镜中最典型的是如图10.2所示的卡塞格林天文望远镜。它是由两个反射镜和透镜组成。主镜是一个凹面镜,其中心开有小孔。副反射镜可以是一平面反射镜,也可是凹面镜或凸面镜。

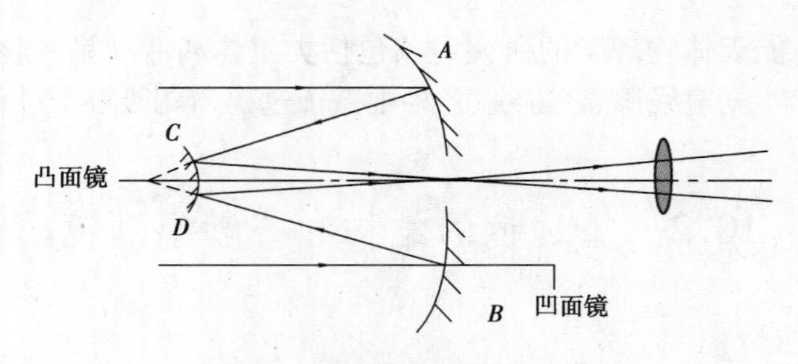

图 10.2　卡塞格林天文望远镜

10.2.2　哈勃望远镜

(1)人类为什么要建太空望远镜

地球上的天文望远镜获得的观测图像的质量除受仪器本身因素(如仪器孔径大小、加工质量)的制约外还受地球因素的影响。例如,大气层中的大气湍流(影响望远镜物镜聚焦)与散射(提高了背景光,降低了图像的对比度)使观测图像质量下降;另外大气层中的臭氧吸收了紫外线使科学家无法获得全波段的观测图像。而身居大气层外的太空(或空间)望远镜则能帮助天文学家成功地摆脱地面条件的限制,获得更加清晰与更广泛波段的观测图像。

空间望远镜(也称太空望远镜)的概念最早出现 20 世纪 40 年代,但一直到 20 世纪 90 年代,哈勃空间望远镜才历经坎坷正式发射升空。它是以纪念天文学家爱德温·哈勃而命名。它成为在轨道上环绕着地球的第一个望远镜。它的位置在地球的大气层之上,并观测迄今,为人类天体物理学作出了重大的贡献。

(2)哈勃的光学系统

望远镜的光学部分是整个仪器的心脏。哈勃空间望远镜采用卡塞格林式反射系统,由两个双曲面反射镜组成,一个是口径为 2.4 m 的主镜,另一个是装在主镜前约 4.5 m 处的副镜,口径为 0.3 m。投射到主镜上的光线首先反射到副镜上,然后再由副镜反射向主镜的中心孔,穿过中心孔到达主镜的焦面上形成高质量的图像,供各种科学仪器进行精密处理,得出来的数据通过中继卫星系统发回地面。

(3)光学元件加工与耗资

哈勃望远镜的镜子和光学系统是最关键的部分,因此在设计上有很严格的规范。一般望远镜的镜子在抛光之后的准确性大约是可见光波长的 1/10,但是因为空间望远镜观测的范围是从紫外线到近红外线,所以需要比以前的望远镜更高的分辨力,它的镜子在抛光后的准确性达到可见光波长的 1/20,也就是大约 30 μm。鉴于此负责加工的珀金埃尔默公司刻意使用极端复杂的计算机控制抛光机研磨镜子,但却在最尖端的技术上出了问题;镜子的抛光从 1979 年开始持续到 1981 年 5 月,抛光的进度已经落后并且超过了预算,然后又延至 1986 年 9 月。这使得整个加工计划的总花费高达 11.75 亿美元。

(4)哈勃的附属仪器

哈勃太空望远镜其实是一个庞大的系统而不仅仅是望远镜本身。例如,还包含了:广域和行星照相机、戈达德高解析摄谱仪、高速光度计、暗天体照相机、暗天体摄谱仪以及其他仪器。这些仪器的功能都是一流的。如它的光度计每秒可以侦测 100 000 次,精确度至少可以达到 2%。又如它用的高分辨率照相机使用了 8 片 CCD(做出了两架照相机,每一架使用 4 片 CCD),附有一套由 48 片光学滤光镜组成的滤色镜组,可用于筛选特殊波段进行天体物理学的观察。

(5)在轨维修记录

在1990年4月,哈勃空间望远镜发射升空的数星期后,研究人员发现从哈勃空间望远镜传回来的图片有严重的问题。通过对图样缺陷的分析显示,问题来源于主镜的形状被磨错了。虽然这个差异小于光波长的1/20,镜面与需要的位置也只差了微不足道的2 μm,但这个差别造成了灾难性的球面像差。这样来自镜面边缘的反射光与中央的反射光不能聚集在相同的焦点上。这样的缺陷是设计者没有想到的,也是不能容忍的,必须进行大修。

1993年,"奋进"号执行了对哈勃空间望远镜的第一次维修任务。

1997年2月,"发现"号在STS-82航次中执行了第二次维修任务。

1999年12月,"发现"号的STS-103航次中执行了第三次维护任务。

2002年3月,"哥伦比亚"号的STS-109航次执行了第四次维护任务。

2008年8月,维修任务中,太空人将更换新的电池和陀螺仪,更换精细导星传感器(FGS)并修理空间望远镜影像摄谱仪。

2009年5月11日14点01分,美国"亚特兰蒂斯"号航天飞机从佛罗里达州肯尼迪航天中心发射升空。在此次太空之旅中,机上的7名宇航员通过5次太空行走对哈勃太空望远镜进行了最后一次维护,为其更换了大量设备和辅助仪器。

(6)哈勃的成果

从1990年到今天的20多年里,哈勃太空望远镜取得的成绩是一般天文望远镜所不能比拟的。它的主要成绩有:发现最古老星系、宇宙年龄、恒星形成、恒星死亡、黑洞、暗物质、有水行星、宇宙学、哈勃深场以及发现大胖子星系团等。

随着科学技术的进一步发展,功能强大的哈勃太空望远镜必将被更先进的太空望远镜取而代之。预计2020年发射升空,功能更加强大的昂詹姆斯·韦伯空间望远镜已对它的地位虎视眈眈了。

图10.3　国际空间站

说明:从"发现"号航天飞机上看,国际空间站(见图10.3)出现于地平线之上,背景则是漆黑的太空。配上新的太阳能电池板,国际空间站看起来似乎更加完美。

图10.4　"哈勃"太空望远镜

说明:2009 年 5 月 19 日,"哈勃"太空望远镜(见图 10.4)飞离"亚特兰蒂斯"号航天飞机。修复一新的"哈勃"太空望远镜再次开始正常运行。经过 5 次大修,哈勃太空望远镜的观测能力大为增强。美国宇航局 2009 年 9 月份公布了大修后哈勃拍摄的一组宇宙图片,令人叹为观止。

10.3 绚丽多彩的星系、宇宙的演变、宇宙不寂寞、黑洞的形成与效应

爱因斯坦的广义相对论和量子力学的诞生和发展极大地推动了现代天体物理学的发展,使空间和时间从发生事件的消极后台变成了宇宙动力的积极参与者。

宇宙充满物质,而物质使空时弯曲,物体因此互相吸引。广义相对论彻底改变了有关宇宙起源和命运的讨论。一个静止的宇宙可能永远存在,或者可能在过去的某个时候以其目前的形式得到创造。另一方面,如果各星系今天正在不断分开,它们在过去必定彼此更接近。在大约 150 亿年前,它们可能彼此重叠,而它们的密度可能是无限的。

根据广义相对论,宇宙大爆炸是宇宙和时间本身的开始。天文学家们估计宇宙目前的年龄约为 130 亿年。一个来自以色列特拉维夫大学的天文学家小组发现,宇宙中最大质量黑洞的首次快速成长期出现在宇宙年龄为 12 亿年时,天文学家们还注意到,在最初的 12 亿年后,这些被观测的黑洞天体的成长期仅仅持续了 1 亿 ~2 亿年。

爱因斯坦的广义相对论理论在天体物理学中有着非常重要的指导意义:它直接推导出某些大质量恒星会终结为一个黑洞——时空中的某些区域发生极度的扭曲以至于连光都无法逸出。有证据表明恒星质量黑洞以及超大质量黑洞是某些天体,例如,活动星系核和微类星体发射高强度辐射的直接成因。广义相对论还预言,时间在黑洞内部将停止。黑洞是空时的一些极其弯曲以致光不能漏出的区域。

黑洞的产生过程类似于中子星的产生过程;恒星的核心在自身重力的作用下迅速地收缩,发生强力爆炸。当核心中所有的物质都变成中子时收缩过程立即停止,被压缩成一个密实的星体,同时也压缩了内部的空间和时间。但在黑洞情况下,由于恒星核心的质量大到使收缩过程无休止地进行下去,中子本身在挤压引力自身的吸引下被碾为粉末,剩下来的是一个密度高到难以想象的物质。由于巨大质量而产生的力量,使得任何靠近它的物体都会被它吸进去。黑洞开始吞噬恒星的外壳,但黑洞并不能吞噬如此多的物质,它也会释放一部分物质,放射出两道纯能量——伽马射线。这也可以简单理解为:通常恒星最初只包含氢元素,恒星内部的氢原子时刻相互碰撞,发生聚变。由于恒星质量很大,聚变产生的能量与恒星万有引力抗衡,以维持恒星结构的稳定。由于聚变,氢原子内部结构最终发生改变,破裂并组成新的元素——氦元素。接着,氦原子也参与聚变,改变结构,生成锂元素。以此类推,按照元素周期表的顺序,会依次有铍元素、硼元素、碳元素、氮元素等生成。直至铁元素生成,该恒星便会坍塌。这是由于铁元素相当稳定不能参与聚变,而铁元素存在于恒星内部,导致恒星内部不具有足够的能量与质量巨大的恒星的万有引力抗衡,从而引发恒星坍塌,最终形成黑洞。说它"黑",是指它就像宇宙中的无底洞,任何物质一旦掉进去,就再也不能逃出。跟白矮星和中子星一样,黑洞可能也是由质量大于太阳质量好几倍以上的恒星演化而来的。当一颗恒星衰老时,它的热核反应已经耗尽了中心的燃料(氢),由于中心产生的能量已经不多了,这样,它再也没有足够的力量来承担起外壳巨大的质量。所以在外壳的重压之下,核心开始坍缩,物质将不可阻挡地向着

中心点进军，直到最后形成体积无限小、密度无限大的星体。而当它的半径一旦收缩到一定程度（小于史瓦西半径），质量导致的时空扭曲就使得即使光也无法向外射出——“黑洞”诞生了。

恒星的时空扭曲改变了光线的路径，使之和原先没有恒星情况下的路径不一样。光在恒星表面附近稍微向内偏折，在日食时观察远处恒星发出的光线，可以看到这种偏折现象。当该恒星向内坍塌时，其质量导致的时空扭曲变得很剧烈，光线向内偏折得也更显著，从而使得光线从恒星附近逃逸变得更为困难。对于在远处的观察者而言，光线变得更黯淡更红。最后，当这一恒星收缩到某一临界半径（史瓦西半径）时，其质量导致的时空扭曲变得如此之剧烈，使得光向内偏折得也如此之显著，以至于光线再也逃逸不出去。这样，如果光都逃逸不出来，其他东西更不可能逃逸，都会被它拉回去。换句话说，存在一个事件的集合或时空区域，光或任何东西都不可能从该区域逃逸出去，从而到达远处的观察者。这样的区域称作黑洞。将其边界称作事件视界，它和刚好不能从黑洞逃逸的光线的轨迹相重合。

与别的天体相比，黑洞十分特殊。人们无法直接观察到它，科学家也只能对它内部结构提出各种猜想。而使得黑洞把自己隐藏起来的原因即是弯曲的时空。根据广义相对论，时空会在引力场的作用下弯曲。这时，光虽然继续沿任意两点间的最短光程传播，但相对而言它已弯曲。因此光在经过大密度的天体时，由于时空弯曲，光也就偏离了原来的直线方向。

在地球上，由于引力场作用很小，时空的扭曲是微乎其微的。而在黑洞周围，时空的这种变形非常大。这样，即使是被黑洞挡着的恒星发出的光，虽然有一部分会落入黑洞中消失，但另一部分光线会通过弯曲的空间，绕过黑洞而到达地球。于是观察到黑洞背面的星空，就像黑洞不存在一样，这就是黑洞的隐身术。

更有趣的是，有些恒星不仅是朝着地球发出的光能直接到达地球，它朝其他方向发射的光也可能被附近的黑洞的强引力折射而到达地球。这样不仅能看见这颗恒星的“脸”，还同时看到它的“侧面”，甚至“后背”，这是宇宙中的“引力透镜”效应。

一切事物都具有两面性，黑洞不会只是宇宙的破坏者，它也会成为宇宙星体的缔造者。天文学家们用天文仪器探究后，发现在银河系核心部有上10个黑洞存在。它们所产生的引力之大不可设想，它们的能量相当大，可以产生一种能量束，形成一种气体，经数十亿年之后，便形成了星云，由星云便产生了行星。

应当指出的是，黑洞与黑洞效应本是天体物理学中的词汇与概念。由于黑洞有超强大的吞噬能力，另一方面黑洞还具有复制和自我强化的能力。因此黑洞效应便是一种自我强化效应。目前黑洞效应这一词汇已超越了天体物理学领域进入其他领域，如目前人们常说利用黑洞效应使一个企业自我强化。

由上可知，宇宙并非寂静的世界，而是丰富多彩的。它有产生、发展，也有成长、壮大，还有毁灭、消亡！总之一句话，宇宙不寂寞。

根据开普勒定律，气体的旋转速度应与其围绕天体的质量的平方根成正比，与旋转半径的平方根成反比。如果能够确定旋转速度和半径，就能求出该天体的质量，据此推算，如果想成为黑洞（见图10.5），太阳必须把直径缩小到6 km，而地球则需要缩小至2 cm。

以下是宇宙星体（云）的一组图片，以飨读者。

说明：从人马座到天蝎座之间看去，真是一个美丽的地方。在智利观测超过29个夜晚。透过小型望远镜，宇宙里动人心弦的影像，涵盖了错综复杂的尘埃带、明亮的星云星团，分散在银河中心星场（见图10.6）。从图片左边开始往右，分别可以找到湖星云、三裂星云、猫掌星

图 10.5　黑洞——吞噬宇宙的巨人

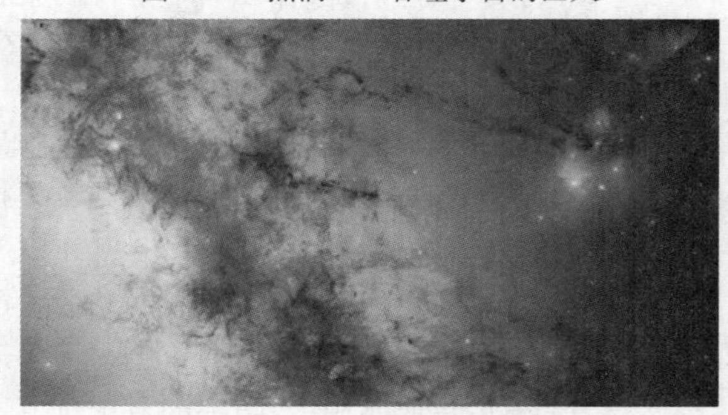

图 10.6　Gigagalaxy Zoom 银河系中心

云、烟斗星云以及色彩缤纷的心宿增四星和心宿二。

说明:银河系的盘面刚好穿过这片结构复杂的漂亮天体。图片中央是船帆座超新星遗迹(见图 10.7)发光的纤丝结构,即一颗大质量恒星死亡时爆发出来的膨胀中的碎云团。

图 10.7　船帆座超新星遗迹

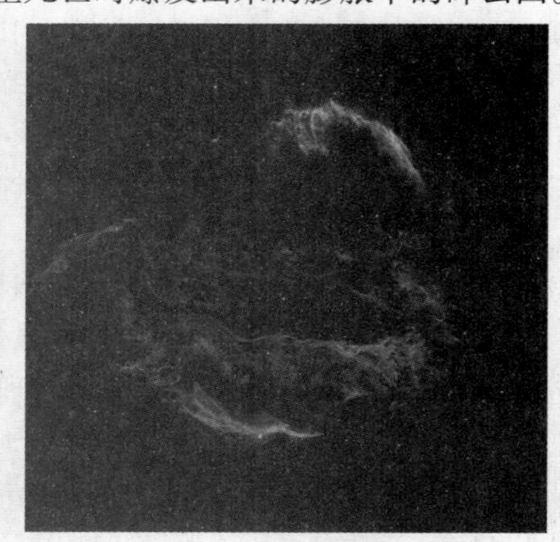

图 10.8　面纱星云

说明:这些历经冲击波洗礼,如同纤丝一般精致的发光气体漂浮在地球星空的天鹅座方向,组成了面纱星云(见图 10.8)。这团星云是一个庞大的超新星遗迹,即一团膨胀中的气体,创生于一颗大质量恒星临终时的爆发。

说明:在位于仙王座,距离我们 3 000 光年之外的 NGC 7129 中(见图 10.9),新生的太阳依旧雪藏于尘埃之中。它们的年龄处于萌芽时期,形似太阳在 50 亿年前在星际育婴房中形成时的模样。

图 10.9　NGC 7129 中的年轻太阳

图 10.10　气泡星云

说明:来自一颗大质量恒星的星风在星际介质中吹出了一个形状惊人奇妙的幻影。这个天体被编记为 NGC 7635,也被称作气泡星云(见图 10.10)。虽然这个气泡看起来精巧纤弱,但是证据却表明这个直径 10 光年的气泡内部正在发生着猛烈的演变过程。

图 10.11　黑眼银河

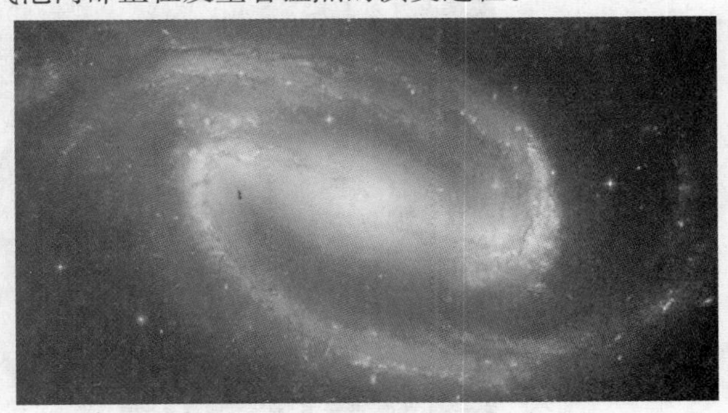

图 10.12　天炉棒旋星系

说明:图 10.11 至图 10.17 是"哈勃"太空望远镜修复后所拍摄的首批深空照片之一。其中图 10.17 显示的是"NGC 6302"的蝴蝶星云,它是一个行星状星云。"蝴蝶"的"翅膀"延伸的距离有 2 光年远,它是由高温气体组成,因此看起来光彩耀人。这些气体是由一颗距离地球所在的银河系约 3 800 光年的垂死恒星所喷射出的。气体以约 96.6 万 km/h 的速度被释放到太空中，于是就形成了这一巨大、精致的“蝴蝶翅膀”结构。

图 10.13　M51 飞马座旋涡星云

图 10.14　M104 大草帽星云

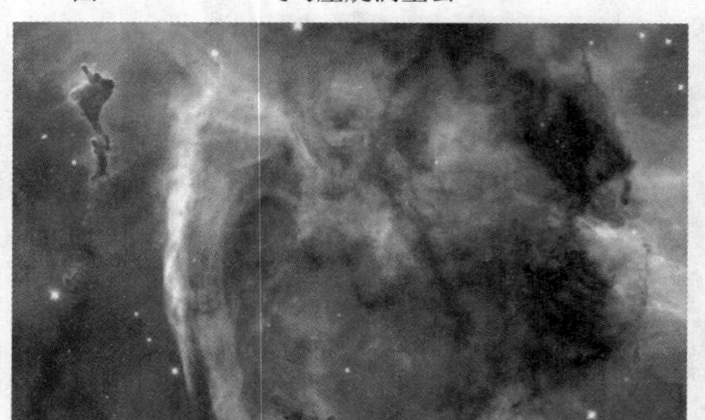

图 10.15　鹰状星云

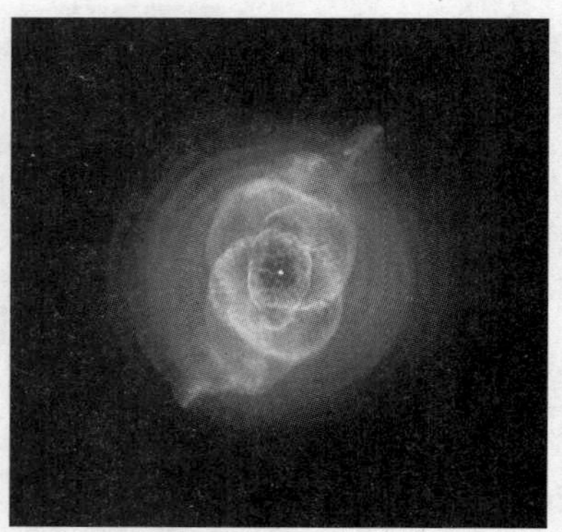

图 10.16　NGC 5643 行星状星云

图 10.17　蝴蝶星云

说明：“宇宙之手”可以称得上是最怪异的宇宙照片之一（见图 10.18）。黑暗的太空中，一只明亮、神秘的巨手正伸向一团红色光芒。“宇宙之手”图案事实上是由一颗脉冲星周围的炽热气体所形成，这颗脉冲星就是一颗已经死亡的恒星爆炸后所留下的高速旋核。

这颗脉冲星名为“PSR B1509-58”，现已被淹没于“手腕”部位的明亮区域内。随着脉冲星的旋转，它会产生极其强大的磁场风，并不断向周围环境释放能量。释放的能量与周围的原有气体结合，形成了一个个紧密的气体结，也就形成了一个个手指形状。“宇宙之手”伸向的红色区域可能是超新星爆炸所产生的物质。

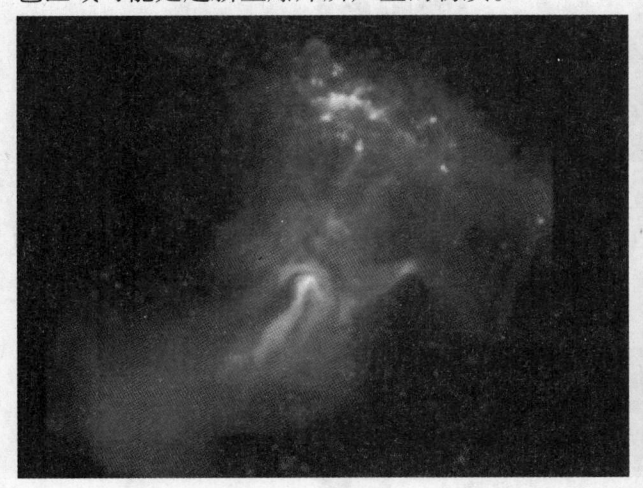

图 10.18　宇宙之手
（由美国宇航局钱德拉 X 射线望远镜所拍摄）

图 10.19　潘多拉的星系
（由“哈勃”太空望远镜所拍摄）

说明：潘多拉的星系事实上就是“NGC 4522”星系（见图 10.19）。“NGC 4522”星系是室女座星系簇的一员，是一种螺旋星系，距离地球 6 000 万光年。观察如此远距离的星系，你也许会觉得一辈子都看不到它的一丝变化。事实上，“NGC 4522”星系正在以 1 000 万 km/h 的速度在室女座中穿行。“NGC 4522”星系的顶部正释放出大量的气体和尘埃。

当星系猛烈撞击星系簇中已经存在的稀薄气体时，来自星际间的物质就会对星系内部的气体和尘埃施加压力，从而将它们压缩成新的炽热恒星。

图 10.20　NGC 2818 星云
（拍摄于 2008 年 11 月）

说明：“哈勃”太空望远镜捕捉到著名的行星状星云 NGC 2818 壮观、清晰的细节（见图 10.20）。美丽的行星状星云 NGC 2818，是一颗类太阳恒星死亡之时的寿衣。而它也预示了太阳在 50 亿年之后，当它用尽核心氢燃料，再以氦作为燃料时将面临的宿命。NGC 2818 位于罗盘座的南部，这张图片显示了一颗恒星的外层结构。

图 10.21　半人马座 A

说明:半人马座 A(Centaurus A)星系中心的一个超大质量黑洞正在不断向外喷射各种物质(见图 10.21)。这张图片是由美国宇航局钱拉德 X 射线天文台和欧洲南方天文台的数据合成而来的。

图 10.22　土星卫星

说明:2009 年 2 月 24 日,“哈勃”太空望远镜共观测到 4 颗土星卫星(见图 10.22)从土星面前走过。

图 10.23　宽边帽星系

说明:这个外形极像一顶阔边帽的星系(见图 10.23),距地球 2 800 万光年,横跨 5 万光年的距离,更有 8 000 亿颗恒星。

说明:马头星云(见图 10.24)位于猎户座,是一个暗星云,由从地球看过去,黑暗的尘埃和旋转的气体构成马头部的形状而得名。

说明:这张赫姆斯彗星(Comet Holmes)图,如图 10.25 所示。这颗彗星的彗核是一颗直径只有几英里的肮脏的雪球。每隔 7 年,它从地球附近经过一次。

图 10.24　马头星云

图 10.25　赫姆斯彗星
（由尼克·霍维斯在英国所拍摄）

图 10.26　王者之环

说明:使用了特殊滤波仪器的 Cassini 号探测器,飞行了 2 560 000 km 后,拍摄到了土星(见图 10.26)。

说明:这个蚂蚁形状的星云(见图 10.27)是一颗正在消亡的行星的一对球形突出部分。

图 10.27　Mz3 蚂蚁星云

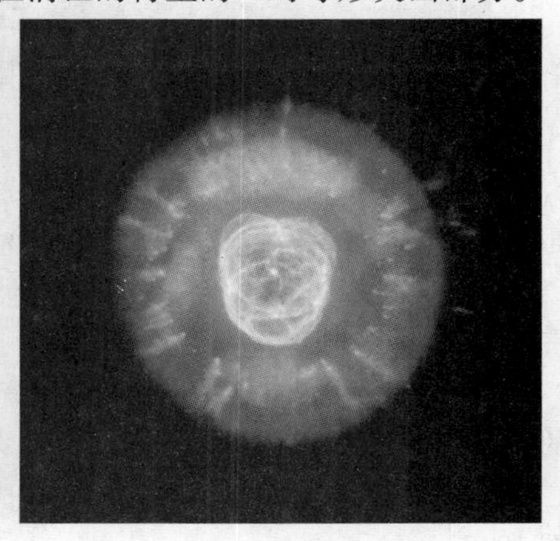

图 10.28　NGC 2392 爱斯基摩星云

说明:爱斯基摩星云是天文学家威廉·赫歇尔在1787年发现的,它距离地球约5 000光年,在双子星座(Gemini constellation)内,由于从地面看去,它像是一颗戴着爱斯基摩毛皮兜帽的人头,所以得到了这种昵称(见图10.28)。

说明:这个猫眼状的星云是天龙星座的一部分,它的组成成分非常复杂(见图10.29)。

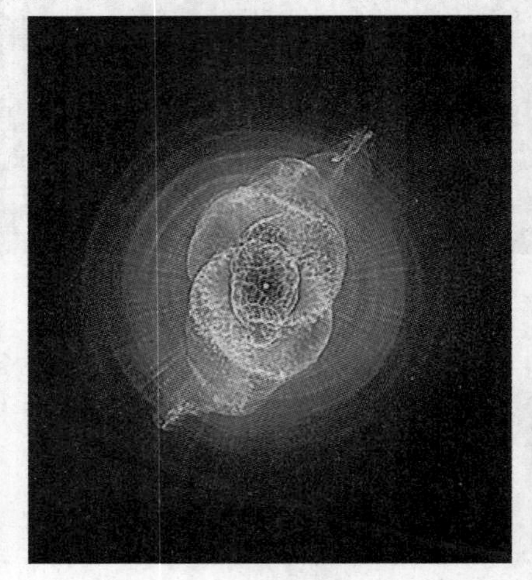

图10.29　猫眼星云

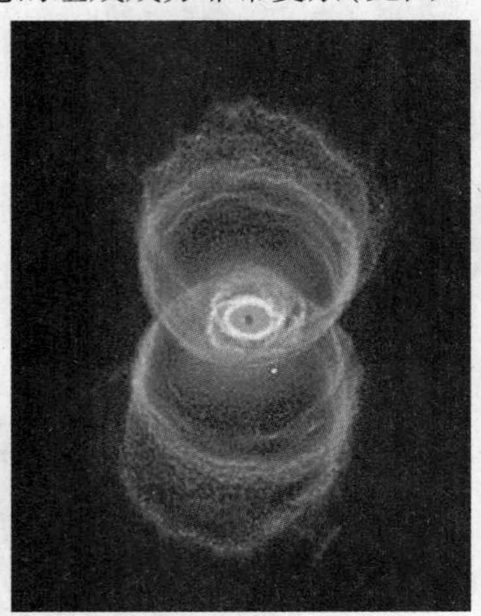

图10.30　沙漏星云

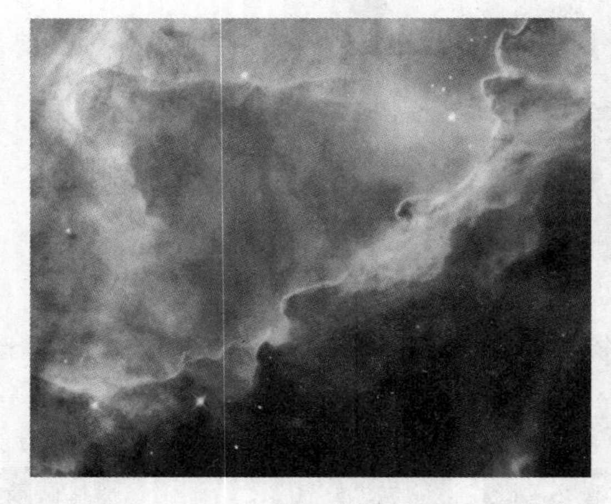

图10.31　天鹅星云中的完美风暴

图10.32　以梵高作品《星夜》命名的星夜图

说明:沙漏星云(见图10.30)是一个年轻的行星状星云,位于南天的苍蝇座,距离地球约8 000光年。因星云中心有沙尘般的物质外溢,好似沙粒在沙漏中移动而得名。

说明:天鹅星云(见图10.31)距地球约5 000光年,在它这一片充满分子气体与尘埃的云气深处,一直有新的恒星诞生。

说明:银河系边缘一个行星发出美丽的光环。这张照片很像梵高著名作品《星夜》描绘出的场景(见图10.32)。

说明:照片显示距离地球1.14亿光年的大犬星座星群里的两个星系正在合并的样子(见图10.33)。

说明:这个三裂形状的星云是一个恒星育儿室(见图10.34),它被附近高密度的星团发出

图10.33 两个螺旋形星系相互碰撞

的射线"撕"出了裂缝。

图10.34 人马座的三裂星云

图10.35 土星的自然色

说明:这幅照片显示了土星的自然色(见图10.35),是由"卡西尼"号在飞越土星光环不亮的一面时拍摄的。

图10.36 宇宙喷泉

图10.37 仙女座大星系

说明:哈勃太空望远镜拍摄到的宇宙喷泉,如图10.36所示。

说明:这是仙女座大星系迄今最清晰的远红外波段图像,如图10.37所示。

说明:哈勃太空望远镜拍下一张令人惊叹的照片:两个巨大的星系上演了一场壮观的"太空华尔兹"。一个星系的"手臂"轻轻地抱着另一个星系的"身体",这对星系在相互引力的牵引下以优美的舞步缓慢旋转(见图10.38)。

图 10.38　太空华尔兹

思考题

1. 天体物理学是什么？研究对象又是什么？
2. 查阅相关材料，空间天文学的主要成就什么？
3. 尝试介绍哈勃望远镜的结构、尺寸及其在天文观测中的应用。
4. 人类为什么要建太空望远镜？
5. 简述恒星的演化和黑洞的形成过程。
6. 爱因斯坦的广义相对论对天体物理学有什么意义？
7. 查阅相关材料，简述宇宙大爆炸理论的成功之处和困难。
8. 和同学讨论，尝试介绍浩瀚的宇宙和绚丽多彩的星系。

练习题

1. 天文物理学通常涉及的学术领域，包括＿＿＿＿＿＿＿＿、＿＿＿＿＿＿＿＿、＿＿＿＿＿＿＿＿、＿＿＿＿＿＿＿＿、相对论、粒子物理学等。

2. 从结构上来分，望远镜分为＿＿＿＿＿＿＿＿与透射式望远镜。透射式望远镜又分伽利略望远镜和＿＿＿＿＿＿＿＿。

3. 黑洞吞噬恒星的外壳，但黑洞并不能吞噬如此多的物质，它也会释放一部分物质，放射出两道纯能量——＿＿＿＿＿＿＿＿。

4. 潘多拉的星系事实上就是“NGC 4522”星系。“NGC 4522”是室女座星系簇的一员，是一种＿＿＿＿＿＿＿＿星系，距离地球＿＿＿＿＿＿＿＿光年。

附 录

附录1.1 矢量基础

矢量代数在物理学中是常用的数学工具,它可用较为简洁的数学语言表达某些物理量及其变化规律,这对加深理解某些物理量及物理定律是很有帮助的。本部分主要介绍矢量的概念、矢量的加减、矢量的分解、矢量的标积和矢积以及矢量的导数和积分,希望读者随着课程的进行,经常查阅本附录的内容,这样就可以逐步熟练掌握矢量的基本概念和计算方法。

(1)矢量的概念

1)矢量定义

在普通物理学的范围内经常遇到两类物理量:一类是标量物理量(简称"标量"),如质量、时间、体积等,它们只有大小和单位,没有方向,并遵循通常的代数运算法则;另一类是矢量物理量(简称"矢量"),如位移、速度、力等,它们不仅有大小和单位,还有方向,它们遵循矢量代数运算法则。

2)矢量表示

印刷品中矢量通常用黑粗体字母(如$\boldsymbol{A}$)来表示,作图时常用有向线段表示,如附图1.1所示。线段的长短按一定比例表示矢量的大小,箭头的指向表示矢量的方向。

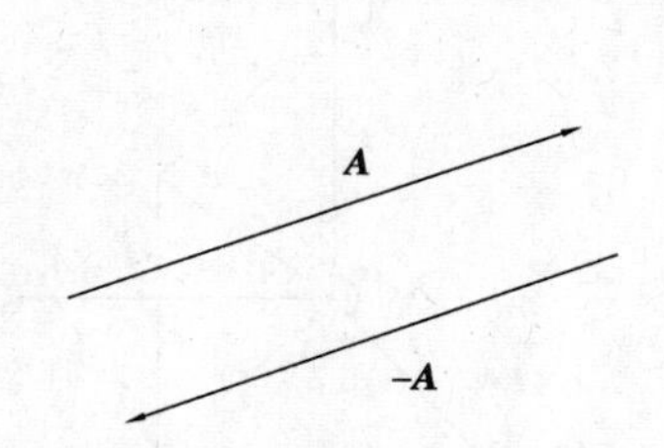

附图1.1 作图时矢量的表示方法

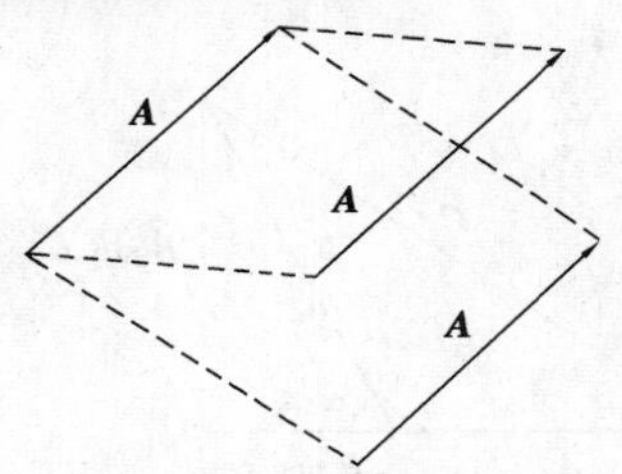

附图1.2 矢量平移的不变性

矢量的大小称为矢量的模,矢量$\boldsymbol{A}$的模常用符号$|\boldsymbol{A}|$或A表示。则

$$\boldsymbol{A} = |\boldsymbol{A}|\boldsymbol{A}^0 = A\boldsymbol{A}^0$$

式中 $\boldsymbol{A}^0$——$\boldsymbol{A}$方向的单位矢量,$|\boldsymbol{A}^0| = 1$。

如果有一个矢量，其模与矢量 **A** 的模相等，方向相反，这时就可用 $-\boldsymbol{A}$ 来表示这是矢量（见附图 1.1）。

如附图 1.2 所示，如把矢量 **A** 在空间平移，则矢量 **A** 的大小和方向都不会因平移而改变。矢量的这个性质称为矢量平移的不变性，它是矢量的一个重要性质。

（2）矢量的合成

1）矢量加法

两个矢量合成时遵守平行四边形法则，表示为：$\boldsymbol{C}=\boldsymbol{A}+\boldsymbol{B}$ 或 $\boldsymbol{C}=\boldsymbol{B}+\boldsymbol{A}$，**C** 称为矢量 **A** 与 **B** 的合矢量，而 **A**、**B** 称为矢量 **C** 的分矢量。它们之间的关系如附图 1.3 所示，满足交换律。

对多个矢量，合成时用多边形法则（见附图 1.4）。

合矢量的大小和方向除了上述几何作图法外，还可计算求得。

设 α 为矢量 **A** 和 **B** 之间小于 π 的夹角，合矢量 **C** 与矢量 **A** 的夹角为 β，由附图 1.5 可知，合矢量 **C** 的大小方向分别为

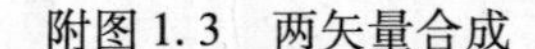

$$C=\sqrt{A^2+B^2+2AB\cos\alpha} \qquad \beta=\arctan\frac{B\sin\alpha}{A+B\cos\alpha}$$

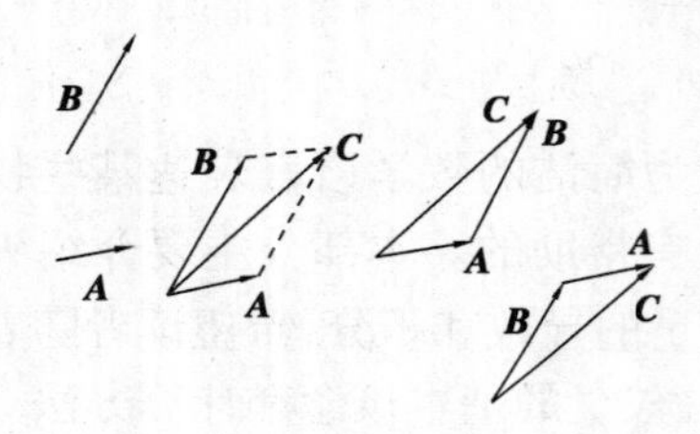

附图 1.3　两矢量合成

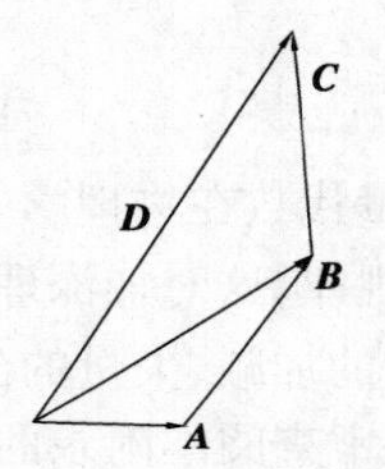

附图 1.4　多矢量合成

2）矢量合成的解析法

①矢量在直角坐标轴上的表示。根据矢量合成法则，一个矢量 **A** 可用空间直角坐标系 $Oxyz$ 3 个坐标轴上的分矢量表示。设 $\boldsymbol{i}$、$\boldsymbol{j}$、$\boldsymbol{k}$ 分别为 x、y、z 3 个坐标轴的单位矢量，$\boldsymbol{A}_x$、$\boldsymbol{A}_y$、$\boldsymbol{A}_z$ 为 **A** 在 3 个坐标轴上的投影，如附图 1.6 所示，则

$$\boldsymbol{A}=A_x\boldsymbol{i}+A_y\boldsymbol{j}+A_z\boldsymbol{k}$$

$$A=|\boldsymbol{A}|=\sqrt{A_x^2+A_y^2+A_z^2}$$

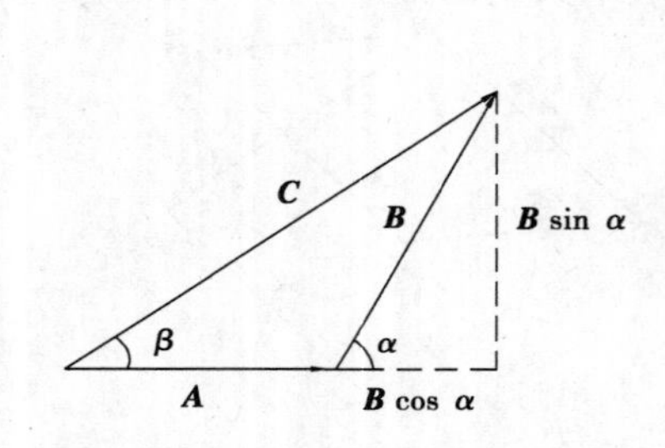

附图 1.5　合矢量 **C** 的计算

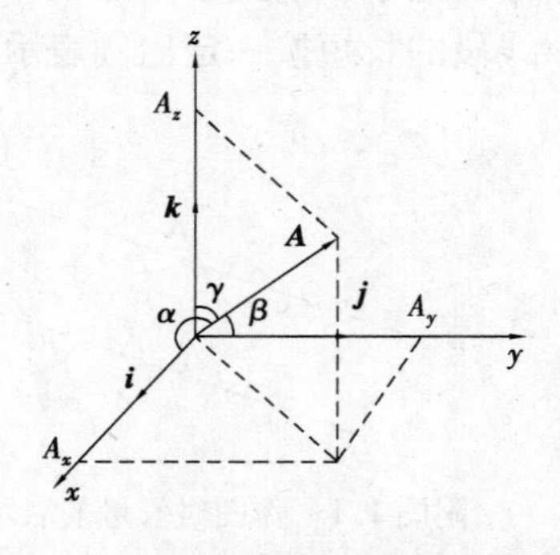

附图 1.6　矢量在直角坐标抽上的表示

A 的方向可由 3 个方向的余弦决定，即

$$\cos\alpha=\frac{A_x}{A},\cos\beta=\frac{A_y}{A},\cos\gamma=\frac{A_z}{A}$$

②矢量合成的解析法。

$$\boldsymbol{R}=\boldsymbol{A}+\boldsymbol{B}+\boldsymbol{C}+\cdots$$
$$R_x=A_x+B_x+C_x+\cdots$$
$$R_y=A_y+B_y+C_y+\cdots$$
$$R_z=A_z+B_z+C_z+\cdots$$

$\boldsymbol{R}$ 的方向由3个方向的余弦决定,即

$$\cos\alpha=\frac{R_x}{R},\cos\beta=\frac{R_y}{R},\cos\gamma=\frac{R_z}{R}$$

3)矢量减法

两个矢量 $\boldsymbol{A}$ 与矢量 $\boldsymbol{B}$ 之差也是一个矢量,可用 $\boldsymbol{A}-\boldsymbol{B}$ 表示。矢量 $\boldsymbol{A}$ 与矢量 $\boldsymbol{B}$ 之差可定义成矢量 $\boldsymbol{A}$ 与矢量$(-\boldsymbol{B})$之和,其中$(-\boldsymbol{B})$表示与矢量 $\boldsymbol{B}$ 大小相等而方向相反的一矢量,即

$$\boldsymbol{A}-\boldsymbol{B}=\boldsymbol{A}+(-\boldsymbol{B})\text{ 或 }\boldsymbol{A}-\boldsymbol{B}=(A_x-B_x)\boldsymbol{i}+(A_y-B_y)\boldsymbol{j}+(A_z-B_z)\boldsymbol{k}$$

如同两矢量相加一样,两矢量相减也可以采用平行四边形法则(见附图1.7(a)),从附图1.7(b)中也可以看出,如两矢量 $\boldsymbol{A}$ 和矢量 $\boldsymbol{B}$ 从同一点画起,则自 $\boldsymbol{B}$ 末端向 $\boldsymbol{A}$ 末端作一矢量,就是矢量 $\boldsymbol{A}$ 与 $\boldsymbol{B}$ 之差 $\boldsymbol{A}-\boldsymbol{B}$,方向指向 $\boldsymbol{A}$ 末端。

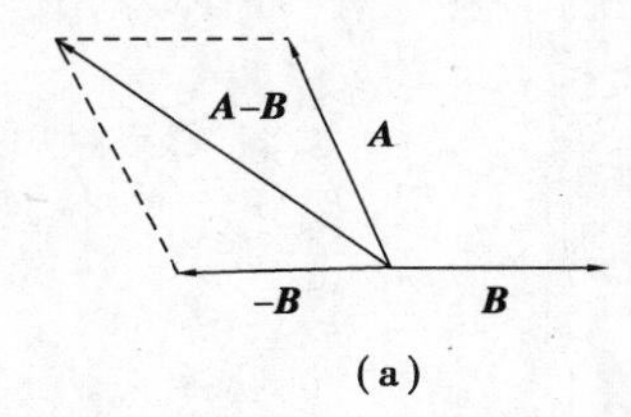

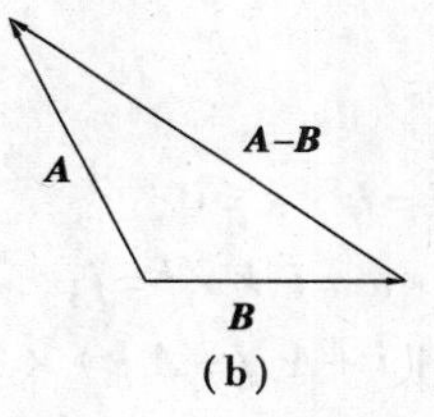

附图1.7　两矢量相减

(3)**矢量乘法**

1)矢量数乘

若 $\boldsymbol{C}=m\boldsymbol{A}$,则 $C=mA$。$m>0$ 时,$\boldsymbol{C}$ 的方向与 $\boldsymbol{A}$ 相同;$m<0$ 时,$\boldsymbol{C}$ 的方向与 $\boldsymbol{A}$ 相反。

2)矢量标积(点乘)

①定义:$\boldsymbol{A}\cdot\boldsymbol{B}=AB\cos(\boldsymbol{A},\boldsymbol{B})$,为标量。

②性质:

a.若$\angle(\boldsymbol{A},\boldsymbol{B})=0$($\boldsymbol{A},\boldsymbol{B}$ 平行同向),则 $\boldsymbol{A}\cdot\boldsymbol{B}=\boldsymbol{AB}$;

b.若$\angle(\boldsymbol{A},\boldsymbol{B})=\pi$($\boldsymbol{A},\boldsymbol{B}$ 平行反向),则 $\boldsymbol{A}\cdot\boldsymbol{B}=-\boldsymbol{AB}$;

c.若$\angle(\boldsymbol{A},\boldsymbol{B})=\frac{\pi}{2}$($\boldsymbol{A},\boldsymbol{B}$ 垂直),则 $\boldsymbol{A}\cdot\boldsymbol{B}=0$。

③推论:

①$\boldsymbol{A}\cdot\boldsymbol{A}=A^2$。

②$\boldsymbol{i}\cdot\boldsymbol{i}=\boldsymbol{j}\cdot\boldsymbol{j}=\boldsymbol{k}\cdot\boldsymbol{k}=1$。

③$\boldsymbol{i}\cdot\boldsymbol{j}=\boldsymbol{j}\cdot\boldsymbol{k}=\boldsymbol{k}\cdot\boldsymbol{i}=0$。

④$\boldsymbol{A}\cdot\boldsymbol{B}=(A_x\boldsymbol{i}+A_y\boldsymbol{j}+A_z\boldsymbol{k})\cdot(B_x\boldsymbol{i}+B_y\boldsymbol{j}+B_z\boldsymbol{k})=A_xB_x+A_yB_y+A_zB_z$。

④实例:功 $A=\boldsymbol{F}\boldsymbol{s}\cos(\boldsymbol{F},\boldsymbol{s})=\boldsymbol{F}\cdot\boldsymbol{s}$($\boldsymbol{F}$ 为恒力)。

3）矢量矢积（叉乘）

①定义：$\boldsymbol{C}=\boldsymbol{A}\times\boldsymbol{B}$，为矢量。

a. 大小：$C=|\boldsymbol{C}|=AB\sin(\boldsymbol{A},\boldsymbol{B})$。

b. 方向：$\boldsymbol{C}$ 垂直于 $\boldsymbol{A}$、$\boldsymbol{B}$ 决定的平面，指向由右手螺旋法则决定，即右手四指从 $\boldsymbol{A}$ 经由小于 π 的角转向 $\boldsymbol{B}$ 时大拇指伸直时所指的方向，如附图 1.8 所示。

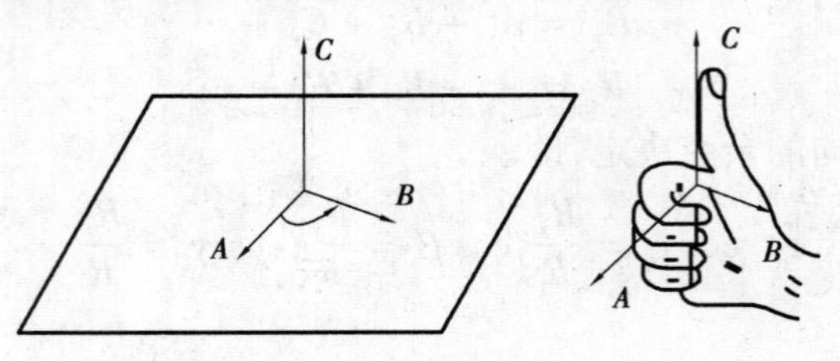

附图 1.8　叉乘时方向的确定

②性质：

a. 若 $\angle(\boldsymbol{A},\boldsymbol{B})=0$ 或 π（$\boldsymbol{A}$，$\boldsymbol{B}$ 平行），则 $\boldsymbol{A}\times\boldsymbol{B}=0$；

b. 若 $\angle(\boldsymbol{A},\boldsymbol{B})=\dfrac{\pi}{2}$（$\boldsymbol{A}$，$\boldsymbol{B}$ 垂直），则 $|\boldsymbol{A}\times\boldsymbol{B}|=AB$；

c. $\boldsymbol{A}\times\boldsymbol{B}=-(\boldsymbol{B}\times\boldsymbol{A})$。

③推论：

a. $\boldsymbol{A}\times\boldsymbol{A}=0$；

b. $\boldsymbol{i}\times\boldsymbol{i}=\boldsymbol{j}\times\boldsymbol{j}=\boldsymbol{k}\times\boldsymbol{k}=0$；

c. $\boldsymbol{i}\times\boldsymbol{j}=\boldsymbol{k}$，$\boldsymbol{j}\times\boldsymbol{k}=\boldsymbol{i}$，$\boldsymbol{k}\times\boldsymbol{i}=\boldsymbol{j}$；

d. $\boldsymbol{A}\times\boldsymbol{B}=(A_x\boldsymbol{i}+A_y\boldsymbol{j}+A_z\boldsymbol{k})\times(B_x\boldsymbol{i}+B_y\boldsymbol{j}+B_z\boldsymbol{k})$。

可用行列式表达为 $\boldsymbol{A}\times\boldsymbol{B}=\begin{vmatrix}\boldsymbol{i} & \boldsymbol{j} & \boldsymbol{k}\\ A_x & A_y & A_z\\ B_x & B_y & B_z\end{vmatrix}$

④实例：力矩 $\boldsymbol{M}=\boldsymbol{r}\times\boldsymbol{F}$（$\boldsymbol{r}$ 为 $\boldsymbol{F}$ 作用点的位置矢量）。

（4）矢量函数的微分

设有矢量函数 $\boldsymbol{A}(t)=x(t)\boldsymbol{i}+y(t)\boldsymbol{j}+z(t)\boldsymbol{k}$，且 $x(t)$、$y(t)$、$z(t)$ 可导，$\boldsymbol{i}$、$\boldsymbol{j}$、$\boldsymbol{k}$ 代表空间直角坐标系 3 个坐标轴正方向的单位矢量，它们是不变的。

1）导数

$\boldsymbol{A}(t)$ 在 t 处的导数记为 $\dfrac{\mathrm{d}\boldsymbol{A}}{\mathrm{d}t}$，定义为

$$\frac{\mathrm{d}\boldsymbol{A}}{\mathrm{d}t}=\lim_{\Delta t\to 0}\frac{\Delta\boldsymbol{A}}{\Delta t}$$

因为 $\Delta\boldsymbol{A}=\Delta x\boldsymbol{i}+\Delta y\boldsymbol{j}+\Delta z\boldsymbol{k}$（注意：$\boldsymbol{i}$、$\boldsymbol{j}$、$\boldsymbol{k}$ 不变），所以

$$\lim_{\Delta t\to 0}\frac{\Delta\boldsymbol{A}}{\Delta t}=\lim_{\Delta t\to 0}\frac{\Delta x}{\Delta t}\boldsymbol{i}+\lim_{\Delta t\to 0}\frac{\Delta y}{\Delta t}\boldsymbol{j}+\lim_{\Delta t\to 0}\frac{\Delta z}{\Delta t}\boldsymbol{k}$$

故

$$\frac{\mathrm{d}\boldsymbol{A}}{\mathrm{d}t}=\frac{\mathrm{d}x}{\mathrm{d}t}\boldsymbol{i}+\frac{\mathrm{d}y}{\mathrm{d}t}\boldsymbol{j}+\frac{\mathrm{d}z}{\mathrm{d}t}\boldsymbol{k}$$

矢量函数 $\boldsymbol{A}(t)$ 的导数 $\frac{\mathrm{d}\boldsymbol{A}}{\mathrm{d}t}$ 仍是矢量，它的方向沿着 $\boldsymbol{A}(t)$ 的矢端曲线的切线方向，指向 $\boldsymbol{A}(t)$ 增加的一方，如附图 1.9 所示。它的模或大小为

$$\left|\frac{\mathrm{d}\boldsymbol{A}}{\mathrm{d}t}\right|=\sqrt{\left(\frac{\mathrm{d}x}{\mathrm{d}t}\right)^2+\left(\frac{\mathrm{d}y}{\mathrm{d}t}\right)^2+\left(\frac{\mathrm{d}z}{\mathrm{d}t}\right)^2}$$（遵从矢量运算法则，几何相加）

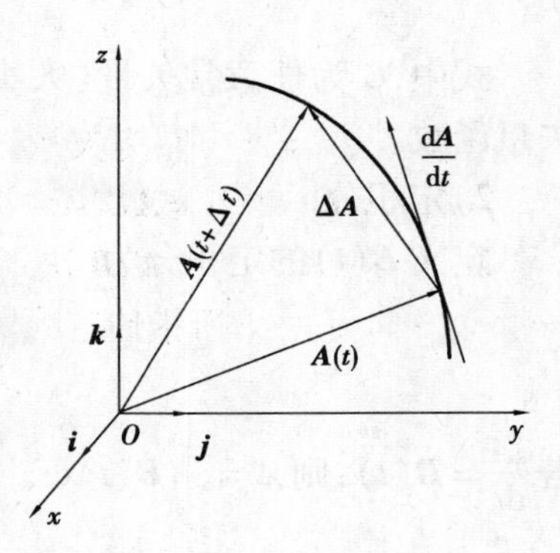

附图 1.9　$\frac{\mathrm{d}\boldsymbol{A}}{\mathrm{d}t}$ 的方向

注意 $\boldsymbol{A}$ 是矢量，它的大小和方向都是可变的。$\frac{\mathrm{d}\boldsymbol{A}}{\mathrm{d}t}$ 是矢量 $\boldsymbol{A}$ 的瞬时变化率，它包括 $\boldsymbol{A}$ 的大小和方向两个方面变化所产生的影响，而 $A=|\boldsymbol{A}|$ 只是矢量 $\boldsymbol{A}$ 的大小。$\frac{\mathrm{d}A}{\mathrm{d}t}$ 仅表示 $\boldsymbol{A}$ 的大小的瞬时变化率，完全不包含 $\boldsymbol{A}$ 的方向变化所产生的影响；$\frac{\mathrm{d}\boldsymbol{A}}{\mathrm{d}t}$ 是矢量，$\frac{\mathrm{d}A}{\mathrm{d}t}$ 是标量，因此，$\frac{\mathrm{d}\boldsymbol{A}}{\mathrm{d}t}$ 和 $\frac{\mathrm{d}A}{\mathrm{d}t}$ 是完全不同的，并且 $\frac{\mathrm{d}\boldsymbol{A}}{\mathrm{d}t}$ 的大小也不等于 $\frac{\mathrm{d}A}{\mathrm{d}t}$ 的大小，即 $\left|\frac{\mathrm{d}\boldsymbol{A}}{\mathrm{d}t}\right|\neq\frac{\mathrm{d}A}{\mathrm{d}t}$。

2）微分

$\boldsymbol{A}(t)$ 的微分

$$\mathrm{d}\boldsymbol{A}=\frac{\mathrm{d}\boldsymbol{A}}{\mathrm{d}t}\mathrm{d}t=\mathrm{d}x(t)\boldsymbol{i}+\mathrm{d}y(t)\boldsymbol{j}+\mathrm{d}z(t)\boldsymbol{k}$$

方向沿 $\boldsymbol{A}(t)$ 矢端曲线的切线，大小为

$$|\mathrm{d}\boldsymbol{A}|=\sqrt{(\mathrm{d}x)^2+(\mathrm{d}y)^2+(\mathrm{d}z)^2}$$

值得注意的是，$|\mathrm{d}\boldsymbol{A}|$ 是 $\boldsymbol{A}(t)$ 矢端曲线的弧微分，即 $\mathrm{d}x=|\mathrm{d}\boldsymbol{A}|$。

3）常用公式

①$\frac{\mathrm{d}}{\mathrm{d}t}(\boldsymbol{A}+\boldsymbol{B})=\frac{\mathrm{d}\boldsymbol{A}}{\mathrm{d}t}+\frac{\mathrm{d}\boldsymbol{B}}{\mathrm{d}t}$。

②$\frac{\mathrm{d}}{\mathrm{d}t}\left[f(t)\boldsymbol{A}(t)\right]=f(t)\frac{\mathrm{d}\boldsymbol{A}}{\mathrm{d}t}+\frac{\mathrm{d}f(t)}{\mathrm{d}t}\boldsymbol{A}$。

③$\frac{\mathrm{d}}{\mathrm{d}t}(\boldsymbol{A}\times\boldsymbol{B})=\boldsymbol{A}\times\frac{\mathrm{d}\boldsymbol{B}}{\mathrm{d}t}+\frac{\mathrm{d}\boldsymbol{A}}{\mathrm{d}t}\times\boldsymbol{B}$。

④$\frac{\mathrm{d}}{\mathrm{d}t}(k\boldsymbol{A})=k\frac{\mathrm{d}\boldsymbol{A}}{\mathrm{d}t}$（$k$ 为常量）。

⑤$\frac{\mathrm{d}}{\mathrm{d}t}(\boldsymbol{A}\cdot\boldsymbol{B})=\boldsymbol{A}\cdot\frac{\mathrm{d}\boldsymbol{B}}{\mathrm{d}t}+\frac{\mathrm{d}\boldsymbol{A}}{\mathrm{d}t}\cdot\boldsymbol{B}$。

（5）矢量函数的积分

1）不定积分

若

$$\frac{\mathrm{d}\boldsymbol{A}}{\mathrm{d}t}=\boldsymbol{B}(t)=B_x(t)\boldsymbol{i}+B_y(t)\boldsymbol{j}+B_z(t)\boldsymbol{k}$$

则 $\boldsymbol{B}(t)$ 的不定积分为

$$\boldsymbol{A}+C=\int B(t)\,\mathrm{d}t=\boldsymbol{i}\int B_x(t)\,\mathrm{d}t+\boldsymbol{j}\int B_y(t)\,\mathrm{d}t+\boldsymbol{k}\int B_z(t)\,\mathrm{d}t$$

式中,$\boldsymbol{C}$ 为任意常矢量(大小、方向都不随时间变化)。可见 $\boldsymbol{B}(t)$ 的不定积分是一族 t 的矢量函数。

2)定积分

定义 $\boldsymbol{B}(t)$ 的定积分为

$$\int_a^b \boldsymbol{B}(t)\,\mathrm{d}t = \lim_{\substack{n\to\infty \\ \Delta t_i\to 0}} \sum_{i=1}^{n} \boldsymbol{B}(t_i)\Delta t_i$$

若 $\frac{\mathrm{d}\boldsymbol{A}}{\mathrm{d}t} = \boldsymbol{B}(t)$,则 $\boldsymbol{A} = \int_a^b \boldsymbol{B}(t)\,\mathrm{d}t$。通常先取 3 个分量式分别积分,然后再合成,即

$$A_x = \int_a^b B_x(t)\,\mathrm{d}t, A_y = \int_a^b B_y(t)\,\mathrm{d}t, A_z = \int_a^b B_z(t)\,\mathrm{d}t, \int_a^b \boldsymbol{B}(t)\,\mathrm{d}t = \boldsymbol{A} = A_x\boldsymbol{i} + A_y\boldsymbol{j} + A_z\boldsymbol{k}$$

附录1.2　微积分公式表

常用导数公式：$F'(x)=f(x)$	常用不定积分公式：$\int f(x)\mathrm{d}x=F(x)+C$
$(kx)'=k$	$\int k\mathrm{d}x=kx+C$
$C'=0$	$\int 0\mathrm{d}x=C$
$(x^{a+1})'=(a+1)x^{a}$	$\int x^{a}\mathrm{d}x=\frac{1}{1+a}x^{a+1}+C$
$(\ln x)'=\frac{1}{x}$	$\int \frac{1}{x}\mathrm{d}x=\ln\lvert x\rvert+C$
$(a^{x})'=a^{x}\ln a$	$\int a^{x}\mathrm{d}x=\frac{1}{\ln a}a^{x}+C$
$(e^{x})'=e^{x}$	$\int e^{x}\mathrm{d}x=e^{x}+C$
$(\sin x)'=\cos x$	$\int \cos x\mathrm{d}x=\sin x+C$
$(\cos x)'=-\sin x$	$\int \sin x\mathrm{d}x=-\cos x+C$
$(\tan x)'=\sec^{2}x$	$\int \sec^{2}x\mathrm{d}x=\tan x+C$
$(\cot x)'=-\csc^{2}x$	$\int \csc^{2}x\mathrm{d}x=-\cot x+C$
$(\sec x)'=\tan x\sec x$	$\int \sec x\tan x\mathrm{d}x=\sec x+C$
$(\csc x)'=-\cot x\csc x$	$\int \cot x\csc x\mathrm{d}x=-\csc x+C$
$(\arcsin x)'=\frac{1}{\sqrt{1-x^{2}}}$	$\int \frac{\mathrm{d}x}{\sqrt{1-x^{2}}}=\arcsin x+C$
$(\arctan x)'=\frac{1}{1+x^{2}}$	$\int \frac{\mathrm{d}x}{1+x^{2}}=\arctan x+C$

附录1.3　基本物理常数表(2006年国际推荐值)

物理量	符　号	数　值	单　位	计算时的取值
真空光速	c	299 792 458(精确)	m/s	3.00×10^{8}
真空磁导率	μ_0	$4\pi\times10^{-7}$(精确)	H/m	
真空介电常数	δ_0	$8.854\ 187\ 817\cdots\times10^{-12}$(精确)	F/m	8.85×10^{-12}
牛顿引力常数	G	$6.674\ 28(67)\times10^{-11}$	$m^3/(kg\cdot s^2)$	6.67×10^{-11}
普朗克常数	h	$6.626\ 608\ 96(33)\times10^{-34}$	J·s	6.63×10^{-34}
基本电荷	e	$1.602\ 176\ 487(40)\times10^{-19}$	C	1.60×10^{-19}
里德伯常数	R_∞	10 973 731.568 527(73)	m^{-1}	10 973 731
电子质量	m_e	$0.910\ 938\ 215(45)\times10^{-30}$	kg	9.11×10^{-31}
康普顿波长	λ_C	$2.426\ 310\ 58(22)\times10^{-12}$	m	2.43×10^{-12}
质子质量	m_p	$1.672\ 621\ 637(83)\times10^{-27}$	kg	1.67×10^{-27}
阿伏加德罗常数	N_A,L	$6.022\ 141\ 79(30)\times10^{23}$	mol^{-1}	6.02×10^{23}
摩尔气体常数	R	8.314 472(15)	J/(mol·K)	8.31
玻耳兹曼常数	k	$1.380\ 650\ 4(24)\times10^{-23}$	J/K	1.38×10^{-23}
摩尔体积(理想气体)$T=273.15$ K $p=101\ 325$ Pa	V_m	22.414 10(19)	L/mol	22.4
斯忒藩-玻耳兹曼常数	σ	$5.670\ 400(40)\times10^{-8}$	$W/(m^2\cdot K^4)$	5.67×10^{-8}

附录1.4 希腊字母表

大 写	小 写	英文注音	国际音标	意 义
Α	α	alpha	[ˈælfə]	角度;系数
Β	β	beta	[ˈbeɪtə]	磁通系数;角度;系数
Γ	γ	gamma	[ˈgæmə]	电导系数(小写)
Δ	δ	delta	[ˈdeltə]	变动;密度;屈光度
Ε	ε	epsilon	[ˈepsɪlən]	对数之基数
Ζ	ζ	zeta	[ˈziːtə]	系数;方位角;阻抗;相对黏度;原子序数
Η	η	eta	[ˈeitə]	磁滞系数;效率(小写)
Θ	θ	theta	[ˈθiːtə]	温度;相位角
Ι	ι	iota	[aɪˈoʊtə]	微小;一点儿
Κ	κ	kappa	[ˈkæpə]	介质常数
Λ	λ	lambda	[ˈlæmdə]	波长(小写);体积
Μ	μ	mu	[mjuː]	磁导系数;微(千分之一);放大因数(小写)
Ν	ν	nu	[mjuː]	磁阻系数
Ξ	ξ	xi	[ksaɪ]	—
Ο	ο	omicron	[oʊˈmaɪkrən]	—
Π	π	pi	[paɪ]	圆周率
Ρ	ρ	rho	[roʊ]	电阻系数(小写)
Σ	σ	sigma	[ˈsɪgmə]	总和(大写),表面密度;跨导(小写)
Τ	τ	tau	[tɔː]	时间常数
Υ	υ	upsilon	[ˈjuːpsɪlən]	位移
Φ	φ	phi	[faɪ]	磁通;角
Χ	χ	chi	[kaɪ]	—
Ψ	ψ	psi	[psaɪ]	角速;介质电通量(静电力线);角
Ω	ω	omega	[ˈoʊmɪgə]	欧姆(大写);角速(小写);角

练习题参考答案

第 1 章

1. 相对性。

2. 平动的物体;当物体运动的观察范围比物体的几何尺寸大得多时。

3. 长度;质量;时间;电流;热力学温度;物质的量;发光强度。

4. 略。

第 2 章

1. A 2. A 3. C 4. C

5. (1) $v = v_0 + \int_0^t (kt + c)\mathrm{d}t = v_0 + \frac{1}{2}kt^2 + ct$; $y = y_0 + \int_0^t \left(v_0 + ct + \frac{1}{2}t^2\right)\mathrm{d}t = y_0 + v_0 t + \frac{1}{2}ct^2 + \frac{1}{6}kt^3$;

(2) $v = v_0 e^{-kt}$, $y = y_0 - \frac{v_0}{k}(e^{-kt} - 1)$;

(3) $v = \sqrt{v_0^2 + k(y^2 - y_0^2)}$。

6. (1) 轨迹方程为 $x^2 + y^2 = R^2, z = \frac{h}{2\pi}\omega t$,这是一条空间螺旋线。空间螺旋线在 Oxy 平面上的投影,是圆心在原点、半径为 R 的圆,其螺距为 h;

(2) $v = \sqrt{v_x^2 + v_y^2 + v_z^2} = \omega\sqrt{R^2 + \frac{h^2}{4\pi^2}}$;

(3) $a = \sqrt{a_x^2 + a_y^2} = R\omega^2$。

7. $x = \frac{v_0}{k}\left(1 - e^{-kt}\right)$。

8. (1) $v = v_0 e^{-\frac{k}{m}t}$;

(2) $x_{\max} = -\int_{v_0}^{0} \frac{m}{k}\mathrm{d}v = \frac{m}{k}v_0$。

9. $A_f = \frac{1}{2}(N - 3mg)R$。

10. $\overline{F'} = \dfrac{2mv\cos\alpha}{\Delta t}$,方向水平向右。

11. (1)$T = 84.6$ N;(2)$I = -11.4$ N/s。

12. (1)4 m/s;(2)2.5 m/s。

13. (1)$A = 528$ J;(2)$P = 12$ W。

第3章

1. $\dfrac{1}{2}kA^2$。

2. $x = 0.2\cos\left(\dfrac{2\pi}{7}t - \dfrac{\pi}{3}\right)$。

3. 波长和波速;周期和频率。

4. (1)$\omega = 8\pi$ rad/s,$T = 0.25$ s,$A = 0.5$ m,$V_m = 4\pi$ m/s,$a_m = 32\pi^2$ m/s^2;

(2)$t = 2$ s时,相位为$\dfrac{49}{3}\pi$;$t = 10$ s时,相位为$\dfrac{241}{3}\pi$。

5. (1)$x_1 = 8.0\times10^{-2}\cos(10t + \pi)$;(2)$x_2 = 6.0\times10^{-2}\cos(10t + 0.5\pi)$。

6. (1)0,$\dfrac{\pi}{3}$,$\dfrac{\pi}{2}$,$\dfrac{2\pi}{3}$,$\dfrac{4\pi}{3}$;(2)$x = 0.05\cos\left(\dfrac{5\pi}{6}t - \dfrac{\pi}{3}\right)$;(3) 略。

7. (1)0.25 m;(2) ±0.18 m;(3)0.2 J。

8. (1)$y_1 = A\cos(100\pi t - 15.5\pi)$,$\varphi_{10} = -15.5\pi$,$y_2 = A\cos(100\pi t - 5.5\pi)$,$\varphi_{20} = -5.5\pi$;(2)$\pi$。

9. (1)$A = 0.04$ m,$\lambda = 0.4$ m,$T = 0.02$ s;(2)$x = 4\times10^{-2}\cos(100\pi t + 5\pi x - \dfrac{\pi}{2})$;(3)$v = 12.6\cos(100\pi t + 5\pi x)$。

10. (1)0.01 m,37.5 m/s;(2)0.157 m;(3) −8.08 m/s。

第4章

1. A　2. B　3. D

4. 40 dB 声音的声强是 0 dB 的声音强度的 10 000 倍。

5. 63 dB。

第5章

1. 有源;$\dfrac{q}{\varepsilon}$; $-\dfrac{q}{\varepsilon}$。

2. 无关;小。

3. 11;$\dfrac{24}{11}$。

4. 7.2。

5. 右;1.08。

6. $\dfrac{\sigma}{4\varepsilon_0}$。

7. $\dfrac{q}{6\varepsilon_0}$;$\dfrac{q}{24\varepsilon_0}$。

8. $\frac{\sigma}{2\varepsilon_0}\frac{x}{\sqrt{x^2+r^2}}e_n$。

9. $E=\frac{U_{12}}{r^2}\frac{R_1R_2}{R_2-R_1}$

10. $\frac{Q}{4\pi\varepsilon_0}\left(\frac{1}{R_1}-\frac{1}{R_2}\right)$。

11. $r<R, E=\frac{k}{3\varepsilon_0}r^2$；$r>R, E=\frac{kR^3}{3\varepsilon_0 r}$。

12. 1.25×10^{-5} V，方向顺时针。

13. $\left[\frac{\sqrt{3}R^2}{4}+\frac{\pi R^2}{12}\right]\frac{dB}{dt}$；$a\to c$。

第6章

1. B　2. B　3. B　4. A　5. C　6. D

7. 562.5 nm。

8. (1)0.011 nm；(2)0.055 nm。

9. 1.22×10^{-7} m。

10. 668.8 nm，红色，401.3 nm，紫色。

11. 7.26 μm。

12. 0.3 mm。

13. $i_b=55°34'$，$i'=34°26'$。

14. (1)58°；(2)1.60。

第7章

1. 医疗；军事　2. 核蜕变　3. 核裂变　4. 弱相互　5. $E=mc^2$　6. 略。

第8章

1. 原子；分子；凝聚态。

2. 光量子　3. 矩阵力学　4. 波动力学。

5. 1.6*f* m　6. 1.70×10^6 m/s。

第9章

1. 空间间隔；时间间隔。

2. 相对性原理；光速不变原理。

3. 天津事件发生在前。

4. $\Delta t'=5.77\times10^{-9}$ s。

5. $v=0.866c$。

第10章

1. 力学；电磁学；统计力学；量子力学。

2. 反射式望远镜；开普勒望远镜。

3. 伽马射线。

4. 螺旋；6 000万。

参考文献

[1] 保罗·休伊特. 概念物理[M]. 舒小林,译. 北京:机械工业出版社,2014.
[2] 毛俊健,顾牧. 大学物理学[M]. 北京:高等教育出版社,2013.
[3] 王邦建. 大学物理学[M]. 北京:机械工业出版社,2014.
[4] 杨宏菲. 物理学基础教程[M]. 北京:航空工业出版社,2011.
[5] 张三慧. 大学基础物理学[M]. 北京:清华大学出版社,2003.
[6] 刘雅洁. 简明大学物理学[M]. 北京:清华大学出版社,2012.
[7] 程建春. 声学原理[M]. 北京:科学出版社,2012.
[8] 马文蔚. 物理学[M]. 北京:高等教育出版社,1999.
[9] 宋峰. 文科物理:生活中的物理学[M]. 北京:科学出版社,2013.
[10] 沃尔特·休卢因,沃伦·哥德斯坦. 爱上物理——我在 MIT 教物理[M]. 陈楠,徐彬,译. 长沙:湖南科学技术出版社,2013.
[11] 曾谨言. 量子力学导论[M]. 北京:科学出版社,2003.
[12] 李康,杨建宋. 近代物理概论[M]. 北京:清华大学出版社,2011.
[13] 阿尔伯特·爱因斯坦. 狭义与广义相对论浅说[M]. 杨润殷,译. 北京:北京大学出版社,2006.